FORTSCHRITTE
DER MATHEMATISCHEN WISSENSCHAFTEN
IN MONOGRAPHIEN
HERAUSGEGEBEN VON OTTO BLUMENTHAL
===== HEFT 2 =====

H. A. LORENTZ
A. EINSTEIN · H. MINKOWSKI

DAS RELATIVITÄTSPRINZIP

EINE SAMMLUNG VON ABHANDLUNGEN

MIT EINEM BEITRAG VON H. WEYL UND
ANMERKUNGEN VON A. SOMMERFELD
VORWORT VON O. BLUMENTHAL

VIERTE, VERMEHRTE AUFLAGE

VERLAG UND DRUCK VON B. G. TEUBNER · LEIPZIG · BERLIN 1922

ISBN 978-3-663-15597-3   ISBN 978-3-663-16170-7
DOI 10.1007/978-3-663-16170-7

SCHUTZFORMEL FÜR DIE VEREINIGTEN STAATEN VON AMERIKA:
COPYRIGHT 1922 Springer Fachmedien Wiesbaden

ALLE RECHTE, EINSCHLIESSLICH DES ÜBERSETZUNGSRECHTS, VORBEHALTEN

Vorwort zur ersten und zweiten Auflage.

Minkowskis Vortrag „Raum und Zeit", der im Jahre 1909 mit einem Vorwort von A. Gutzmer als selbständige Schrift erschienen ist, ist bereits vergriffen. Herr Sommerfeld hat die glückliche Anregung gegeben, die von dem Verlage gewünschte Neuausgabe zu einer größeren Publikation zu erweitern, in der die grundlegenden Originalarbeiten über das Relativitätsprinzip zusammengestellt werden sollten. Die freundliche Bereitwilligkeit der Herren H. A. Lorentz und Einstein hat die Ausführung dieses Planes ermöglicht. So enthält dieses Bändchen, als eine Sammlung von Urkunden zur Geschichte des Relativitätsprinzips, die Entwicklung der Lorentzschen Ideen, Einsteins erste große Arbeit und Minkowskis Vortrag, mit dem die Popularität des Relativitätsprinzips einsetzt. Als Ergänzung dient das erste Bändchen dieser Sammlung „Fortschritte der mathematischen Wissenschaften in Monographien", das die beiden ausführlichen Veröffentlichungen Minkowskis enthält.

Aachen, Mai 1913.   OTTO BLUMENTHAL.

Vorwort zur dritten Auflage.

Die erste und zweite Auflage dieser „Sammlung von Urkunden zur Geschichte des Relativitätsprinzips" sind vergriffen. Seitdem hat die Erkenntnis einen großen Schritt vorwärts gemacht: Einstein hat das lineare Relativitätsprinzip zum allgemeinen erweitert. Dem mußte bei der Neuauflage Rechnung getragen werden. Sie bringt Einsteins bereits als Buch (bei J. A. Barth) erschienene zusammenfassende Abhandlung „Die Grundlage der allgemeinen Relativitätstheorie" und außerdem vier Noten desselben Verfassers, die einerseits den Beginn seiner Gedanken über die allgemeine Relativität kennzeichnen, andererseits die jüngsten, noch unabgeschlossenen Ideenbildungen vorführen und für die weitere Entwicklung Wege weisen. So führt dieser Band durch den Bau der Relativitätstheorie, vom Grundgeschoß bis oben hin, wo noch die Balken frei in die Luft ragen.

Aachen, Oktober 1919.   OTTO BLUMENTHAL.

Vorwort zur vierten Auflage.

Unerwartet und erfreulich rasch ist eine Neuauflage notwendig geworden. Sie bleibt im wesentlichen unverändert. Jedoch ist die bekannte Abhandlung von Weyl „Gravitation und Elektrizität" neu hinzugekommen.

Aachen, September 1921.   OTTO BLUMENTHAL.

Inhaltsverzeichnis.

Seite

H. A. Lorentz, Der Interferenzversuch Michelsons 1

H. A. Lorentz, Elektromagnetische Erscheinungen in einem System, das sich mit beliebiger, die des Lichtes nicht erreichender Geschwindigkeit bewegt 6

A. Einstein, Zur Elektrodynamik bewegter Körper 26

A. Einstein, Ist die Trägheit eines Körpers von seinem Energieinhalt abhängig? 51

H. Minkowski, Raum und Zeit 54

    A. Sommerfeld, Anmerkungen zu Minkowski, Raum und Zeit 67

A. Einstein, Über den Einfluß der Schwerkraft auf die Ausbreitung des Lichtes 72

A. Einstein, Die Grundlage der allgemeinen Relativitätstheorie 81

A. Einstein, Hamiltonsches Prinzip und allgemeine Relativitätstheorie 125

A. Einstein, Kosmologische Betrachtungen zur allgemeinen Relativitätstheorie . 130

A. Einstein, Spielen Gravitationsfelder im Aufbau der materiellen Elementarteilchen eine wesentliche Rolle? 140

H. Weyl, Gravitation und Elektrizität 147

Der Interferenzversuch Michelsons.
Von H. A. Lorentz.[1])

1. Wie zuerst von Maxwell bemerkt wurde und aus einer sehr einfachen Rechnung folgt, muß sich die Zeit, die ein Lichtstrahl braucht, um zwischen zwei Punkten A und B hin und zurück zu gehen, ändern, sobald diese Punkte, ohne den Äther mit sich fortzuführen, eine gemeinschaftliche Verschiebung erleiden. Die Veränderung ist zwar eine Größe zweiter Ordnung; sie ist jedoch groß genug, um mittelst einer empfindlichen Interferenzmethode nachgewiesen werden zu können.

Der Versuch wurde im Jahre 1881 von Herrn Michelson ausgeführt.[2]) Sein Apparat, eine Art Interferentialrefraktor, hatte zwei gleich lange, horizontale, zueinander senkrechte Arme P und Q, und von den beiden miteinander interferierenden Lichtbündeln ging das eine längs dem Arme P und das andere längs dem Arme Q hin und zurück. Das ganze Instrument, die Lichtquelle und die Beobachtungsvorrichtung miteinbegriffen, ließ sich um eine vertikale Achse drehen, und es kommen besonders die beiden Lagen in Betracht, bei denen der Arm P oder der Arm Q so gut wie möglich die Richtung der Erdbewegung hatte. Es wurde nun, auf Grund der Fresnelschen Theorie, eine Verschiebung der Interferenzstreifen bei der Rotation aus der einen jener „Hauptlagen" in die andere erwartet.

Von dieser durch die Änderung der Fortpflanzungszeiten bedingten Verschiebung — wir wollen dieselbe der Kürze halber die Maxwellsche Verschiebung nennen — wurde aber keine Spur gefunden, und so meinte Herr Michelson denn schließen zu dürfen, daß der Äther bei der Bewegung der Erde nicht in Ruhe bleibe, eine Folgerung freilich, deren Richtigkeit bald in Frage gestellt wurde. Durch ein Versehen hatte nämlich Herr Michelson die nach der Theorie zu erwartende Veränderung der Phasendifferenzen auf das Doppelte des richtigen Wertes veranschlagt; verbessert man diesen Fehler, so gelangt man zu Verschiebungen, die durch Beobachtungsfehler gerade noch verdeckt werden konnten.

---

1) Aus: Versuch einer Theorie der elektrischen und optischen Erscheinungen in bewegten Körpern (Leiden 1895), §§ 89—92.
2) Michelson, American Journal of Science (3) 22 (1881) S. 120.

In Gemeinschaft mit Herrn Morley hat dann später Herr Michelson die Untersuchung wieder aufgenommen[1]), wobei er, zur Erhöhung der Empfindlichkeit, jedes Lichtbündel durch einige Spiegel hin und her reflektieren ließ. Dieser Kunstgriff gewährte denselben Vorteil, als wenn die Arme des früheren Apparates beträchtlich verlängert worden wären. Die Spiegel wurden von einer schweren, auf Quecksilber schwimmenden, und also leicht drehbaren Steinplatte getragen. Im ganzen hatte jetzt jedes Bündel einen Weg von 22 Metern zu durchlaufen, und war nach der Fresnelschen Theorie, beim Übergange von der einen Hauptlage zur anderen, eine Verschiebung von 0,4 der Streifendistanz zu erwarten. Nichtsdestoweniger ergaben sich bei der Rotation nur Verschiebungen von höchstens 0,02 der Streifendistanz; dieselben dürften wohl von Beobachtungsfehlern herrühren.

Darf man nun auf Grund dieses Resultates annehmen, daß der Äther an der Bewegung der Erde teilnehme und also die Stokessche Aberrationstheorie die richtige sei? Die Schwierigkeiten, auf welche diese Theorie bei der Erklärung der Aberration stößt, scheinen mir zu groß zu sein, als daß ich dieser Meinung sein könnte, und nicht vielmehr versuchen sollte, den Widerspruch zwischen der Fresnelschen Theorie und dem Michelsonschen Ergebnis zu beseitigen. In der Tat gelingt das mittelst einer Hypothese, welche ich schon vor einiger Zeit ausgesprochen habe[2]), und zu der, wie ich später erfahren habe, auch Herr Fitzgerald[3]) gelangt ist. Worin dieselbe besteht, soll der nächste Paragraph zeigen.

2. Zur Vereinfachung wollen wir annehmen, daß man mit einem Instrumente wie dem bei den ersten Versuchen benutzten arbeite, und daß bei der einen Hauptlage der Arm P genau in die Richtung der Erdbewegung falle. Es sei $\mathfrak{p}$ die Geschwindigkeit dieser Bewegung und L die Länge jedes Armes, mithin $2L$ der Weg der Lichtstrahlen. Nach der Theorie[4]) bewirkt dann die Translation, daß die Zeit, in der das eine Lichtbündel an P entlang hin und zurück geht, um

$$L \cdot \frac{\mathfrak{p}^2}{V^2}$$

länger ist als die Zeit, in der das andere Bündel seinen Weg vollendet. Eben diese Differenz würde auch bestehen, wenn, ohne daß die Translation einen

---

1) Michelson and Morley, American Journal of Science (3) 34 (1887) S. 333; Phil. Mag. (5) 24 (1887) S. 449.
2) Lorentz, Zittingsverslagen der Akad. v. Wet. te Amsterdam, 1892—93, S. 74.
3) Wie Herr Fitzgerald mir freundlichst mitteilte, hat er seine Hypothese schon seit längerer Zeit in seinen Vorlesungen behandelt. In der Literatur habe ich dieselbe nur bei Herrn Lodge, in der Abhandlung „Aberration problems" (London Phil. Trans. 184 A (1893) S. 727), erwähnt gefunden.
4) Vgl. Lorentz, Arch. néerl. 21 (1887) S. 168—176.

Einfluß hätte, der Arm P um $L \cdot \dfrac{\mathfrak{p}^2}{2\,V^2}$ länger wäre als der Arm Q. Ähnliches gilt von der zweiten Hauptlage.

Wir sehen also, daß die von der Theorie erwarteten Phasendifferenzen auch dadurch entstehen könnten, daß bei der Rotation des Apparates bald der eine, bald der andere Arm die größere Länge hätte. Daraus folgt, daß dieselben durch entgegengesetzte Veränderungen der Dimensionen kompensiert werden können.

Nimmt man an, daß der in der Richtung der Erdbewegung liegende Arm um
$$L \cdot \frac{\mathfrak{p}^2}{2\,V^2}$$
kürzer sei als der andere, und zugleich die Translation den Einfluß habe, der sich aus der Fresnelschen Theorie ergibt, so ist das Resultat des Michelsonschen Versuches vollständig erklärt.

Man hätte sich sonach vorzustellen, daß die Bewegung eines festen Körpers, etwa eines Messingstabes, oder der bei den späteren Versuchen benutzten Steinplatte, durch den ruhenden Äther hindurch einen Einfluß auf die Dimensionen habe, der, je nach der Orientierung des Körpers in Bezug auf die Richtung der Bewegung, verschieden ist. Würden z. B. die der Bewegungsrichtung parallelen Dimensionen im Verhältnis von 1 zu $1 + \delta$ und die zu derselben senkrechten im Verhältnis von 1 zu $1 + \varepsilon$ geändert, so müßte

(1) $$\varepsilon - \delta = \frac{\mathfrak{p}^2}{2\,V^2} \quad \text{sein.}$$

Es bliebe hierbei der Wert einer der Größen δ und ε unbestimmt. Es könnte $\varepsilon = 0$, $\delta = -\dfrac{\mathfrak{p}^2}{2\,V^2}$ sein, aber auch $\varepsilon = \dfrac{\mathfrak{p}^2}{2\,V^2}$, $\delta = 0$, oder $\varepsilon = \dfrac{\mathfrak{p}^2}{4\,V^2}$, und $\delta = -\dfrac{\mathfrak{p}^2}{4\,V^2}$.

3. So befremdend die Hypothese auch auf den ersten Blick erscheinen mag, man wird dennoch zugeben müssen, daß sie gar nicht so fern liegt, sobald man annimmt, daß auch die Molekularkräfte, ähnlich wie wir es gegenwärtig von den elektrischen und magnetischen Kräften bestimmt behaupten können, durch den Äther vermittelt werden. Ist dem so, so wird die Translation die Wirkung zwischen zwei Molekülen oder Atomen höchstwahrscheinlich in ähnlicher Weise ändern, wie die Anziehung oder Abstoßung zwischen geladenen Teilchen. Da nun die Gestalt und die Dimensionen eines festen Körpers in letzter Instanz durch die Intensität der Molekularwirkungen bedingt werden, so kann dann auch eine Änderung der Dimensionen nicht ausbleiben.

In theoretischer Hinsicht wäre also nichts gegen die Hypothese einzuwenden. Was die experimentelle Prüfung derselben betrifft, so ist zunächst zu bemerken, daß die in Rede stehenden Verlängerungen und Verkürzungen außerordentlich klein sind. Es ist $\mathfrak{p}^2/V^2 = 10^{-8}$, und somit würde, falls man $\varepsilon = 0$ setzt, die Verkürzung des einen Durchmessers der Erde etwa 6,5 cm betragen. Die Länge eines Meterstabes aber änderte sich, wenn man ihn aus der einen Hauptlage in die andere überführte, um $^1/_{200}$ Mikron. Wollte man so kleine Größen wahrnehmen, so könnte man sich wohl nur von einer Interferenzmethode Erfolg versprechen. Man hätte also mit zwei zueinander senkrechten Stäben zu arbeiten und von zwei miteinander interferierenden Lichtbündeln das eine an dem ersten und das andere an dem zweiten Stabe entlang hin- und hergehen zu lassen. Hierdurch gelangte man aber wieder zu dem Michelsonschen Versuch und würde bei der Rotation gar keine Verschiebung der Streifen wahrnehmen. Umgekehrt wie wir es früher ausdrückten, könnte man jetzt sagen, daß die aus den Längenänderungen hervorgehende Verschiebung durch die Maxwellsche Verschiebung kompensiert werde.

4. Es ist beachtenswert, daß man gerade zu den oben vorausgesetzten Veränderungen der Dimensionen geführt wird, wenn man *erstens*, ohne die Molekularbewegung zu berücksichtigen, annimmt, daß in einem sich selbst überlassenen festen Körper die auf ein beliebiges Molekül wirkenden Kräfte, Anziehungen oder Abstoßungen, einander das Gleichgewicht halten, und *zweitens* — wozu freilich kein Grund vorliegt — auf diese Molekularkräfte das Gesetz anwendet, das wir früher[1]) für die elektrostatischen Wirkungen abgeleitet haben. Versteht man nämlich jetzt unter S_1 und S_2 nicht, wie an jener Stelle, zwei Systeme geladener Teilchen, sondern zwei Systeme von Molekülen — das zweite ruhend und das erste mit der Geschwindigkeit $\mathfrak{p}$ in der Richtung der x-Achse —, zwischen deren Dimensionen die früher angegebene Beziehung besteht, und nimmt man an, daß in beiden Systemen die x-Komponenten der Kräfte dieselben seien, die y- und z-Komponenten sich aber durch den Faktor $\sqrt{1 - \frac{\mathfrak{p}^2}{V^2}}$ voneinander unterscheiden, so ist klar, daß sich die Kräfte in S_1 aufheben werden, sobald dies in S_2 geschieht. Ist demnach S_2 der Gleichgewichtszustand eines ruhenden festen Körpers, so haben in S_1 die Moleküle gerade diejenigen Lagen, in denen sie unter dem Einflusse der Translation verharren können. Die Verschiebung würde diese Lagerung natürlich von selbst herbeiführen und also nach den an der genannten Stelle gegebenen Formeln eine Verkürzung in der Be-

---

1) Nämlich in § 23 des Buches: Versuch einer Theorie der elektrischen und optischen Erscheinungen in bewegten Körpern.

wegungsrichtung im Verhältnis von 1 zu $\sqrt{1-\frac{\mathfrak{p}^2}{V^2}}$ bewirken. Dieses führt zu den Werten
$$\delta = -\frac{\mathfrak{p}^2}{2V^2}, \quad \varepsilon = 0,$$
was mit (1) übereinstimmt.

In Wirklichkeit befinden sich die Moleküle eines Körpers nicht in Ruhe, sondern es besteht in jedem „Gleichgewichtszustande" eine stationäre Bewegung. Inwiefern dieser Umstand bei der betrachteten Erscheinung von Einfluß ist, möge dahingestellt bleiben; jedenfalls lassen die Versuche der Herren Michelson und Morley wegen der unvermeidlichen Beobachtungsfehler einen ziemlich weiten Spielraum für die Werte von δ und ε.

Elektromagnetische Erscheinungen in einem System, das sich mit beliebiger, die des Lichtes nicht erreichender Geschwindigkeit bewegt.

Von H. A. Lorentz.[1])

1. Wenn man durch theoretische Betrachtungen den Einfluß zu bestimmen versucht, den eine Translation, wie sie z. B. alle Systeme durch die jährliche Erdbewegung erfahren, auf elektrische und optische Erscheinungen ausüben könnte, so gelangt man in verhältnismäßig einfacher Weise zum Ziel, solange nur solche Größen betrachtet zu werden brauchen, die proportional der ersten Potenz des Verhältnisses der Translationsgeschwindigkeit w zur Lichtgeschwindigkeit c sind. Fälle, in denen Größen von zweiter Ordnung, also von der Ordnung $\frac{w^2}{c^2}$, wahrnehmbar sein könnten, bieten mehr Schwierigkeiten. Das erste Beispiel dieser Art ist Michelsons wohlbekannter Interferenzversuch, dessen negatives Ergebnis Fitzgerald und mich zu dem Schlusse führte, daß die Dimensionen fester Körper sich infolge ihrer Bewegung durch den Äther ein wenig ändern.

Einige weitere Versuche, in denen eine Wirkung zweiter Ordnung gesucht wurde, sind kürzlich veröffentlicht worden. Einmal haben Rayleigh[2]) und Brace[3]) untersucht, ob die Erdbewegung einen Körper doppelbrechend macht; man könnte dies zunächst erwarten, wenn man die eben erwähnte Veränderung der Dimensionen annimmt. Beide Physiker kommen jedoch zu einem negativen Ergebnis.

Dann haben sich Trouton und Noble[4]) bemüht, ein Drehmoment zu entdecken, das auf einen geladenen Kondensator wirkt, dessen Platten einen Winkel mit der Translationsrichtung bilden. Die Elektronentheorie fordert unzweifelhaft die Existenz eines solchen Drehmoments, wenn man sie nicht durch eine neue Hypothese verändert. Um das einzusehen genügt es, einen

---

1) Deutsche Übersetzung der in englischer Sprache erschienenen Abhandlung: Electromagnetic phenomena in a system moving with any velocity smaller than that of light. (Proceedings Acad. Sc. Amsterdam 6 (1904) S. 809.)
2) Rayleigh, Phil. Mag. (6) 4 (1902) S. 678.
3) Brace, Phil. Mag. (6) 7 (1904) S. 317.
4) Trouton und Noble, London R. Soc. Trans. A 202 (1903) S. 165

Kondensator mit Äther als Dielektrikum zu betrachten. Es läßt sich zeigen, daß in jedem elektrostatischen mit einer Geschwindigkeit $\mathfrak{w}$[1]) bewegten System eine gewisse „elektromagnetische Bewegungsgröße" besteht. Wenn wir diese nach Größe und Richtung durch einen Vektor $\mathfrak{G}$ bezeichnen, so bestimmt sich das erwähnte Drehmoment durch das Vektorprodukt[2])

(1) $\qquad [\mathfrak{G} \cdot \mathfrak{w}]$.

Wenn nun die z-Achse senkrecht zu den Kondensatorplatten gewählt wird, die Geschwindigkeit $\mathfrak{w}$ eine beliebige Richtung hat, und wenn U die in üblicher Weise berechnete Energie des Kondensators ist, dann sind die Komponenten von $\mathfrak{G}$, bis zur 1. Ordnung genau, durch die folgenden Formeln gegeben[3]):

$$\mathfrak{G}_x = \frac{2U}{c^2}\mathfrak{w}_x, \quad \mathfrak{G}_y = \frac{2U}{c^2}\mathfrak{w}_y, \quad \mathfrak{G}_z = 0.$$

Setzen wir diese Werte in (1) ein, so erhalten wir für die Komponenten des Drehmoments bis zu Größen zweiter Ordnung genau:

$$\frac{2U}{c^2}\mathfrak{w}_y\mathfrak{w}_z, \quad -\frac{2U}{c^2}\mathfrak{w}_x\mathfrak{w}_z, \quad 0.$$

Diese Ausdrücke zeigen, daß die Achse des Drehmoments in der Ebene der Platten, senkrecht zur Translation liegt. Wenn α der Winkel zwischen der Geschwindigkeit und der Normalen zu den Platten ist, so wird das Drehmoment $\frac{U}{c^2} w^2 \sin 2\alpha$; es sucht den Kondensator so zu drehen, daß die Platten sich parallel zur Erdbewegung einstellen.

Beim Apparat von Trouton und Noble saß der Kondensator am Balken einer Torsionswage von genügender Empfindlichkeit, um durch ein Drehmoment der erwähnten Größenordnung abgelenkt zu werden. Es konnte aber nichts derartiges beobachtet werden.

2. Die besprochenen Versuche sind nicht der einzige Grund, weshalb eine neue Behandlung der mit der Bewegung der Erde verbundenen Probleme wünschenswert ist. Poincaré[4]) hat gegen die bisherige Theorie der optischen und elektrischen Erscheinungen bewegter Körper eingewandt, daß zur Erklärung des negativen Ergebnisses Michelsons eine neue Hypothese eingeführt werden mußte, und daß dies jedesmal notwendig werden könne, wenn neue Tatsachen bekannt würden. Sicherlich haftet diesem Aufstellen von besonderen Hypothesen für jedes neue Versuchsergebnis etwas Künst-

---

1) Ein Vektor wird durch einen deutschen Buchstaben bezeichnet, seine Größe durch den entsprechenden lateinischen.
2) Vgl. meinen Artikel: „Weiterbildung der Maxwellschen Theorie. Elektronentheorie" in der Mathematischen Encyklopädie V 14, § 21a. (Dieser Artikel wird zitiert mit M. E.)
3) M. E. § 56c.
4) Poincaré, Rapports du Congrès de physique de 1900, Paris, 1 S. 22, 23.

liches an. Befriedigender wäre es, könnte man mit Hilfe gewisser grundlegender Annahmen zeigen, daß viele elektromagnetische Vorgänge streng, d. h. ohne irgendwelche Vernachlässigung von Gliedern höherer Ordnung, unabhängig von der Bewegung des Systems sind. Vor einigen Jahren habe ich schon versucht, eine derartige Theorie[1]) aufzustellen. Jetzt glaube ich, den Gegenstand mit besserem Erfolg behandeln zu können. Die Geschwindigkeit wird nur der einen Beschränkung unterworfen, daß sie kleiner als die des Lichtes sei.

3. Ich gehe aus von den Grundgleichungen der Elektronentheorie.[2]) Sei $\mathfrak{d}$ die dielektrische Verschiebung im Äther, $\mathfrak{h}$ die magnetische Kraft, ϱ die Volumendichtigkeit der Ladung eines Elektrons, $\mathfrak{v}$ die Geschwindigkeit eines Punktes eines solchen Teilchens und $\mathfrak{f}$ die elektrische Kraft, d. h. die auf die Einheitsladung gerechnete Kraft, die der Äther auf ein Volumenelement eines Elektrons ausübt. Wenn wir ein festes Koordinatensystem benutzen, so ist

$$(2) \begin{cases} \operatorname{div} \mathfrak{d} = \varrho, \quad \operatorname{div} \mathfrak{h} = 0, \\ \operatorname{rot} \mathfrak{h} = \dfrac{1}{c}(\dot{\mathfrak{d}} + \varrho\mathfrak{v}), \\ \operatorname{rot} \mathfrak{d} = -\dfrac{1}{c}\dot{\mathfrak{h}}, \\ \mathfrak{f} = \mathfrak{d} + \dfrac{1}{c}[\mathfrak{v} \cdot \mathfrak{h}]. \end{cases}$$

Ich nehme nun an, daß das System sich als ganzes in der Richtung der x-Achse mit einer konstanten Geschwindigkeit w bewegt, und bezeichne mit $\mathfrak{u}$ die Geschwindigkeit, die außerdem ein Punkt eines Elektrons haben möge; dann ist $\mathfrak{v}_x = w + \mathfrak{u}_x, \quad \mathfrak{v}_y = \mathfrak{u}_y, \quad \mathfrak{v}_z = \mathfrak{u}_z.$
Wenn gleichzeitig die Gleichungen (2) auf Achsen bezogen werden, die sich mit dem System bewegen, so wird:

$$\operatorname{div} \mathfrak{d} = \varrho, \quad \operatorname{div} \mathfrak{h} = 0,$$

$$\frac{\partial \mathfrak{h}_z}{\partial y} - \frac{\partial \mathfrak{h}_y}{\partial z} = \frac{1}{c}\left(\frac{\partial}{\partial t} - w\frac{\partial}{\partial x}\right)\mathfrak{d}_x + \frac{1}{c}\varrho(w + \mathfrak{u}_x),$$

$$\frac{\partial \mathfrak{h}_x}{\partial z} - \frac{\partial \mathfrak{h}_z}{\partial x} = \frac{1}{c}\left(\frac{\partial}{\partial t} - w\frac{\partial}{\partial x}\right)\mathfrak{d}_y + \frac{1}{c}\varrho\,\mathfrak{u}_y,$$

$$\frac{\partial \mathfrak{h}_y}{\partial x} - \frac{\partial \mathfrak{h}_x}{\partial y} = \frac{1}{c}\left(\frac{\partial}{\partial t} - w\frac{\partial}{\partial x}\right)\mathfrak{d}_z + \frac{1}{c}\varrho\,\mathfrak{u}_z,$$

$$\frac{\partial \mathfrak{d}_z}{\partial y} - \frac{\partial \mathfrak{d}_y}{\partial z} = -\frac{1}{c}\left(\frac{\partial}{\partial t} - w\frac{\partial}{\partial x}\right)\mathfrak{h}_x,$$

$$\frac{\partial \mathfrak{d}_x}{\partial z} - \frac{\partial \mathfrak{d}_z}{\partial x} = -\frac{1}{c}\left(\frac{\partial}{\partial t} - w\frac{\partial}{\partial x}\right)\mathfrak{h}_y,$$

$$\frac{\partial \mathfrak{d}_y}{\partial x} - \frac{\partial \mathfrak{d}_x}{\partial y} = -\frac{1}{c}\left(\frac{\partial}{\partial t} - w\frac{\partial}{\partial x}\right)\mathfrak{h}_z,$$

---

1) Lorentz, Zittingsverlag Akad. Wet. 7 (1899) S. 507; Amsterdam Proc. 1898—99, S. 427. 2) M. E. § 2.

$$\mathfrak{f}_x = \mathfrak{d}_x + \frac{1}{c}(\mathfrak{u}_y \mathfrak{h}_z - \mathfrak{u}_z \mathfrak{h}_y),$$

$$\mathfrak{f}_y = \mathfrak{d}_y - \frac{1}{c} w \mathfrak{h}_z + \frac{1}{c}(\mathfrak{u}_z \mathfrak{h}_x - \mathfrak{u}_x \mathfrak{h}_z),$$

$$\mathfrak{f}_z = \mathfrak{d}_z + \frac{1}{c} w \mathfrak{h}_y + \frac{1}{c}(\mathfrak{u}_x \mathfrak{h}_y - \mathfrak{u}_y \mathfrak{h}_x).$$

4. Wir transformieren diese Formeln durch Einführung neuer Veränderlicher. Wir setzen

(3) $$\frac{c^2}{c^2 - w^2} = k^2$$

und verstehen unter l eine weitere Zahlengröße, deren Wert später angegeben werden soll. Als unabhängige Veränderliche nehme ich

(4) $$x' = klx, \quad y' = ly, \quad z' = lz,$$

(5) $$t' = \frac{l}{k} t - kl \frac{w}{c^2} x,$$

und definiere zwei neue Vektoren $\mathfrak{d}'$ und $\mathfrak{h}'$ durch die Formeln

$$\mathfrak{d}'_x = \frac{1}{l^2} \mathfrak{d}_x, \quad \mathfrak{d}'_y = \frac{k}{l^2}\left(\mathfrak{d}_y - \frac{w}{c}\mathfrak{h}_z\right), \quad \mathfrak{d}'_z = \frac{k}{l^2}\left(\mathfrak{d}_z + \frac{w}{c}\mathfrak{h}_y\right),$$

$$\mathfrak{h}'_x = \frac{1}{l^2} \mathfrak{h}_x, \quad \mathfrak{h}'_y = \frac{k}{l^2}\left(\mathfrak{h}_y + \frac{w}{c}\mathfrak{d}_z\right), \quad \mathfrak{h}'_z = \frac{k}{l^2}\left(\mathfrak{h}_z - \frac{w}{c}\mathfrak{d}_y\right).$$

Dafür können wir wegen (3) auch schreiben:

(6) $$\begin{cases} \mathfrak{d}_x = l^2 \mathfrak{d}'_x, \quad \mathfrak{d}_y = kl^2\left(\mathfrak{d}'_y + \frac{w}{c}\mathfrak{h}'_z\right), \quad \mathfrak{d}_z = kl^2\left(\mathfrak{d}'_z - \frac{w}{c}\mathfrak{h}'_y\right), \\ \mathfrak{h}_x = l^2 \mathfrak{h}'_x, \quad \mathfrak{h}_y = kl^2\left(\mathfrak{h}'_y - \frac{w}{c}\mathfrak{d}'_z\right), \quad \mathfrak{h}_z = kl^2\left(\mathfrak{h}'_z + \frac{w}{c}\mathfrak{d}'_y\right). \end{cases}$$

Der Koeffizient l soll eine Funktion von w sein, die für $w = 0$ den Wert 1 annimmt und für kleine Werte von w sich nur um Größen von der zweiten Ordnung von 1 unterscheidet.

Die Veränderliche t' heiße „Ortszeit"; in der Tat wird sie für $k = 1$, $l = 1$ identisch mit dem, was ich früher darunter verstand. Setzen wir schließlich:

(7) $$\frac{1}{kl^3} \varrho = \varrho',$$

(8) $$k^2 \mathfrak{u}_x = \mathfrak{u}'_x, \quad k \mathfrak{u}_y = \mathfrak{u}'_y, \quad k \mathfrak{u}_z = \mathfrak{u}'_z,$$

und deuten die letzteren Größen als Komponenten eines neuen Vektors $\mathfrak{u}'$, so nehmen die Gleichungen die folgende Form an:

(9) $$\begin{cases} \operatorname{div}' \mathfrak{d}' = \left(1 - \frac{w \mathfrak{u}'_x}{c^2}\right) \varrho', \quad \operatorname{div}' \mathfrak{h}' = 0, \\ \operatorname{rot}' \mathfrak{h}' = \frac{1}{c}\left(\frac{\partial \mathfrak{d}'}{\partial t'} + \varrho' \mathfrak{u}'\right), \\ \operatorname{rot}' \mathfrak{d}' = -\frac{1}{c} \frac{\partial \mathfrak{h}'}{\partial t'}, \end{cases}$$

(10)
$$\begin{cases} \mathfrak{f}_x = l^2 \mathfrak{b}'_x + l^2 \frac{1}{c}(\mathfrak{u}'_y \mathfrak{h}'_z - \mathfrak{u}'_z \mathfrak{h}'_y) + l^2 \frac{w}{c^2}(\mathfrak{u}'_y \mathfrak{b}'_y + \mathfrak{u}'_z \mathfrak{b}'_z), \\ \mathfrak{f}_y = \frac{l^2}{k} \mathfrak{b}'_y + \frac{l^2}{k} \frac{1}{c}(\mathfrak{u}'_z \mathfrak{h}'_x - \mathfrak{u}'_x \mathfrak{h}'_z) - \frac{l^2}{k} \frac{w}{c^2} \mathfrak{u}'_x \mathfrak{b}'_y, \\ \mathfrak{f}_z = \frac{l^2}{k} \mathfrak{b}'_z + \frac{l^2}{k} \frac{1}{c}(\mathfrak{u}'_x \mathfrak{h}'_y - \mathfrak{u}'_y \mathfrak{h}'_x) - \frac{l^2}{k} \frac{w}{c^2} \mathfrak{u}'_x \mathfrak{b}'_z. \end{cases}$$

Die Symbole div′ und rot′ in (9) entsprechen div und rot in (2), nur müssen die Differentiationen nach x, y, z durch die entsprechenden nach x', y', z' ersetzt werden.[1]

5. Die Gleichungen (9) führen zu dem Schluß, daß die Vektoren $\mathfrak{b}'$ und $\mathfrak{h}'$ sich durch ein skalares Potential φ' und ein vektorielles Potential $\mathfrak{a}'$ darstellen lassen.

Diese Potentiale genügen den Gleichungen[2])

(11) $$\Delta' \varphi' - \frac{1}{c^2} \frac{\partial^2 \varphi'}{\partial t'^2} = -\varrho',$$

(12) $$\Delta' \mathfrak{a}' - \frac{1}{c^2} \frac{\partial^2 \mathfrak{a}'}{\partial t'^2} = -\frac{1}{c^2} \varrho' \mathfrak{u}'.$$

Die Vektoren $\mathfrak{b}'$ und $\mathfrak{h}'$ lassen sich folgendermaßen durch sie ausdrücken:

(13) $$\mathfrak{b}' = -\frac{1}{c} \frac{\partial \mathfrak{a}'}{\partial t'} - \operatorname{grad}' \varphi' + \frac{w}{c} \operatorname{grad}' \mathfrak{a}'_x,$$

(14) $$\mathfrak{h}' = \operatorname{rot}' \mathfrak{a}'.$$

Das Symbol Δ' ist eine Abkürzung für $\frac{\partial^2}{\partial x'^2} + \frac{\partial^2}{\partial y'^2} + \frac{\partial^2}{\partial z'^2}$ und grad′ φ' bezeichnet einen Vektor, dessen Komponenten $\frac{\partial \varphi'}{\partial x'}$, $\frac{\partial \varphi'}{\partial y'}$, $\frac{\partial \varphi'}{\partial z'}$ sind; der Ausdruck grad′ $\mathfrak{a}'_x$ hat eine entsprechende Bedeutung.

---

[1] Man wird bemerken, daß ich in dieser Abhandlung die Transformationsgleichungen der Einsteinschen Relativitätstheorie nicht ganz erreicht habe. Weder die Gleichung (7) noch die Formeln (8) haben die von Einstein angegebene Gestalt, und infolgedessen ist es mir nicht gelungen, das Glied $-\frac{w \mathfrak{u}'_x}{c^2}$ in der ersten Gleichung (9) zum Verschwinden zu bringen und so die Formeln (9) genau auf die für ein ruhendes System geltende Gestalt zu bringen. Mit diesem Umstande hängt das Unbeholfene mancher weiteren Betrachtungen in dieser Arbeit zusammen.

Es ist das Verdienst Einsteins, das Relativitätsprinzip zuerst als allgemeines, streng und genau geltendes Gesetz ausgesprochen zu haben.

Ich füge noch die Bemerkung hinzu, daß Voigt bereits im Jahre 1887 (Göttinger Nachrichten S. 41) in einer Arbeit „Über das Dopplersche Prinzip" auf Gleichungen von der Form
$$\Delta \psi - \frac{1}{c^2} \frac{\partial^2 \psi}{\partial t^2} = 0$$
eine Transformation angewandt hat, welche der in den Gleichungen (4) und (5) meiner Arbeit enthaltenen äquivalent ist. (Anmerkung von H. A. Lorentz, 1912.)

[2] M. E. §§ 4 und 10.

Um die Lösungen von (11) und (12) in einfacher Form zu erhalten, nehmen wir x', y', z' als Koordinaten eines Punktes P' in einem Raum S' und ordnen diesem Punkte für jeden Wert t' die Werte ϱ', $\mathfrak{u}'$, φ', $\mathfrak{a}'$ zu, die zu dem entsprechenden Punkte $P(x, y, z)$ des elektromagnetischen Systems gehören. Für einen bestimmten Wert t' der vierten unabhängigen Veränderlichen sind die Potentiale φ' und $\mathfrak{a}'$ in dem Punkt P des Systems oder in dem entsprechenden Punkt P' im Raume S' durch die Gleichungen gegeben[1]):

(15) $$\varphi' = \frac{1}{4\pi}\int \frac{[\varrho']}{r'}\, dS',$$

(16) $$\mathfrak{a}' = \frac{1}{4\pi c}\int \frac{[\varrho'\mathfrak{u}']}{r'}\, dS'.$$

Hierin ist dS' ein Raumelement in S', r' seine Entfernung von P', und die Klammern bezeichnen die Größe ϱ' und den Vektor $\varrho'\mathfrak{u}'$, so wie sie in dem Element dS' für den Wert $t' - \frac{r'}{c}$ der vierten unabhängigen Veränderlichen erscheinen.

Statt (15) und (16) können wir auch unter Berücksichtigung von (4) und (7) schreiben:

(17) $$\varphi' = \frac{1}{4\pi}\int \frac{[\varrho]}{r'}\, dS,$$

(18) $$\mathfrak{a}' = \frac{1}{4\pi c}\int \frac{[\varrho\mathfrak{u}']}{r'}\, dS.$$

Dabei sind die Integrationen über das elektromagnetische System selbst zu erstrecken. Es ist wohl zu beachten, daß in diesen Gleichungen r' nicht die Entfernung zwischen dem Element dS und dem Punkt (x, y, z) bedeutet, für den die Berechnung ausgeführt werden soll. Ist das Element durch den Punkt (x_1, y_1, z_1) charakterisiert, so müssen wir setzen

$$r' = l\sqrt{k^2(x - x_1)^2 + (y - y_1)^2 + (z - z_1)^2}.$$

Wenn wir φ' und $\mathfrak{a}'$ für den Zeitpunkt bestimmen wollen, für den die Ortszeit in P gleich t' ist, so müssen wir ϱ und $\varrho\mathfrak{u}'$ den Wert geben, den sie im Element dS bei der Ortszeit $t' - \frac{r'}{c}$ des Elementes besitzen.

6. Es genügt für unseren Zweck zwei Sonderfälle zu betrachten, zunächst den eines elektrostatischen Systemes, d. h. eines Systemes, in dem die Translation von der Geschwindigkeit w die einzige Bewegung ist. In diesem Falle wird $\mathfrak{u}' = 0$, und folglich wegen (12) $\mathfrak{a}' = 0$. Ferner ist φ' von t' unabhängig, so daß sich die Gleichungen (11), (13) und (14) vereinfachen z

(19) $$\begin{cases} \Delta'\varphi' = -\varrho', \\ \mathfrak{d}' = -\operatorname{grad}'\varphi', \quad \mathfrak{h}' = 0. \end{cases}$$

---

[1]) M. E. §§ 5 und 10.

Nachdem wir durch diese Gleichungen den Vektor $\mathfrak{d}'$ bestimmt haben, kennen wir auch die elektrische Kraft, die auf Elektronen des Systems wirkt. Wegen $\mathfrak{u}' = 0$ nehmen die Gleichungen (10) für sie die Gestalt an

(20) $\qquad \mathfrak{f}_x = l^2 \mathfrak{d}'_x, \quad \mathfrak{f}_y = \dfrac{l^2}{k} \mathfrak{d}'_y, \quad \mathfrak{f}_z = \dfrac{l^2}{k} \mathfrak{d}'_z.$

Das Ergebnis läßt sich in einfache Form bringen, wenn wir das bewegte System Σ, um das es sich handelt, mit einem ruhenden System Σ' vergleichen. Dieses soll aus Σ dadurch hervorgehen, daß wir die Strecken in der Richtung der x-Achse mit kl und die Strecken in der Richtung der y- und z-Achse mit l multiplizieren. Wir wählen für diese Deformation passend das Symbol (kl, l, l). In diesem neuen System, das sich in dem obenerwähnten Raume S' befinden möge, geben wir der Dichte den durch (7) bestimmten Wert ϱ', so daß die Ladungen entsprechender Volumenelemente und entsprechender Elektronen in Σ und Σ' gleich sind. Wir erhalten dann die auf die Elektronen des bewegten Systems Σ wirkenden Kräfte, wenn wir zunächst die entsprechenden Kräfte in Σ' bestimmen und dann ihre Komponenten in der x-Richtung mit l^2 und die dazu senkrechten Komponenten mit $\dfrac{l^2}{k}$ multiplizieren. Wir drücken dies passend durch die Gleichung aus

(21) $\qquad \mathfrak{F}(\Sigma) = \left(l^2, \dfrac{l^2}{k}, \dfrac{l^2}{k} \right) \mathfrak{F}(\Sigma').$

Man bemerke außerdem, daß mit Hilfe des aus (19) berechneten Wertes $\mathfrak{d}'$ sich die elektromagnetische Bewegungsgröße im bewegten System, oder vielmehr ihre Komponente in der Bewegungsrichtung, leicht ausdrücken läßt. In der Tat zeigt die Gleichung

$$\mathfrak{G} = \dfrac{1}{c} \int [\mathfrak{d} \cdot \mathfrak{h}] \, dS,$$

daß $\qquad\qquad\qquad \mathfrak{G} = \dfrac{1}{c} \int (\mathfrak{d}_y \mathfrak{h}_z - \mathfrak{d}_z \mathfrak{h}_y) \, dS.$

Folglich wegen (6), da $\mathfrak{h}' = 0$:

(22) $\qquad \mathfrak{G}_x = \dfrac{k^2 l^4 w}{c^2} \int (\mathfrak{d}'^2_y + \mathfrak{d}'^2_z) \, dS = \dfrac{k l w}{c^2} \int (\mathfrak{d}'^2_y + \mathfrak{d}'^2_z) \, dS'.$

7. Beim zweiten Sonderfall betrachten wir ein Teilchen mit einem elektrischen Moment, also einen kleinen Raum S mit der Gesamtladung $\int \varrho \, dS = 0$, aber solcher Dichteverteilung, daß die Integrale $\int \varrho x \, dS$, $\int \varrho y \, dS$, $\int \varrho z \, dS$ von Null verschiedene Werte haben.

Es seien x, y, z die Koordinaten in bezug auf einen festen Punkt A

des Teilchens — er heiße der Mittelpunkt —, und das elektrische Moment sei definiert als ein Vektor $\mathfrak{p}$ mit den Komponenten

(23) $\quad \mathfrak{p}_x = \int \varrho x \, dS, \quad \mathfrak{p}_y = \int \varrho y \, dS, \quad \mathfrak{p}_z = \int \varrho z \, dS.$

(24) Dann ist $\dfrac{d\mathfrak{p}_x}{dt} = \int \varrho \mathfrak{u}_x dS, \quad \dfrac{d\mathfrak{p}_y}{dt} = \int \varrho \mathfrak{u}_y dS, \quad \dfrac{d\mathfrak{p}_z}{dt} = \int \varrho \mathfrak{u}_z dS.$

Werden x, y, z als unendlich klein betrachtet, so werden natürlich auch $\mathfrak{u}_x$, $\mathfrak{u}_y$, $\mathfrak{u}_z$ unendlich klein. Wir vernachlässigen Quadrate und Produkte dieser sechs Größen.

Wir benutzen nun die Gleichung (17) zur Bestimmung des skalaren Potentiales φ' für einen äußeren Punkt P (x, y, z) in endlicher Entfernung von dem polarisierten Teilchen, für den Augenblick, in dem die Ortszeit dieses Punktes einen bestimmten Wert t' hat. Dabei geben wir dem Symbol $[\varrho]$, das sich in (17) auf den Zeitpunkt bezieht, für den die Ortszeit in dS gleich $t' - \dfrac{r'}{c}$ ist, eine etwas andere Bedeutung. Wir bezeichnen mit r_0' den Wert von r' für den Mittelpunkt A und verstehen dann unter $[\varrho]$ den Wert der Dichte am Punkte (x, y, z) zu derjenigen Zeit t_0, bei der die Ortszeit von A gleich $t' - \dfrac{r_0'}{c}$ ist.

Man erkennt aus (5), daß dieser Zeitpunkt früher ist als derjenige, auf den sich der Zähler in (17) bezieht, und zwar um

$$k^2 \frac{w}{c^2} x + \frac{k}{l} \frac{r_0' - r'}{c} = k^2 \frac{w}{c^2} x + \frac{k}{l} \frac{1}{c} \left(x \frac{\partial r'}{\partial x} + y \frac{\partial r'}{\partial y} + z \frac{\partial r'}{\partial z} \right)$$

Zeiteinheiten. In diesem letzten Ausdruck können wir für die Differentialquotienten ihre Werte im Punkte A einsetzen.

In (17) haben wir nun $[\varrho]$ durch

(25) $\quad [\varrho] + k^2 \dfrac{w}{c^2} x \left[\dfrac{\partial \varrho}{\partial t} \right] + \dfrac{k}{l} \dfrac{1}{c} \left(x \dfrac{\partial r'}{\partial x} + y \dfrac{\partial r'}{\partial y} + z \dfrac{\partial r'}{\partial z} \right) \left[\dfrac{\partial \varrho}{\partial t} \right]$

zu ersetzen, dabei bezieht sich $\left[\dfrac{\partial \varrho}{\partial t} \right]$ wieder auf die Zeit t_0. Wenn nun der Wert t', für den die Berechnungen ausgeführt werden sollen, gewählt ist, wird diese Zeit t_0 eine Funktion der Koordinaten x, y, z des Aufpunktes P sein. Der Wert $[\varrho]$ hängt infolgedessen von diesen Koordinaten ab, und man sieht leicht, daß $\quad \dfrac{\partial [\varrho]}{\partial x} = -\dfrac{k}{l} \dfrac{1}{c} \dfrac{\partial r'}{\partial x} \left[\dfrac{\partial \varrho}{\partial t} \right],$ usw.

Deshalb wird (25) gleich

$$[\varrho] + k^2 \frac{w}{c^2} x \left[\frac{\partial \varrho}{\partial t} \right] - \left(x \frac{\partial [\varrho]}{\partial x} + y \frac{\partial [\varrho]}{\partial y} + z \frac{\partial [\varrho]}{\partial z} \right).$$

Ferner muß, wenn wir weiterhin mit r' die oben r_0' genannte Größe bezeichnen, der Faktor $\dfrac{1}{r'}$ durch

$$\frac{1}{r'} - x \frac{\partial}{\partial x}\left(\frac{1}{r'}\right) - y \frac{\partial}{\partial y}\left(\frac{1}{r'}\right) - z \frac{\partial}{\partial z}\left(\frac{1}{r'}\right)$$

ersetzt werden, sodaß schließlich im Integral (17) das Element dS mit

$$\frac{[\varrho]}{r'} + k^2 \frac{w}{c^2} \frac{x}{r'} \left[\frac{\partial \varrho}{\partial t}\right] - \frac{\partial}{\partial x} \frac{x[\varrho]}{r'} - \frac{\partial}{\partial y} \frac{y[\varrho]}{r'} - \frac{\partial}{\partial z} \frac{z[\varrho]}{r'}$$

multipliziert wird.

Das ist einfacher als die ursprüngliche Form, weil weder r' noch die Zeit, für welche die eingeklammerten Größen genommen werden müssen, von x, y, z abhängen. Benutzen wir (23) und bedenken, daß $\int \varrho\, dS = 0$, so erhalten wir

$$\varphi' = k^2 \frac{w}{4\pi c^2 r'} \left[\frac{\partial \mathfrak{p}_x}{\partial t}\right] - \frac{1}{4\pi} \left\{ \frac{\partial}{\partial x} \frac{[\mathfrak{p}_x]}{r'} + \frac{\partial}{\partial y} \frac{[\mathfrak{p}_y]}{r'} + \frac{\partial}{\partial z} \frac{[\mathfrak{p}_z]}{r'} \right\}.$$

In dieser Gleichung sind alle eingeklammerten Größen für denjenigen Augenblick zu nehmen, für den die Ortszeit des Mittelpunktes des Teilchens gleich $t' - \dfrac{r'}{c}$ ist.

Wir schließen diese Erwägungen mit der Einführung eines neuen Vektors $\mathfrak{p}'$, dessen Komponenten
(26) $$\mathfrak{p}'_x = kl\mathfrak{p}_x, \quad \mathfrak{p}'_y = l\mathfrak{p}_y, \quad \mathfrak{p}'_z = l\mathfrak{p}_z$$

sind. Gleichzeitig gehen wir zu x', y', z', t' als unabhängigen Veränderlichen über. Das Schlußergebnis ist

$$\varphi' = \frac{w}{4\pi c^2 r'} \frac{\partial [\mathfrak{v}'_x]}{\partial t'} - \frac{1}{4\pi} \left\{ \frac{\partial}{\partial x'} \frac{[\mathfrak{p}'_x]}{r'} + \frac{\partial}{\partial y'} \frac{[\mathfrak{p}'_y]}{r'} + \frac{\partial}{\partial z'} \frac{[\mathfrak{p}'_z]}{r'} \right\}.$$

Die Transformation der Gleichung (18) für das Vektorpotential ist weniger schwierig, weil es den unendlich kleinen Vektor $\mathfrak{u}'$ enthält. Unter Berücksichtigung von (8), (24), (26) und (5) findet man

$$\mathfrak{a}' = \frac{1}{4\pi c r'} \frac{\partial [\mathfrak{p}']}{\partial t'}.$$

Das von dem polarisierten Teilchen hervorgerufene Feld ist nun völlig bestimmt. Die Gleichung (13) führt auf

(27) $$\mathfrak{d}' = -\frac{1}{4\pi c^2} \frac{\partial^2}{\partial t'^2} \frac{[\mathfrak{p}']}{r'} + \frac{1}{4\pi} \operatorname{grad}' \left\{ \frac{\partial}{\partial x'} \frac{[\mathfrak{p}'_x]}{r'} + \frac{\partial}{\partial y'} \frac{[\mathfrak{p}'_y]}{r'} + \frac{\partial}{\partial z'} \frac{[\mathfrak{p}'_z]}{r'} \right\},$$

und der Vektor $\mathfrak{h}'$ ist durch (14) gegeben. Wir können ferner die Gleichungen (20) statt der ursprünglichen Gleichungen (10) anwenden, wenn wir die Kräfte betrachten wollen, die von dem polarisierten Teilchen auf ein ähnliches, in einiger Entfernung gelegenes ausgeübt werden. In der Tat können beim zweiten Teilchen, wie beim ersten, die Geschwindigkeiten $\mathfrak{u}$ als unendlich klein gelten.

Man bemerke, daß die Gleichungen für ein ruhendes System in den gegebenen Formeln enthalten sind. Für ein solches System werden die Größen mit Akzenten identisch mit den entsprechenden ohne Akzente; außerdem werden k und l gleich 1. Die Komponenten von (27) sind gleichzeitig die der elektrischen Kraft, die das eine polarisierte Teilchen auf ein anderes ausübt.

8. Bis dahin haben wir nur die Fundamentalgleichungen ohne neue Annahmen benutzt. Ich nehme jetzt an, *daß die Elektronen, die ich im Ruhezustand als Kugeln vom Radius R ansehe, ihre Dimensionen unter dem Einfluß einer Translation ändern, und zwar sollen die Dimensionen in der Bewegungsrichtung kl mal und die in den dazu senkrechten Richtungen l mal kleiner werden.*

Bei dieser Deformation, die durch $\left(\frac{1}{kl}, \frac{1}{l}, \frac{1}{l}\right)$ bezeichnet werden möge, soll jedes Volumenelement seine Ladung behalten.

Unsere Annahme läuft darauf hinaus, daß in einem elektrostatischen System Σ, das sich mit einer Geschwindigkeit w bewegt, alle Elektronen sich zu Ellipsoiden abflachen, deren kleine Achsen in der Bewegungsrichtung liegen. Wenn wir nun, um den Satz des § 6 anwenden zu können, das System der Deformation (kl, l, l) unterwerfen, haben wir wieder Kugelelektronen vom Radius R. Wenn wir ferner die relative Lage der Elektronenmittelpunkte in Σ durch die Deformation (kl, l, l) ändern und in die so erhaltenen Punkte die Mittelpunkte ruhender kugelförmiger Elektronen legen, so erhalten wir ein System, das mit dem in § 6 besprochenen erdachten System Σ' identisch ist. Die Kräfte in diesem System und die in Σ stehen in der Beziehung zueinander, die durch (21) vermittelt wird.

Zweitens nehme ich an, *daß die Kräfte zwischen ungeladenen Teilchen, ebenso wie die Kräfte zwischen ungeladenen Teilchen und Elektronen, durch eine Translation in genau derselben Weise wie die elektrischen Kräfte in einem elektrostatischen System beeinflußt werden.*

Mit anderen Worten: Wie auch die Natur der Teilchen eines ponderabelen Körpers sei, immer sollen — vorausgesetzt, daß sich die Teilchen nicht gegeneinander bewegen — die in einem ruhenden System Σ' und einem bewegten Σ wirkenden Kräfte durch die Beziehung (21) miteinander verbunden sein, wenn, hinsichtlich der gegenseitigen Lage der Teilchen, Σ' aus Σ durch die Deformation (kl, l, l) und also Σ aus Σ' durch die Deformation $\left(\frac{1}{kl}, \frac{1}{l}, \frac{1}{l}\right)$ erhalten wird.

Daher muß, wenn für ein Teilchen in Σ' die resultierende Kraft verschwindet, das gleiche auch für das entsprechende Teilchen in Σ der Fall sein. Wir vernachlässigen die Wirkungen der Molekularbewegung und nehmen an, daß sich an jedem Teilchen eines festen Körpers die Anziehungen und Abstoßungen, die von der Umgebung auf das Teilchen ausgeübt werden, im Gleichgewicht befinden. Machen wir außerdem noch die Annahme, daß nur *eine* Gleichgewichtskonfiguration möglich ist, so können wir schließen, daß das System Σ' *von selbst* in das System Σ übergeht, wenn man ihm die

2*

Geschwindigkeit w erteilt. Mit anderen Worten, die Translation *bewirkt* die Deformation $\left(\frac{1}{kl}, \frac{1}{l}, \frac{1}{l}\right)$.

Der Fall der Molekularbewegung wird in § 12 betrachtet.

Man sieht leicht, daß die früher in Verbindung mit Michelsons Versuch gemachte Hypothese in der jetzt ausgesprochenen enthalten ist. Jedoch ist die gegenwärtige Hypothese allgemeiner, weil die einzige Beschränkung der Bewegung die ist, daß ihre Geschwindigkeit kleiner als die des Lichtes sein soll.

9. Wir sind jetzt in der Lage, die elektromagnetische Bewegungsgröße eines einzigen Elektrons zu berechnen. Der Einfachheit halber nehme ich die Ladung e als gleichmäßig über die Oberfläche verteilt an, solange das Elektron in Ruhe ist. Dann besteht eine Verteilung derselben Art im System Σ', mit dem wir es in dem letzten Integral von (22) zu tun haben. Folglich wird

$$\int (\mathfrak{b}_y'^2 + \mathfrak{b}_z'^2) dS' = \frac{2}{3} \int \mathfrak{b}'^2 dS' = \frac{e^2}{6\pi} \int_R^\infty \frac{dr}{r^2} = \frac{e^2}{6\pi R}$$

und

$$\mathfrak{G}_x = \frac{e^2}{6\pi c^2 R} k l w.$$

Man muß beachten, daß das Produkt kl eine Funktion von w ist und daß aus Symmetriegründen der Vektor $\mathfrak{G}$ die Translationsrichtung hat. Bezeichnen wir mit $\mathfrak{w}$ die Geschwindigkeit dieser Bewegung, so haben wir allgemein die Vektorgleichung

(28) $$\mathfrak{G} = \frac{e^2}{6\pi c^2 R} k l \mathfrak{w}.$$

Nun zieht jede Veränderung in der Bewegung eines Systems eine entsprechende Änderung in der elektromagnetischen Bewegungsgröße nach sich und erfordert deshalb eine gewisse Kraft, die der Größe und Richtung nach durch

(29) $$\mathfrak{F} = \frac{d\mathfrak{G}}{dt} \qquad \text{gegeben ist.}$$

Die Gleichung (28) läßt sich streng nur auf den Fall einer gleichförmigen geradlinigen Translation anwenden. Wegen dieses Umstandes wird die Theorie rasch wechselnder Bewegungen eines Elektrons sehr schwierig — obgleich (29) immer gilt —, und zwar um so mehr, als die Hypothese in § 8 die Forderung einschließt, daß Größe und Richtung der Deformation sich fortwährend ändern. Es ist sogar kaum wahrscheinlich, daß die Form des Elektrons sich allein aus der Geschwindigkeit im betrachteten Augenblick bestimmt.

Trotzdem erhalten wir bei Annahme hinreichend langsamer Geschwindigkeitsänderung eine genügende Näherung, indem wir (28) für jeden Augenblick benutzen. Die Anwendung von (29) auf eine solche *quasi-stationäre*

Translation, wie sie Abraham[1]) genannt hat, ist sehr einfach. Sei j_1 in einem bestimmten Augenblick die Beschleunigung in der Bahnrichtung und j_2 die dazu senkrechte Beschleunigung. Dann besteht die Kraft $\mathfrak{F}$ aus zwei Komponenten, welche die Richtung dieser Beschleunigungen haben und durch

$$\mathfrak{F}_1 = m_1 j_1 \quad \text{und} \quad \mathfrak{F}_2 = m_2 j_2$$

gegeben sind, wenn

(30) $$m_1 = \frac{e^2}{6\pi c^2 R} \frac{d(klw)}{dw} \quad \text{und} \quad m_2 = \frac{e^2}{6\pi c^2 R} kl.$$

Folglich verhält sich das Elektron bei Vorgängen, bei welchen eine Beschleunigung in der Bewegungsrichtung auftritt, als ob es die Masse m_1 hätte, bei Beschleunigung in einer zur Bewegung senkrechten Richtung, als ob es die Masse m_2 besäße. Diese Größen m_1 und m_2 werden deshalb passend die „longitudinale" und „transversale" elektromagnetische Masse genannt. Ich nehme an, *daß außerdem keine „wirkliche" oder „materielle" Masse besteht.*

Da k und l sich von der Einheit um Größen der Ordnung $\frac{w^2}{c^2}$ unterscheiden, finden wir für kleine Geschwindigkeiten

$$m_1 = m_2 = \frac{e^2}{6\pi c^2 R}.$$

Das ist die Masse, mit der man zu rechnen hat, wenn in einem System ohne Translation die Elektronen kleine Schwingungen ausführen. Wenn dagegen ein Körper, der sich mit der Geschwindigkeit w in der x-Richtung fortbewegt, Sitz derartiger Elektronenschwingungen ist, müssen wir mit der durch (30) gegebenen Masse m_1 rechnen, sobald wir die Schwingungen parallel zur x-Achse betrachten; dagegen kommt für Schwingungen parallel zu OY oder OZ die Masse m_2 in Betracht.

(31) Also kurz $$m(\Sigma) = \left(\frac{d(klw)}{dw}, kl, kl \right) m(\Sigma'),$$

wenn das Zeichen Σ das bewegte, das Zeichen Σ' das ruhende System anzeigt.

10. Wir können jetzt dazu übergehen, den Einfluß der Erdbewegung auf optische Erscheinungen in einem System durchsichtiger Körper zu untersuchen. Hierbei richten wir unsere Aufmerksamkeit auf die veränderlichen elektrischen Momente in den Teilchen oder „Atomen" des Systems. Wir können auf diese Momente das in § 7 Gesagte anwenden. Der Einfachheit halber nehmen wir an, daß in jedem Teilchen die Ladung in einer gewissen Anzahl getrennter Elektronen konzentriert ist. Ferner sollen die „elastischen" Kräfte, die an einem dieser Elektronen angreifen und zusammen mit den

---

[1]) Abraham, Ann. Phys. 10 (1903) S. 105.

elektrischen Kräften seine Bewegung bestimmen, ihren Ausgangspunkt innerhalb der Begrenzung *desselben* Atomes haben.

Ich werde zeigen, daß man jedem in einem ruhenden System möglichen Bewegungszustand einen entsprechenden, gleichfalls möglichen Bewegungszustand in dem mit Translation begabten System zuordnen kann, wobei die Art der Zuordnung sich in folgender Weise charakterisieren läßt:

a) Seien A_1', A_2', A_3', usw. die Mittelpunkte der Teilchen im System Σ' ohne Translation. Wir vernachlässigen Molekularbewegungen und nehmen diese Punkte als ruhend an. Das Punktsystem A_1, A_2, A_3, usw., das von den Mittelpunkten der Teilchen im bewegten System Σ gebildet wird, erhält man aus A_1', A_2', A_3', usw. mit Hilfe einer Deformation $\left(\frac{1}{kl}, \frac{1}{l}, \frac{1}{l}\right)$. Entsprechend dem in § 8 Gesagten nehmen die Mittelpunkte von selbst diese Lagen A_1', A_2', A_3', usw. ein, wenn sie ursprünglich, vor der Translation, die Lagen A_1, A_2, A_3, usw. hatten.

Wir können uns vorstellen, daß jeder Punkt P' im Raume des Systems Σ' durch die erwähnte Deformation in einen bestimmten Punkt P von Σ übergeführt wird. Für zwei entsprechende Punkte P' und P definieren wir entsprechende Zeitpunkte; der erste soll zu P', der zweite zu P gehören. Wir setzen nämlich fest, daß die wahre Zeit im ersten Zeitpunkt gleich der aus (5) für den Punkt P bestimmten Ortszeit im zweiten Zeitpunkt sein soll. Unter entsprechenden Zeiten für zwei entsprechende *Teilchen* verstehen wir sich entsprechende Zeiten für die *Mittelpunkte* A' und A dieser Teilchen.

b) Was den inneren Zustand der Atome betrifft, so nehmen wir an, daß die Konfiguration eines Teilchens A in Σ zu einer gewissen Zeit mit Hilfe der Deformation $\left(\frac{1}{kl}, \frac{1}{l}, \frac{1}{l}\right)$ aus der Konfiguration des entsprechenden Teilchens in Σ' für den entsprechenden Zeitpunkt erhalten werde. Soweit diese Annahme sich auf die Form der Elektronen selbst bezieht, ist sie in der ersten Hypothese von § 8 enthalten.

Wenn wir von einem tatsächlich bestehenden Zustand im System Σ' ausgehen, haben wir offenbar durch die Festsetzungen a) und b) einen Zustand des bewegten Systems Σ vollständig bestimmt. Doch bleibt die Frage offen, ob dieser Zustand auch ein möglicher ist.

Um das zu entscheiden, bemerken wir zunächst, daß die elektrischen Momente, die nach unserer Annahme im bewegten System auftreten und die wir mit $\mathfrak{p}$ bezeichnen wollen, bestimmte Funktionen der Koordinaten x, y, z der Mittelpunkte A der Teilchen (oder, wie wir sagen wollen, der Koordinaten der Teilchen) und der Zeit t sind. Die Gleichungen, welche die Beziehungen zwischen $\mathfrak{p}$ einerseits und x, y, z, t andererseits ausdrücken, können durch andere Gleichungen ersetzt werden, die den aus (26) bestimmten Vektor $\mathfrak{p}'$ und die durch (4) und (5) definierten Größen x', y', z', t' enthalten.

Wenn nun in einem Teilchen A des bewegten Systems, dessen Koordinaten x, y, z sind, zur Zeit t oder zur Ortszeit t' ein elektrisches Moment $\mathfrak{p}$ besteht, so wird nach den Annahmen a) und b) in dem anderen System in einem Teilchen mit den Koordinaten x', y', z' und zur wahren Zeit t' ein Moment bestehen, das gerade durch den durch (26) bestimmten Vektor $\mathfrak{p}'$ vorgestellt wird. Man sieht in dieser Weise, daß die Gleichungen zwischen $\mathfrak{p}'$, x', y', z', t' für beide Systeme dieselben sind, mit dem einzigen Unterschied, daß für das System Σ' ohne Translation diese Zeichen das Moment, die Koordinaten und die wahre Zeit bedeuten, während sie für das bewegte System eine andere Bedeutung haben. Denn hier sind $\mathfrak{p}'$, x', y', z', t' mit dem Moment $\mathfrak{p}$, den Koordinaten x, y, z und der allgemeinen Zeit t durch die Beziehungen (26), (4) und (5) verbunden.

Es ist bereits gesagt, daß Gleichung (27) auf beide Systeme Anwendung findet. Der Vektor $\mathfrak{d}'$ ist folglich in Σ' und Σ der gleiche unter der Voraussetzung, daß wir immer entsprechende Stellen und Zeiten vergleichen. Doch hat der Vektor nicht in beiden Fällen dieselbe Bedeutung. In Σ' stellt er die elektrische Kraft dar, in Σ hängt er mit dieser Kraft durch (20) zusammen. Wir können deshalb schließen, daß die in Σ und Σ' auf entsprechende Teilchen zu entsprechenden Zeiten wirkenden elektrischen Kräfte miteinander durch (21) verknüpft sind. Ziehen wir unsere Annahme b) in Verbindung mit der zweiten Hypothese von § 8 heran, so gilt die gleiche Beziehung zwischen den „elastischen" Kräften. Die Gleichung (21) kann folglich auch als Ausdruck der Beziehung zwischen den an entsprechenden Elektronen zu entsprechenden Zeiten wirkenden Gesamtkräften angesehen werden.

Offenbar ist nun der im bewegten System vorausgesetzte Zustand dann wirklich möglich, wenn in Σ und Σ' die Produkte der Masse m und der Beschleunigung eines Elektrons zueinander in derselben Beziehung stehen wie die Kräfte, d. h. wenn

(32) $$m\mathfrak{j}(\Sigma) = \left(l^2, \frac{l^2}{k}, \frac{l^2}{k}\right) m\mathfrak{j}(\Sigma').$$

Nun gilt für die Beschleunigungen

(33) $$\mathfrak{j}(\Sigma) = \left(\frac{l}{k^3}, \frac{l}{k^2}, \frac{l}{k^2}\right) \mathfrak{j}(\Sigma'),$$

was sich aus (4) und (5) ableiten läßt. Verbinden wir dieses Ergebnis mit (32), so erhalten wir für die Massen

$$m(\Sigma) = (k^3 l, kl, kl) m(\Sigma').$$

Ein Vergleich mit (31) zeigt, daß für beliebige Werte von l diese Bedingung immer befriedigt ist hinsichtlich der Massen, mit welchen wir bei den zu der Translationsrichtung senkrechten Schwingungen zu rechnen haben. Wir haben also l nur der einzigen Bedingung zu unterwerfen:

$$\frac{d(klw)}{dw} = k^3 l.$$

Wegen (3) ist aber
$$\frac{d(kw)}{dw} = k^3,$$

sodaß
$$\frac{dl}{dw} = 0, \quad l = \text{konst.}$$

Der Wert der Konstanten muß 1 sein, weil wir schon wissen, daß für $w = 0$ $l = 1$ wird.

Wir werden also zu der Annahme geführt, *daß der Einfluß einer Translation auf Größe und Gestalt (eines einzelnen Elektrons und eines ponderablen Körpers als Ganzen) auf die Dimensionen in der Bewegungsrichtung beschränkt bleibt, und zwar werden diese k-mal kleiner als im Ruhezustand.* Nehmen wir diese Hypothese zu den bereits gemachten hinzu, so sind wir sicher, daß zwei Zustände möglich sind, der eine im bewegten System, der andere im gleichen ruhenden System, die sich in der früher gekennzeichneten Weise entsprechen. Übrigens ist dieses Entsprechen nicht auf die elektrischen Momente der Teilchen beschränkt. In entsprechenden Punkten, die entweder im Äther zwischen den Teilchen oder in dem die ponderablen Körper umgebenden Äther liegen, finden wir für entsprechende Zeiten denselben Vektor $\mathfrak{d}'$, und, wie man leicht zeigt, denselben Vektor $\mathfrak{h}'$. Zusammenfassend können wir sagen: Wenn in dem System ohne Translation ein Bewegungszustand auftritt, für den an einem bestimmten Orte die Komponenten von $\mathfrak{p}$, $\mathfrak{d}$ und $\mathfrak{h}$ gewisse Funktionen der Zeit sind, dann kann im gleichen System, nachdem es in Bewegung gesetzt (und folglich deformiert) ist, ein Bewegungszustand auftreten, bei dem an dem entsprechenden Orte die Komponenten von $\mathfrak{p}'$, $\mathfrak{d}'$ und $\mathfrak{h}'$ dieselben Funktionen der Ortszeit sind.

Nur ein Punkt fordert noch genauere Erwägung. Da die Werte der Massen m_1 und m_2 aus der Theorie der quasi-stationären Bewegung abgeleitet sind, so erhebt sich die Frage, ob wir mit ihnen bei den schnellen Schwingungen des Lichtes rechnen dürfen. Nun findet man bei genauerer Betrachtung, daß die Bewegung eines Elektrons als quasi-stationär behandelt werden kann, wenn sie sich nur um wenig ändert während der Zeit, in der sich eine Lichtwelle um eine Strecke von der Länge des Durchmessers fortbewegt. Das trifft bei optischen Erscheinungen zu, weil der Durchmesser im Vergleich zur Wellenlänge außerordentlich klein ist.

11. Man sieht leicht, daß die vorgetragene Theorie eine große Zahl von Tatsachen erklärt.

Betrachten wir zunächst ein System ohne Translation, für das in einigen Teilen ständig $\mathfrak{p} = 0$, $\mathfrak{d} = 0$, $\mathfrak{h} = 0$ ist. Dann haben wir im entsprechenden

Zustand des bewegten Systems in entsprechenden Teilen (oder, wie wir sagen können, in den gleichen Teilen des deformierten Systems) $\mathfrak{p}' = 0$, $\mathfrak{d}' = 0$, $\mathfrak{h}' = 0$. Da diese Gleichungen $\mathfrak{p} = 0$, $\mathfrak{d} = 0$, $\mathfrak{h} = 0$ nach sich ziehen, wie man aus (26) und (6) erkennt, bleiben offenbar alle Teile, die dunkel waren, als das System ruhte, auch dunkel, nachdem es bewegt wurde. Es ist deshalb unmöglich, einen Einfluß der Erdbewegung auf irgend welche optischen, mit einer terrestrischen Lichtquelle gemachten Versuche zu entdecken, bei welchen es sich um die Beobachtung der geometrischen Verteilung von Licht und Dunkelheit handelt. Viele Interferenz- und Beugungsversuche gehören hierher.

Wenn zweitens in zwei Punkten eines Systems Lichtstrahlen von gleichem Polarisationszustande sich in der gleichen Richtung fortpflanzen, so läßt sich zeigen, daß das Verhältnis zwischen den Amplituden in diesen Punkten durch eine Translation nicht geändert wird. Diese Bemerkung findet auf solche Versuche Anwendung, bei denen die Intensitäten in benachbarten Teilen des Gesichtsfeldes verglichen werden.

Die eben gemachten Schlüsse bestätigen frühere Ergebnisse, die aber durch Überlegungen erhalten waren, bei denen Größen zweiter Ordnung vernachlässigt wurden. Sie enthalten auch eine Erklärung von Michelsons negativem Ergebnis, und zwar allgemeiner als die früher gegebene und der Form nach etwas von ihr verschieden. Sie zeigen ferner, warum Rayleigh und Brace keine Anzeichen einer durch die Erdbewegung hervorgerufenen Doppelbrechung beobachten konnten.

Das negative Resultat der Versuche von Trouton und Noble wird sofort klar, wenn wir die Hypothesen des § 8 heranziehen. Aus ihnen und aus unserer letzten Annahme (§ 10) läßt sich schließen, daß die Translation nichts anderes bewirkt als eine Kontraktion des ganzen Systems der Elektronen und der anderen Teilchen, aus denen sich der geladene Kondensator, der Balken und der Faden der Drehwage zusammensetzen. Eine solche Kontraktion gibt aber keinen Anlaß zu einer merkbaren Richtungsänderung.

Es braucht kaum bemerkt zu werden, daß ich diese Theorie mit allem Vorbehalt gebe. Obgleich sie nach meiner Meinung allen gut verbürgten Tatsachen gerecht wird, führt sie zu einigen Folgerungen, die sich noch nicht durch den Versuch stützen lassen. Z. B. folgt aus der Theorie, daß das Ergebnis des Michelson-Versuches negativ bleiben muß, wenn man die interferierenden Lichtstrahlen durch einen ponderablen durchsichtigen Körper hindurchgehen läßt.

Von vornherein kann man von unserer Hypothese über die Kontraktion der Elektronen weder sagen, daß sie plausibel, noch, daß sie unzulässig ist. Was wir über die Natur der Elektronen wissen, ist sehr wenig, und das einzige Mittel, um vorwärts zu kommen, besteht darin, solche Hypothesen zu prüfen, wie ich sie hier gemacht habe. Natürlich ergeben sich Schwierigkeiten, z. B. sobald wir die Rotation der Elektronen betrachten. Vielleicht werden wir annehmen müssen, daß bei Erscheinungen, bei denen im ruhenden System kugelförmige Elektronen um einen Durchmesser rotieren, die einzelnen Punkte der Elektronen im bewegten System elliptische Bahnen beschreiben, die in der in § 10 angegebenen Weise den Kreisbahnen des Ruhefalles entsprechen.

12. Wir müssen noch einige Worte über die Molekularbewegung sagen. Wir können uns denken, daß auch Körper, bei denen sie einen merklichen oder gar überwiegenden Einfluß hat, denselben Deformationen unterworfen sind, wie die Systeme mit konstanter relativer Lage der Teilchen, von denen wir bisher gesprochen haben. In der Tat können wir uns in zwei Molekularsystemen Σ' und Σ, von denen nur das zweite eine Translation hat, einander derart entsprechende Molekularbewegungen denken, daß, wenn ein Teilchen in Σ' eine bestimmte Lage zu einer bestimmten Zeit hat, ein Teilchen in Σ zur entsprechenden Zeit die entsprechende Lage annimmt. Stellen wir uns dies vor, so können wir die Beziehung (33) zwischen den Beschleunigungen in allen den Fällen benutzen, für welche die Geschwindigkeit der Molekularbewegung sehr klein im Verhältnis zu w ist. In diesen Fällen können die Molekularkräfte als durch die relative Lage bestimmt gelten, unabhängig von den Geschwindigkeiten der Molekularbewegung. Wenn wir uns endlich diese Kräfte auf so kleine Entfernungen beschränkt denken, daß für aufeinander wirkende Teilchen die Differenz der Ortszeiten vernachlässigt werden kann, so bildet ein Teilchen zusammen mit denen, die in seinem Anziehungs- oder Abstoßungsbereich liegen, ein System, das die oft erwähnte Deformation erleidet. Wegen der zweiten Hypothese des § 8 können wir deshalb Gleichung (21) auf die an dem Teilchen angreifende resultierende Molekularkraft anwenden. Folglich wird die richtige Beziehung zwischen den Kräften und den Beschleunigungen in beiden Fällen bestehen, wenn wir annehmen, *daß die Massen aller Teilchen durch eine Translation in demselben Grade beeinflußt werden wie die elektromagnetischen Massen der Elektronen.*

13. Die Werte (30), die ich für die longitudinale und transversale Masse eines Elektrons als Funktionen der Geschwindigkeit gefunden habe, stimmen nicht mit den früher von Abraham erhaltenen überein. Der Grund ist allein darin zu suchen, daß in Abrahams Theorie die Elektronen als Kugeln von unveränderlichen Dimensionen behandelt werden. Nun sind Abrahams Ergebnisse, was die transversale Masse angeht, in bemerkenswerter Weise durch Kaufmanns Messungen der Ablenkung von Radiumstrahlen im elektrischen und magnetischen Felde bestätigt worden. Wenn ich nicht einen sehr ernsten Einwand gegen meine Theorie bestehen lassen will, muß ich zeigen können, daß diese Messungen mit meinen Werten nicht weniger gut als mit den Abrahamschen übereinstimmen.

Ich bespreche zunächst zwei Meßreihen, die Kaufmann[1]) im Jahre 1902 veröffentlicht hat. Aus jeder Reihe hat er zwei Größen η und ζ, die „reduzierten" elektrischen und magnetischen Abweichungen abgeleitet, die mit dem Verhältnis $\beta = \frac{w}{c}$ wie folgt zusammenhängen:

$$(34) \qquad \beta = k_1 \frac{\zeta}{\eta}, \quad \psi(\beta) = \frac{\eta}{k_2 \zeta^2}.$$

Die Funktion $\psi(\beta)$ hat einen solchen Wert, daß die transversale Masse gleich

$$(35) \qquad m_2 = \frac{3}{4} \cdot \frac{e^2}{6\pi c^2 R} \psi(\beta)$$

wird; k_1 und k_2 sind für jede Reihe Konstante.

Aus der zweiten Gleichung (30) geht hervor, daß meine Theorie auch zu einer Gleichung der Form (35) führt; es muß nur Abrahams Funktion $\psi(\beta)$ durch

$$\tfrac{4}{3} k = \tfrac{4}{3} (1-\beta^2)^{-\frac{1}{2}} \quad \text{ersetzt werden.}$$

Meine Theorie verlangt also, daß nach Einsetzung dieses Wertes für $\psi(\beta)$ in (34) diese Gleichungen noch gelten. Natürlich dürfen wir, um eine gute Übereinstimmung zu erhalten, k_1 und k_2 andere Werte erteilen als Kaufmann; ferner dürfen wir für jede Messung einen geeigneten Wert der Geschwindigkeit w oder des Verhältnisses β annehmen. Schreiben wir für die neuen Werte sk_1, $\tfrac{3}{4} k_2'$ und β', so können wir (34) in der Form ansetzen

$$(36) \qquad \beta' = s k_1 \frac{\zeta}{\eta} \qquad \text{und}$$

$$(37) \qquad (1-\beta'^2)^{-\frac{1}{2}} = \frac{\eta}{k_2' \zeta^2}.$$

Um seine Gleichungen zu prüfen, wählte Kaufmann einen solchen Wert für k_1, daß, wenn er damit β und k_2 aus (34) berechnete, die für die letztere Zahl gefundenen Werte in jeder Reihe möglichst genau konstant blieben. Diese Konstanz war der Beweis für genügende Übereinstimmung.

Ich habe ein ähnliches Verfahren angewandt, wobei ich mich einiger der von Kaufmann berechneten Zahlen bedienen konnte. Ich habe für jede Messung den Wert des Ausdrucks

$$(38) \qquad k_2' = (1-\beta'^2)^{\frac{1}{2}} \psi(\beta) k_2$$

berechnet, den man erhält, wenn man (37) mit der zweiten Gleichung (34) kombiniert. Die Werte für $\psi(\beta)$ und k_2 sind den Kaufmannschen Tabellen entnommen, und für β' habe ich den von ihm gefundenen Wert β mit s multipliziert genommen. Den Koeffizienten s wählte ich dabei in der Weise, daß für die Größe (38) eine gute Konstanz erzielt wurde. Die Ergebnisse finden sich in den folgenden Tabellen, die den Tabellen III und IV in Kaufmanns Arbeit entsprechen.

[1]) Kaufmann, Phys. Zeitschr. 4 (1902) S. 55.

III. $s = 0{,}933$.

β	$\psi(\beta)$	k_2	β'	k_2'
0,851	2,147	1,721	0,794	2,246
0,766	1,86	1,736	0,715	2,258
0,727	1,78	1,725	0,678	2,256
0,6615	1,66	1,727	0,617	2,256
0,6075	1,595	1,555	0,567	2,175

IV. $s = 0{,}954$.

β	$\psi(\beta)$	k_2	β'	k_2'
0,963	3,23	8,12	0,919	10,36
0,949	2,86	7,99	0,905	9,70
0,933	2,73	7,46	0,890	9,28
0,883	2,31	8,32	0,842	10,36
0,860	2,195	8,09	0,820	10,15
0,830	2,06	8,13	0,792	10,23
0,801	1,96	8,13	0,764	10,28
0,777	1,89	8,04	0,741	10,20
0,752	1,83	8,02	0,717	10,22
0,732	1,785	7,97	0,698	10,18

Wie man sieht, ist die Konstanz von k_2' nicht weniger befriedigend als die von k_2, umsomehr als in jedem Fall s nur aus zwei Messungen bestimmt worden ist. Der Koeffizient ist so gewählt worden, daß für die zwei Beobachtungen, die in Tabelle III an erster und vorletzter Stelle und in Tabelle IV an erster und letzter Stelle stehen, die Werte von k_2' denen von k_2 proportional werden.

Ich betrachte jetzt zwei einer späteren Veröffentlichung Kaufmanns[1]) entnommene Meßreihen, die von Runge[2]) nach der Methode der kleinsten Quadrate durchgerechnet worden sind. Dabei sind die Koeffizienten k_1 und k_2 so bestimmt worden, daß die für jedes beobachtete ζ aus Kaufmanns Gleichungen (34) berechneten Werte von η möglichst gut mit den beobachteten Werten von η übereinstimmen.

Ich habe aus derselben Bedingung und gleichfalls nach der Methode der kleinsten Quadrate die Koeffizienten a und b der Gleichung

$$\eta^2 = a\zeta^2 + b\zeta^4$$

bestimmt, die aus meinen Gleichungen (36) und (37) abgeleitet werden kann. Wenn ich a und b kenne, finde ich β für jede Messung mit Hilfe der Beziehung

$$\beta = \sqrt{a}\,\frac{\zeta}{\eta}.$$

---

[1]) Kaufmann, Gött. Nachr., Math.-phys. Klasse 1903, S. 90.
[2]) Runge, ebendort S. 326.

Für zwei Platten, auf denen Kaufmann die elektrische und magnetische Ablenkung gemessen hat, sind die Ergebnisse die folgenden, wobei die Abweichungen in Zentimetern angegeben sind.

Platte Nr. 15. $a = 0{,}06489$, $b = 0{,}3039$.

ζ	η					β	
	beobachtet	berechnet von R.	Diff.	berechnet von L.	Diff.	berechnet von R.	L.
0,1495	0,0388	0,0404	− 16	0,0400	− 12	0,987	0,951
0,199	0,0548	0,0550	− 2	0,0552	− 4	0,964	0,918
0,2475	0,0716	0,0710	+ 6	0,0715	+ 1	0,930	0,881
0,296	0,0896	0,0887	+ 9	0,0895	+ 1	0,889	0,842
0,3435	0,1080	0,1081	− 1	0,1090	− 10	0,847	0,803
0,391	0,1290	0,1297	− 7	0,1305	− 15	0,804	0,763
0,437	0,1524	0,1527	− 3	0,1532	− 8	0,763	0,727
0,5825	0,1788	0,1777	+ 11	0,1777	+ 11	0,724	0,692
0,5265	0,2033	0,2039	− 6	0,2033	0	0,688	0,660

Platte Nr. 19. $a = 0{,}05867$, $b = 0{,}2591$.

ζ	η					β	
	beobachtet	berechnet von R.	Diff.	berechnet von L.	Diff.	berechnet von R.	L.
0,1495	0,0404	0,0388	+ 16	0,0379	+ 25	0,990	0,954
0,199	0,0529	0,0527	+ 2	0,0522	+ 7	0,969	0,923
0,247	0,0678	0,0675	+ 3	0,0674	+ 4	0,939	0,888
0,296	0,0834	0,0842	− 8	0,0844	− 10	0,902	0,849
0,3435	0,1019	0,1022	− 3	0,1026	− 7	0,862	0,811
0,391	0,1219	0,1222	− 3	0,1226	− 7	0,822	0,773
0,437	0,1429	0,1434	− 5	0,1437	− 8	0,782	0,736
0,4825	0,1660	0,1665	− 5	0,1664	− 4	0,744	0,702
0,5265	0,1916	0,1906	+ 10	0,1902	+ 14	0,709	0,671

Ich habe keine Zeit gefunden, die übrigen Tabellen in Kaufmanns Arbeit durchzurechnen. Da sie, ebenso wie die Tabelle für Platte 15, mit einer ziemlich großen negativen Differenz zwischen den aus den Beobachtungen abgeleiteten und den von Runge berechneten Werten η anfangen, können wir eine genügende Übereinstimmung mit meinen Formeln erwarten.

Zur Elektrodynamik bewegter Körper.

Von A. Einstein.[1]

Daß die Elektrodynamik Maxwells — wie dieselbe gegenwärtig aufgefaßt zu werden pflegt — in ihrer Anwendung auf bewegte Körper zu Asymmetrien führt, welche den Phänomenen nicht anzuhaften scheinen, ist bekannt. Man denke z. B. an die elektrodynamische Wechselwirkung zwischen einem Magneten und einem Leiter. Das beobachtbare Phänomen hängt hier nur ab von der Relativbewegung von Leiter und Magnet, während nach der üblichen Auffassung die beiden Fälle, daß der eine oder der andere dieser Körper der bewegte sei, streng voneinander zu trennen sind. Bewegt sich nämlich der Magnet und ruht der Leiter, so entsteht in der Umgebung des Magneten ein elektrisches Feld von gewissem Energiewerte, welches an den Orten, wo sich Teile des Leiters befinden, einen Strom erzeugt. Ruht aber der Magnet und bewegt sich der Leiter, so entsteht in der Umgebung des Magneten kein elektrisches Feld, dagegen im Leiter eine elektromotorische Kraft, welcher an sich keine Energie entspricht, die aber — Gleichheit der Relativbewegung bei den beiden ins Auge gefaßten Fällen vorausgesetzt — zu elektrischen Strömen von derselben Größe und demselben Verlaufe Veranlassung gibt, wie im ersten Falle die elektrischen Kräfte.

Beispiele ähnlicher Art, sowie die mißlungenen Versuche, eine Bewegung der Erde relativ zum „Lichtmedium" zu konstatieren, führen zu der Vermutung, daß dem Begriffe der absoluten Ruhe nicht nur in der Mechanik, sondern auch in der Elektrodynamik keine Eigenschaften der Erscheinungen entsprechen, sondern daß vielmehr für alle Koordinatensysteme, für welche die mechanischen Gleichungen gelten, auch die gleichen elektrodynamischen und optischen Gesetze gelten, wie dies für die Größen erster Ordnung[2] bereits erwiesen ist. Wir wollen diese Vermutung (deren Inhalt im folgenden „Prinzip der Relativität" genannt werden wird) zur Voraussetzung erheben und außerdem die mit ihm nur scheinbar unverträgliche Voraussetzung einführen, daß sich das Licht im leeren Raume stets mit einer bestimmten, vom Bewegungszustande des emittierenden Körpers unabhängigen Geschwindigkeit V fortpflanze. Diese beiden Voraussetzungen genügen, um zu einer ein-

---

1) Abgedruckt aus Ann. d. Phys. 17 (1905).
2) Die im Vorhergehenden abgedruckte Arbeit von H. A. Lorentz war dem Verfasser noch nicht bekannt.

fachen und widerspruchsfreien Elektrodynamik bewegter Körper zu gelangen unter Zugrundelegung der Maxwellschen Theorie für ruhende Körper. Die Einführung eines „Lichtäthers" wird sich insofern als überflüssig erweisen, als nach der zu entwickelnden Auffassung weder ein mit besonderen Eigenschaften ausgestatteter „absolut ruhender Raum" eingeführt, noch einem Punkte des leeren Raumes, in welchem elektromagnetische Prozesse stattfinden, ein Geschwindigkeitsvektor zugeordnet wird.

Die zu entwickelnde Theorie stützt sich — wie jede andere Elektrodynamik — auf die Kinematik des starren Körpers, da die Aussagen einer jeden Theorie Beziehungen zwischen starren Körpern (Koordinatensystemen), Uhren und elektromagnetischen Prozessen betreffen. Die nicht genügende Berücksichtigung dieses Umstandes ist die Wurzel der Schwierigkeiten, mit denen die Elektrodynamik bewegter Körper gegenwärtig zu kämpfen hat.

I. Kinematischer Teil.
§ 1. Definition der Gleichzeitigkeit.

Es liege ein Koordinatensystem vor, in welchem die Newtonschen mechanischen Gleichungen gelten.[1]) Wir nennen dies Koordinatensystem zur sprachlichen Unterscheidung von später einzuführenden Koordinatensystemen und zur Präzisierung der Vorstellung das „ruhende System".

Ruht ein materieller Punkt relativ zu diesem Koordinatensystem, so kann seine Lage relativ zu letzterem durch starre Maßstäbe unter Benutzung der Methoden der euklidischen Geometrie bestimmt und in kartesischen Koordinaten ausgedrückt werden.

Wollen wir die *Bewegung* eines materiellen Punktes beschreiben, so geben wir die Werte seiner Koordinaten in Funktion der Zeit. Es ist nun wohl im Auge zu behalten, daß eine derartige mathematische Beschreibung erst dann einen physikalischen Sinn hat, wenn man sich vorher darüber klar geworden ist, was hier unter „Zeit" verstanden wird. Wir haben zu berücksichtigen, daß alle unsere Urteile, in welchen die Zeit eine Rolle spielt, immer Urteile über *gleichzeitige Ereignisse* sind. Wenn ich z. B. sage: „Jener Zug kommt hier um 7 Uhr an", so heißt dies etwa: „Das Zeigen des kleinen Zeigers meiner Uhr auf 7 und das Ankommen des Zuges sind gleichzeitige Ereignisse".[2])

Es könnte scheinen, daß alle die Definition der „Zeit" betreffenden Schwierigkeiten dadurch überwunden werden könnten, daß ich an Stelle der

---
1) Gemeint ist: „in erster Annäherung gelten".
2) Die Ungenauigkeit, welche in dem Begriffe der Gleichzeitigkeit zweier Ereignisse an (annähernd) demselben Orte steckt und gleichfalls durch eine Abstraktion überbrückt werden muß, soll hier nicht erörtert werden.

„Zeit" die „Stellung des kleinen Zeigers meiner Uhr" setze. Eine solche Definition genügt in der Tat, wenn es sich darum handelt, eine Zeit zu definieren ausschließlich für den Ort, an welchem sich die Uhr eben befindet; die Definition genügt aber nicht mehr, sobald es sich darum handelt, an verschiedenen Orten stattfindende Ereignisreihen miteinander zeitlich zu verknüpfen, oder — was auf dasselbe hinausläuft — Ereignisse zeitlich zu werten, welche in von der Uhr entfernten Orten stattfinden.

Wir könnten uns allerdings damit begnügen, die Ereignisse dadurch zeitlich zu werten, daß ein samt der Uhr im Koordinatenursprung befindlicher Beobachter jedem von einem zu wertenden Ereignis Zeugnis gebenden, durch den leeren Raum zu ihm gelangenden Lichtzeichen die entsprechende Uhrzeigerstellung zuordnet. Eine solche Zuordnung bringt aber den Übelstand mit sich, daß sie vom Standpunkte des mit der Uhr versehenen Beobachters nicht unabhängig ist, wie wir durch die Erfahrung wissen. Zu einer weit praktischeren Festsetzung gelangen wir durch folgende Betrachtung.

Befindet sich im Punkte A des Raumes eine Uhr, so kann ein in A befindlicher Beobachter die Ereignisse in der unmittelbaren Umgebung von A zeitlich werten durch Aufsuchen der mit diesen Ereignissen gleichzeitigen Uhrzeigerstellungen. Befindet sich auch im Punkte B des Raumes eine Uhr — wir wollen hinzufügen, „eine Uhr von genau derselben Beschaffenheit wie die in A befindliche" — so ist auch eine zeitliche Wertung der Ereignisse in der unmittelbaren Umgebung von B durch einen in B befindlichen Beobachter möglich. Es ist aber ohne weitere Festsetzung nicht möglich, ein Ereignis in A mit einem Ereignis in B zeitlich zu vergleichen; wir haben bisher nur eine „A-Zeit" und eine „B-Zeit", aber keine für A und B gemeinsame „Zeit" definiert. Die letztere Zeit kann nun definiert werden, indem man *durch Definition* festsetzt, daß die „Zeit", welche das Licht braucht, um von A nach B zu gelangen, gleich ist der „Zeit", welche es braucht, um von B nach A zu gelangen. Es gehe nämlich ein Lichtstrahl zur „A-Zeit" t_A von A nach B ab, werde zur „B-Zeit" t_B in B gegen A zu reflektiert und gelange zur „A-Zeit" t'_A nach A zurück. Die beiden Uhren laufen definitionsgemäß synchron, wenn
$$t_B - t_A = t'_A - t_B.$$

Wir nehmen an, daß diese Definition des Synchronismus in widerspruchsfreier Weise möglich ist, und zwar für beliebig viele Punkte, daß also allgemein die Beziehungen gelten:

1. Wenn die Uhr in B synchron mit der Uhr in A läuft, so läuft die Uhr in A synchron mit der Uhr in B.

2. Wenn die Uhr in A sowohl mit der Uhr in B als auch mit der Uhr in C synchron läuft, so laufen auch die Uhren in B und C synchron relativ zueinander.

Wir haben so unter Zuhilfenahme gewisser (gedachter) physikalischer Erfahrungen festgelegt, was unter synchron laufenden, an verschiedenen Orten befindlichen, ruhenden Uhren zu verstehen ist, und damit offenbar eine Definition von „gleichzeitig" und „Zeit" gewonnen. Die „Zeit" eines Ereignisses ist die mit dem Ereignis gleichzeitige Angabe einer am Orte des Ereignisses befindlichen, ruhenden Uhr, welche mit einer bestimmten, ruhenden Uhr, und zwar für alle Zeitbestimmungen mit der nämlichen Uhr, synchron läuft.

Wir setzen noch der Erfahrung gemäß fest, daß die Größe

$$\frac{2\overline{AB}}{t'_A - t_A} = V$$

eine universelle Konstante (die Lichtgeschwindigkeit im leeren Raume) sei.

Wesentlich ist, daß wir die Zeit mittels im ruhenden System ruhender Uhren definirt haben; wir nennen die eben definierte Zeit wegen dieser Zugehörigkeit zum ruhenden System „die Zeit des ruhenden Systems".

§ 2. Über die Relativität von Längen und Zeiten.

Die folgenden Überlegungen stützen sich auf das Relativitätsprinzip und auf das Prinzip der Konstanz der Lichtgeschwindigkeit, welche beiden Prinzipien wir folgendermaßen definieren.

1. Die Gesetze, nach denen sich die Zustände der physikalischen Systeme ändern, sind unabhängig davon, auf welches von zwei relativ zueinander in gleichförmiger Translationsbewegung befindlichen Koordinatensystemen diese Zustandsänderungen bezogen werden.

2. Jeder Lichtstrahl bewegt sich im „ruhenden" Koordinatensystem mit der bestimmten Geschwindigkeit V, unabhängig davon, ob dieser Lichtstrahl von einem ruhenden oder bewegten Körper emittiert ist. Hierbei ist

$$\text{Geschwindigkeit} = \frac{\text{Lichtweg}}{\text{Zeitdauer}},$$

wobei „Zeitdauer" im Sinne der Definition des § 1 aufzufassen ist.

Es sei ein ruhender starrer Stab gegeben; derselbe besitze, mit einem ebenfalls ruhenden Maßstab gemessen, die Länge l. Wir denken uns nun die Stabachse in die X-Achse des ruhenden Koordinatensystems gelegt und dem Stabe hierauf eine gleichförmige Paralleltranslationsbewegung (Geschwindigkeit v) längs der X-Achse im Sinne der wachsenden x erteilt. Wir fragen nun nach der Länge des *bewegten* Stabes, welche wir uns durch folgende zwei Operationen ermittelt denken:

a) Der Beobachter bewegt sich samt dem vorher genannten Maßstabe mit dem auszumessenden Stabe und mißt direkt durch Anlegen des Maßstabes die Länge des Stabes, ebenso, wie wenn sich auszumessender Stab, Beobachter und Maßstab in Ruhe befänden.

b) Der Beobachter ermittelt mittels im ruhenden Systeme aufgestellter, gemäß § 1 synchroner, ruhender Uhren, in welchen Punkten des ruhenden Systems sich Anfang und Ende des auszumessenden Stabes zu einer bestimmten Zeit t befinden. Die Entfernung dieser beiden Punkte, gemessen mit dem schon benutzten, in diesem Falle ruhenden Maßstabe ist ebenfalls eine Länge, welche man als „Länge des Stabes" bezeichnen kann.

Nach dem Relativitätsprinzip muß die bei der Operation a) zu findende Länge, welche wir „die Länge des Stabes im bewegten System" nennen wollen, gleich der Länge l des ruhenden Stabes sein.

Die bei der Operation b) zu findende Länge, welche wir „die Länge des (bewegten) Stabes im ruhenden System" nennen wollen, werden wir unter Zugrundelegung unserer beiden Prinzipien bestimmen und finden, daß sie von l verschieden ist.

Die allgemein gebrauchte Kinematik nimmt stillschweigend an, daß die durch die beiden erwähnten Operationen bestimmten Längen einander genau gleich seien, oder mit anderen Worten, daß ein bewegter starrer Körper in der Zeitepoche t in geometrischer Beziehung vollständig durch *denselben* Körper, wenn er in bestimmter Lage *ruht*, ersetzbar sei.

Wir denken uns ferner an den beiden Stabenden (A und B) Uhren angebracht, welche mit den Uhren des ruhenden Systems synchron sind, d. h. deren Angaben jeweilen der „Zeit des ruhenden Systems" an den Orten, an welchen sie sich gerade befinden, entsprechen; diese Uhren sind also „synchron im ruhenden System".

Wir denken uns ferner, daß sich bei jeder Uhr ein mit ihr bewegter Beobachter befinde, und daß diese Beobachter auf die beiden Uhren das im § 1 aufgestellte Kriterium für den synchronen Gang zweier Uhren anwenden. Zur Zeit[1]) t_A gehe ein Lichtstrahl von A aus, werde zur Zeit t_B in B reflektiert und gelange zur Zeit t'_A nach A zurück. Unter Berücksichtigung des Prinzips von der Konstanz der Lichtgeschwindigkeit finden wir:

$$t_B - t_A = \frac{r_{AB}}{V-v} \quad \text{und} \quad t'_A - t_B = \frac{r_{AB}}{V+v},$$

wobei r_{AB} die Länge des bewegten Stabes — im ruhenden System gemessen — bedeutet. Mit dem bewegten Stabe bewegte Beobachter würden also die beiden Uhren nicht synchron gehend finden, während im ruhenden System befindliche Beobachter die Uhren als synchron laufend erklären würden.

Wir sehen also, daß wir dem Begriffe der Gleichzeitigkeit keine *absolute* Bedeutung beimessen dürfen, sondern daß zwei Ereignisse, welche, von einem

---

1) „Zeit" bedeutet hier „Zeit des ruhenden Systems" und zugleich „Zeigerstellung der bewegten Uhr, welche sich an dem Orte, von dem die Rede ist, befindet".

Koordinatensystem aus betrachtet, gleichzeitig sind, von einem relativ zu diesem System bewegten System aus betrachtet, nicht mehr als gleichzeitige Ereignisse aufzufassen sind.

§ 3. Theorie der Koordinaten- und Zeittransformation von dem ruhenden auf ein relativ zu diesem in gleichförmiger Translationsbewegung befindliches System.

Seien im „ruhenden" Raume zwei Koordinatensysteme, d. h. zwei Systeme von je drei von einem Punkte ausgehenden, aufeinander senkrechten starren materiellen Linien gegeben. Die X-Achsen beider Systeme mögen zusammenfallen, ihre Y- und Z-Achsen bezüglich parallel sein. Jedem Systeme sei ein starrer Maßstab und eine Anzahl Uhren beigegeben, und es seien beide Maßstäbe sowie alle Uhren beider Systeme einander genau gleich.

Es werde nun dem Anfangspunkte des einen der beiden Systeme (k) eine (konstante) Geschwindigkeit v in Richtung der wachsenden x des anderen ruhenden Systems (K) erteilt, welche sich auch den Koordinatenachsen, dem betreffenden Maßstabe sowie den Uhren mitteilen möge. Jeder Zeit t des ruhenden Systems K entspricht dann eine bestimmte Lage der Achsen des bewegten Systems, und wir sind aus Symmetriegründen befugt anzunehmen, daß die Bewegung von k so beschaffen sein kann, daß die Achsen des bewegten Systems zur Zeit t (es ist mit „t" immer eine Zeit des ruhenden Systems bezeichnet) den Achsen des ruhenden Systems parallel seien.

Wir denken uns nun den Raum sowohl vom ruhenden System K aus mittels des ruhenden Maßstabes als auch vom bewegten System k mittels des mit ihm bewegten Maßstabes ausgemessen und so die Koordinaten x, y, z bzw. ξ, η, ζ ermittelt. Es werde ferner mittels der im ruhenden System befindlichen ruhenden Uhren durch Lichtsignale in der in § 1 angegebenen Weise die Zeit t des ruhenden Systems für alle Punkte des letzteren bestimmt, in denen sich Uhren befinden; ebenso werde die Zeit τ des bewegten Systems für alle Punkte des bewegten Systems, in welchen sich relativ zu letzterem ruhende Uhren befinden, bestimmt durch Anwendung der in § 1 genannten Methode der Lichtsignale zwischen den Punkten, in denen sich die letzteren Uhren befinden.

Zu jedem Wertsystem x, y, z, t, welches Ort und Zeit eines Ereignisses im ruhenden System vollkommen bestimmt, gehört ein jenes Ereignis relativ zum System k festlegendes Wertsystem ξ, η, ζ, τ, und es ist nun die Aufgabe zu lösen, das diese Größen verknüpfende Gleichungssystem zu finden.

Zunächst ist klar, daß die Gleichungen *linear* sein müssen wegen der Homogenitätseigenschaften, welche wir Raum und Zeit beilegen.

Setzen wir $x' = x - vt$, so ist klar, daß einem im System k ruhenden Punkte ein bestimmtes, von der Zeit unabhängiges Wertsystem x', y, z zukommt. Wir bestimmen zuerst τ als Funktion von x', y, z und t. Zu diesem Zwecke haben wir in Gleichungen auszudrücken, daß τ nichts anderes ist als der Inbegriff der Angaben von im System k ruhenden Uhren, welche nach der im § 1 gegebenen Regel synchron gemacht worden sind.

Vom Anfangspunkt des Systems k aus werde ein Lichtstrahl zur Zeit τ_0 längs der X-Achse nach x' gesandt und von dort zur Zeit τ_1 nach dem Koordinatenursprung reflektiert, wo er zur Zeit τ_2 anlange; so muß dann sein

$$\tfrac{1}{2}(\tau_0 + \tau_2) = \tau_1$$

oder, indem man die Argumente der Funktion τ beifügt und das Prinzip der Konstanz der Lichtgeschwindigkeit im ruhenden Systeme anwendet:

$$\tfrac{1}{2}\left[\tau(0,0,0,t) + \tau\left(0,0,0,\left\{t + \frac{x'}{V-v} + \frac{x'}{V+v}\right\}\right)\right] = \tau\left(x',0,0,t + \frac{x'}{V-v}\right).$$

Hieraus folgt, wenn man x' unendlich klein wählt:

$$\tfrac{1}{2}\left(\frac{1}{V-v} + \frac{1}{V+v}\right)\frac{\partial \tau}{\partial t} = \frac{\partial \tau}{\partial x'} + \frac{1}{V-v}\frac{\partial \tau}{\partial t}, \quad \text{oder} \quad \frac{\partial \tau}{\partial x'} + \frac{v}{V^2 - v^2}\frac{\partial \tau}{\partial t} = 0.$$

Es ist zu bemerken, daß wir statt des Koordinatenursprunges jeden anderen Punkt als Ausgangspunkt des Lichtstrahles hätten wählen können, und es gilt deshalb die eben erhaltene Gleichung für alle Werte von x', y, z.

Eine analoge Überlegung — auf die H- und Z-Achse angewandt — liefert, wenn man beachtet, daß sich das Licht längs dieser Achsen vom ruhenden System aus betrachtet stets mit der Geschwindigkeit $\sqrt{V^2 - v^2}$ fortpflanzt:

$$\frac{\partial \tau}{\partial y} = 0$$

$$\frac{\partial \tau}{\partial z} = 0.$$

Aus diesen Gleichungen folgt, da τ eine *lineare* Funktion ist:

$$\tau = a\left(t - \frac{v}{V^2 - v^2}x'\right),$$

wobei a eine vorläufig unbekannte Funktion $\varphi(v)$ ist und der Kürze halber angenommen ist, daß im Anfangspunkte von k für $\tau = 0$ $t = 0$ sei.

Mit Hilfe dieses Resultates ist es leicht, die Größen ξ, η, ζ zu ermitteln, indem man durch Gleichungen ausdrückt, daß sich das Licht (wie das Prinzip der Konstanz der Lichtgeschwindigkeit in Verbindung mit dem Relativitätsprinzip verlangt) auch im bewegten System gemessen mit der Geschwindigkeit V fortpflanzt. Für einen zur Zeit $\tau = 0$ in Richtung der wachsenden ξ ausgesandten Lichtstrahl gilt:

$$\xi = V\tau, \quad \text{oder} \quad \xi = aV\left(t - \frac{v}{V^2 - v^2}x'\right).$$

Nun bewegt sich aber der Lichtstrahl relativ zum Anfangspunkt von k im ruhenden System gemessen mit der Geschwindigkeit $V-v$, so daß gilt:
$$\frac{x'}{V-v} = t.$$
Setzen wir diesen Wert von t in die Gleichung für ξ ein, so erhalten wir:
$$\xi = a \frac{V^2}{V^2-v^2} x'.$$
Auf analoge Weise finden wir durch Betrachtung von längs den beiden anderen Achsen bewegten Lichtstrahlen:
$$\eta = V\tau = aV\left(t - \frac{v}{V^2-v^2}x'\right), \quad \text{wobei} \quad \frac{y}{\sqrt{V^2-v^2}} = t; \quad x' = 0;$$
also
$$\eta = a\frac{V}{\sqrt{V^2-v^2}} y \quad \text{und} \quad \zeta = a\frac{V}{\sqrt{V^2-v^2}} z.$$

Setzen wir für x' seinen Wert ein, so erhalten wir:
$$\tau = \varphi(v)\beta\left(t - \frac{v}{V^2}x\right),$$
$$\xi = \varphi(v)\beta(x-vt),$$
$$\eta = \varphi(v)y,$$
$$\zeta = \varphi(v)z,$$
wobei
$$\beta = \frac{1}{\sqrt{1-\left(\frac{v}{V}\right)^2}}$$

und φ eine vorläufig unbekannte Funktion von v ist. Macht man über die Anfangslage des bewegten Systems und über den Nullpunkt von τ keinerlei Voraussetzung, so ist auf den rechten Seiten dieser Gleichungen je eine additive Konstante zuzufügen.

Wir haben nun zu beweisen, daß jeder Lichtstrahl sich, im bewegten System gemessen, mit der Geschwindigkeit V fortpflanzt, falls dies, wie wir angenommen haben, im ruhenden System der Fall ist; denn wir haben den Beweis dafür noch nicht geliefert, daß das Prinzip der Konstanz der Lichtgeschwindigkeit mit dem Relativitätsprinzip vereinbar sei.

Zur Zeit $t = \tau = 0$ werde von dem zu dieser Zeit gemeinsamen Koordinatenursprung beider Systeme aus eine Kugelwelle ausgesandt, welche sich im System K mit der Geschwindigkeit V ausbreitet. Ist (x, y, z) ein eben von dieser Welle ergriffener Punkt, so ist also
$$x^2 + y^2 + z^2 = V^2 t^2.$$
Diese Gleichung transformieren wir mit Hilfe unserer Transformationsgleichungen und erhalten nach einfacher Rechnung:
$$\xi^2 + \eta^2 + \zeta^2 = V^2 \tau^2.$$

Die betrachtete Welle ist also auch im bewegten System betrachtet eine Kugelwelle von der Ausbreitungsgeschwindigkeit V. Hiermit ist gezeigt, daß unsere beiden Grundprinzipien miteinander vereinbar sind.[1]

In den entwickelten Transformationsgleichungen tritt noch eine unbekannte Funktion φ von v auf, welche wir nun bestimmen wollen.

Wir führen zu diesem Zwecke noch ein drittes Koordinatensystem K' ein, welches relativ zum System k derart in Paralleltranslationsbewegung parallel zur Ξ-Achse begriffen sei, daß sich dessen Koordinatenursprung mit der Geschwindigkeit $-v$ auf der Ξ-Achse bewege. Zur Zeit $t = 0$ mögen alle drei Koordinatenanfangspunkte zusammenfallen und es sei für $t = x = y = z = 0$ die Zeit t' des Systems K' gleich Null. Wir nennen x', y', z' die Koordinaten, im System K gemessen, und erhalten durch zweimalige Anwendung unserer Transformationsgleichungen:

$$t' = \varphi(-v)\beta(-v)\left\{\tau + \frac{v}{V^2}\xi\right\} = \varphi(v)\varphi(-v)t,$$
$$x' = \varphi(-v)\beta(-v)\{\xi + v\tau\} = \varphi(v)\varphi(-v)x,$$
$$y' = \varphi(-v)\eta = \varphi(v)\varphi(-v)y,$$
$$z' = \varphi(-v)\zeta = \varphi(v)\varphi(-v)z.$$

Da die Beziehungen zwischen x', y', z' und x, y, z die Zeit t nicht enthalten, so ruhen die Systeme K und K' gegeneinander, und es ist klar, daß die Transformation von K auf K' die identische Transformation sein muß. Es ist also:

$$\varphi(v)\varphi(-v) = 1.$$

Wir fragen nun nach der Bedeutung von $\varphi(v)$. Wir fassen das Stück der H-Achse des Systems k ins Auge, das zwischen $\xi = 0$, $\eta = 0$, $\zeta = 0$ und $\xi = 0$, $\eta = l$, $\zeta = 0$ gelegen ist. Dieses Stück der H-Achse ist ein relativ zum System K mit der Geschwindigkeit v senkrecht zu seiner Achse bewegter Stab, dessen Enden in K die Koordinaten besitzen:

$$x_1 = vt, \quad y_1 = \frac{l}{\varphi(v)}, \quad z_1 = 0 \quad \text{und} \quad x_2 = vt, \quad y_2 = 0, \quad z_2 = 0.$$

Die Länge des Stabes, in K gemessen, ist also $l/\varphi(v)$; damit ist die Bedeutung der Funktion φ gegeben. Aus Symmetriegründen ist nun einleuchtend, daß die im ruhenden System gemessene Länge eines bestimmten Stabes, welcher senkrecht zu seiner Achse bewegt ist, nur von der Geschwindigkeit, nicht aber von der Richtung und dem Sinne der Bewegung abhängig sein

---

[1] Die Gleichungen der Lorentz-Transformation sind einfacher direkt aus der Bedingung abzuleiten, daß vermöge jener Gleichungen die Beziehung
$$\xi^2 + \eta^2 + \zeta^2 - V^2\tau^2 = 0,$$
die andere $\quad x^2 + y^2 + z^2 - V^2 t^2 = 0 \quad$ zur Folge haben soll.

kann. Es ändert sich also die im ruhenden System gemessene Länge des bewegten Stabes nicht, wenn v mit $-v$ vertauscht wird. Hieraus folgt:

$$\frac{l}{\varphi(v)} = \frac{l}{\varphi(-v)}, \quad \text{oder} \quad \varphi(v) = \varphi(-v).$$

Aus dieser und der vorhin gefundenen Relation folgt, daß $\varphi(v) = 1$ sein muß, so daß die gefundenen Transformationsgleichungen übergehen in:

$$\tau = \beta\left(t - \frac{v}{V^2}x\right),$$
$$\xi = \beta(x - vt),$$
$$\eta = y,$$
$$\zeta = z,$$

wobei
$$\beta = \frac{1}{\sqrt{1 - \left(\frac{v}{V}\right)^2}}.$$

§ 4. Physikalische Bedeutung der erhaltenen Gleichungen, bewegte starre Körper und bewegte Uhren betreffend.

Wir betrachten eine starre Kugel[1]) vom Radius R, welche relativ zum bewegten System k ruht, und deren Mittelpunkt im Koordinatenursprung von k liegt. Die Gleichung der Oberfläche dieser relativ zum System K mit der Geschwindigkeit v bewegten Kugel ist:

$$\xi^2 + \eta^2 + \zeta^2 = R^2.$$

Die Gleichung dieser Oberfläche ist in x, y, z ausgedrückt zur Zeit $t = 0$:

$$\frac{x^2}{\left(\sqrt{1 - \left(\frac{v}{V}\right)^2}\right)^2} + y^2 + z^2 = R^2.$$

Ein starrer Körper, welcher in ruhendem Zustande ausgemessen die Gestalt einer Kugel hat, hat also in bewegtem Zustande — vom ruhenden System aus betrachtet — die Gestalt eines Rotationsellipsoides mit den Achsen

$$R\sqrt{1 - \left(\frac{v}{V}\right)^2}, R, R.$$

Während also die Y- und Z-Dimension der Kugel (also auch jedes starren Körpers von beliebiger Gestalt) durch die Bewegung nicht modifiziert erscheinen, erscheint die X-Dimension im Verhältnis $1 : \sqrt{1 - (v/V)^2}$ verkürzt, also um so stärker, je größer v ist. Für $v = V$ schrumpfen alle bewegten Objekte — vom „ruhenden" System aus betrachtet — in flächenhafte Gebilde zusammen. Für Überlichtgeschwindigkeiten werden unsere Überlegungen sinnlos; wir werden übrigens in den folgenden Betrachtungen finden, daß

---

1) Das heißt einen Körper, welcher ruhend untersucht Kugelgestalt besitzt.

die Lichtgeschwindigkeit in unserer Theorie physikalisch die Rolle unendlich großer Geschwindigkeit spielt.

Es ist klar, daß die gleichen Resultate von im „ruhenden" System ruhenden Körpern gelten, welche von einem gleichförmig bewegten System aus betrachtet werden. —

Wir denken uns ferner eine der Uhren, welche relativ zum ruhenden System ruhend die Zeit t, relativ zum bewegten System ruhend die Zeit τ anzugeben befähigt sind, im Koordinatenursprung von k gelegen und so gerichtet, daß sie die Zeit τ angibt. Wie schnell geht diese Uhr, vom ruhenden System aus betrachtet?

Zwischen den Größen x, t und τ, welche sich auf den Ort dieser Uhr beziehen, gelten offenbar die Gleichungen:

$$\tau = \frac{1}{\sqrt{1-\left(\frac{v}{V}\right)^2}}\left(t - \frac{v}{V^2}x\right) \quad \text{und} \quad x = vt.$$

Es ist also $\quad \tau = t\sqrt{1-\left(\frac{v}{V}\right)^2} = t - \left(1 - \sqrt{1-\left(\frac{v}{V}\right)^2}\right)t,$

woraus folgt, daß die Angabe der Uhr (im ruhenden System betrachtet) pro Sekunde um $(1 - \sqrt{1-(v/V)^2})$ Sek. oder — bis auf Größen vierter und höherer Ordnung — um $\frac{1}{2}(v/V)^2$ Sek. zurückbleibt.

Hieraus ergibt sich folgende eigentümliche Konsequenz. Sind in den Punkten A und B von K ruhende, im ruhenden System betrachtet synchron gehende Uhren vorhanden, und bewegt man die Uhr in A mit der Geschwindigkeit v auf der Verbindungslinie nach B, so gehen nach Ankunft dieser Uhr in B die beiden Uhren nicht mehr synchron, sondern die von A nach B bewegte Uhr geht gegenüber der von Anfang an in B befindlichen um $\frac{1}{2}tv^2/V^2$ Sek. (bis auf Größen vierter und höherer Ordnung) nach, wenn t die Zeit ist, welche die Uhr von A nach B braucht.

Man sieht sofort, daß dies Resultat auch dann noch gilt, wenn die Uhr in einer beliebigen polygonalen Linie sich von A nach B bewegt, und zwar auch dann, wenn die Punkte A und B zusammenfallen.

Nimmt man an, daß das für eine polygonale Linie bewiesene Resultat auch für eine stetig gekrümmte Kurve gelte, so erhält man den Satz: Befinden sich in A zwei synchron gehende Uhren und bewegt man die eine derselben auf einer geschlossenen Kurve mit konstanter Geschwindigkeit, bis sie wieder nach A zurückkommt, was t Sek. dauern möge, so geht die letztere Uhr bei ihrer Ankunft in A gegenüber der unbewegt gebliebenen um $\frac{1}{2}t(v/V)^2$ Sek. nach. Man schließt daraus, daß eine am Erdäquator befindliche Unruhuhr[1]) um einen sehr kleinen Betrag langsamer laufen muß

---

1) Im Gegensatz zu „Pendeluhr", welche — physikalisch betrachtet — ein System ist, zu welchem der Erdkörper gehört; dies mußte ausgeschlossen werden.

als eine genau gleich beschaffene, sonst gleichen Bedingungen unterworfene, an einem Erdpole befindliche Uhr.

§ 5. Additionstheorem der Geschwindigkeiten.

In dem längs der X-Achse des Systems K mit der Geschwindigkeit v bewegten System k bewege sich ein Punkt gemäß den Gleichungen:
$$\xi = w_\xi \tau, \quad \eta = w_\eta \tau, \quad \zeta = 0,$$
wobei w_ξ und w_η Konstanten bedeuten.

Gesucht ist die Bewegung des Punktes relativ zum System K. Führt man in die Bewegungsgleichungen des Punktes mit Hilfe der in § 3 entwickelten Transformationsgleichungen die Größen x, y, z, t ein, so erhält man:

$$x = \frac{w_\xi + v}{1 + \frac{v w_\xi}{V^2}} t,$$

$$y = \frac{\sqrt{1 - \left(\frac{v}{V}\right)^2}}{1 + \frac{v w_\xi}{V^2}} w_\eta t,$$

$$z = 0.$$

Das Gesetz vom Parallelogramm der Geschwindigkeiten gilt also nach unserer Theorie nur in erster Annäherung. Wir setzen:

$$U^2 = \left(\frac{dx}{dt}\right)^2 + \left(\frac{dy}{dt}\right)^2,$$

$$w^2 = w_\xi^2 + w_\eta^2$$

und
$$\alpha = \operatorname{arctg} \frac{w_y}{w_x};$$

α ist dann als der Winkel zwischen den Geschwindigkeiten v und w anzusehen. Nach einfacher Rechnung ergibt sich:

$$U = \frac{\sqrt{(v^2 + w^2 + 2vw \cos \alpha) - \left(\frac{vw \sin \alpha}{V}\right)^2}}{1 + \frac{vw \cos \alpha}{V^2}}.$$

Es ist bemerkenswert, daß v und w in symmetrischer Weise in den Ausdruck für die resultierende Geschwindigkeit eingehen. Hat auch w die Richtung der X-Achse (Ξ-Achse), so erhalten wir:

$$U = \frac{v + w}{1 + \frac{vw}{V^2}}.$$

Aus dieser Gleichung folgt, daß aus der Zusammensetzung zweier Geschwindigkeiten, welche kleiner sind als V, stets eine Geschwindigkeit kleiner als V

resultiert. Setzt man nämlich $v = V - \varkappa$, $w = V - \lambda$, wobei $\varkappa$ und λ positiv und kleiner als V seien, so ist:
$$U = V\frac{2V - \varkappa - \lambda}{2V - \varkappa - \lambda + \frac{\varkappa\lambda}{V}} < V.$$

Es folgt ferner, daß die Lichtgeschwindigkeit V durch Zusammensetzung mit einer „Unterlichtgeschwindigkeit" nicht geändert werden kann. Man erhält für diesen Fall:
$$U = \frac{V + w}{1 + \frac{w}{V}} = V.$$

Wir hätten die Formel für U für den Fall, daß v und w gleiche Richtung besitzen, auch durch Zusammensetzen zweier Transformationen gemäß § 3 erhalten können. Führen wir neben den in § 3 figurierenden Systemen K und k noch ein drittes, zu k in Parallelbewegung begriffenes Koordinatensystem k' ein, dessen Anfangspunkt sich auf der Ξ-Achse mit der Geschwindigkeit w bewegt, so erhalten wir zwischen den Größen x, y, z, t und den entsprechenden Größen von k' Gleichungen, welche sich von den in § 3 gefundenen nur dadurch unterscheiden, daß an Stelle von „v" die Größe
$$\frac{v + w}{1 + \frac{vw}{V^2}}$$
tritt; man sieht daraus, daß solche Paralleltransformationen — wie dies sein muß — eine Gruppe bilden.

Wir haben nun die für uns notwendigen Sätze der unseren zwei Prinzipien entsprechenden Kinematik hergeleitet und gehen dazu über, deren Anwendung in der Elektrodynamik zu zeigen.

II. Elektrodynamischer Teil.

§ 6. Transformation der Maxwell-Hertzschen Gleichungen für den leeren Raum. Über die Natur der bei Bewegung in einem Magnetfeld auftretenden elektromotorischen Kräfte.

Die Maxwell Hertzschen Gleichungen für den leeren Raum mögen gültig sein für das ruhende System K, so daß gelten möge:

$$\frac{1}{V}\frac{\partial X}{\partial t} = \frac{\partial N}{\partial y} - \frac{\partial M}{\partial z}, \quad \frac{1}{V}\frac{\partial L}{\partial t} = \frac{\partial Y}{\partial z} - \frac{\partial Z}{\partial y},$$

$$\frac{1}{V}\frac{\partial Y}{\partial t} = \frac{\partial L}{\partial z} - \frac{\partial N}{\partial x}, \quad \frac{1}{V}\frac{\partial M}{\partial t} = \frac{\partial Z}{\partial x} - \frac{\partial X}{\partial z},$$

$$\frac{1}{V}\frac{\partial Z}{\partial t} = \frac{\partial M}{\partial x} - \frac{\partial L}{\partial y}, \quad \frac{1}{V}\frac{\partial N}{\partial t} = \frac{\partial X}{\partial y} - \frac{\partial Y}{\partial x},$$

wobei (X, Y, Z) den Vektor der elektrischen, (L, M, N) den der magnetischen Kraft bedeutet.

Wenden wir auf diese Gleichungen die in § 3 entwickelte Transformation an, indem wir die elektromagnetischen Vorgänge auf das dort eingeführte, mit der Geschwindigkeit v bewegte Koordinatensystem beziehen, so erhalten wir die Gleichungen:

$$\frac{1}{V}\frac{\partial X}{\partial \tau} = \frac{\partial \beta \left(N - \frac{v}{V}Y\right)}{\partial \eta} - \frac{\partial \beta \left(M + \frac{v}{V}Z\right)}{\partial \zeta},$$

$$\frac{1}{V}\frac{\partial \beta \left(Y - \frac{v}{V}N\right)}{\partial \tau} = \frac{\partial L}{\partial \zeta} - \frac{\partial \beta \left(N - \frac{v}{V}Y\right)}{\partial \xi},$$

$$\frac{1}{V}\frac{\partial \beta \left(Z + \frac{v}{V}M\right)}{\partial \tau} = \frac{\partial \beta \left(M + \frac{v}{V}Z\right)}{\partial \xi} - \frac{\partial L}{\partial \eta},$$

$$\frac{1}{V}\frac{\partial L}{\partial \tau} = \frac{\partial \beta \left(Y - \frac{v}{V}N\right)}{\partial \zeta} - \frac{\partial \beta \left(Z + \frac{v}{V}M\right)}{\partial \eta},$$

$$\frac{1}{V}\frac{\partial \beta \left(M + \frac{v}{V}Z\right)}{\partial \tau} = \frac{\partial \beta \left(Z + \frac{v}{V}M\right)}{\partial \xi} - \frac{\partial X}{\partial \zeta},$$

$$\frac{1}{V}\frac{\partial \beta \left(N - \frac{v}{V}Y\right)}{\partial \tau} = \frac{\partial X}{\partial \eta} - \frac{\partial \beta \left(Y - \frac{v}{V}N\right)}{\partial \xi},$$

wobei $$\beta = \frac{1}{\sqrt{1 - \left(\frac{v}{V}\right)^2}}.$$

Das Relativitätsprinzip fordert nun, daß die Maxwell-Hertzschen Gleichungen für den leeren Raum auch im System k gelten, wenn sie im System K gelten, d. h. daß für die im bewegten System k durch ihre ponderomotorischen Wirkungen auf elektrische bzw. magnetische Massen definierten Vektoren der elektrischen und magnetischen Kraft ((X', Y', Z') und (L', M', N')) des bewegten Systems k die Gleichungen gelten:

$$\frac{1}{V}\frac{\partial X'}{\partial \tau} = \frac{\partial N'}{\partial \eta} - \frac{\partial M'}{\partial \zeta}, \quad \frac{1}{V}\frac{\partial L'}{\partial \tau} = \frac{\partial Y'}{\partial \zeta} - \frac{\partial Z'}{\partial \eta},$$

$$\frac{1}{V}\frac{\partial Y'}{\partial \tau} = \frac{\partial L'}{\partial \zeta} - \frac{\partial N'}{\partial \xi}, \quad \frac{1}{V}\frac{\partial M'}{\partial \tau} = \frac{\partial Z'}{\partial \xi} - \frac{\partial X'}{\partial \zeta},$$

$$\frac{1}{V}\frac{\partial Z'}{\partial \tau} = \frac{\partial M'}{\partial \xi} - \frac{\partial L'}{\partial \eta}, \quad \frac{1}{V}\frac{\partial N'}{\partial \tau} = \frac{\partial X'}{\partial \eta} - \frac{\partial Y'}{\partial \xi}.$$

Offenbar müssen nun die beiden für das System k gefundenen Gleichungssysteme genau dasselbe ausdrücken, da beide Gleichungssysteme den Maxwell-Hertzschen Gleichungen für das System K äquivalent sind. Da die Gleichungen beider Systeme ferner bis auf die die Vektoren darstellenden Symbole übereinstimmen, so folgt, daß die in den Gleichungssystemen an entsprechenden Stellen auftretenden Funktionen bis auf einen für alle Funktionen des einen Gleichungssystems gemeinsamen, von ξ, η, ζ und τ unabhängigen, eventuell von v abhängigen Faktor $\psi(v)$ übereinstimmen müssen. Es gelten also die Beziehungen:

$$X' = \psi(v) X, \qquad L' = \psi(v) L,$$
$$Y' = \psi(v)\beta \left(Y - \frac{v}{V} N\right), \qquad M' = \psi(v)\beta \left(M + \frac{v}{V} Z\right),$$
$$Z' = \psi(v)\beta \left(Z + \frac{v}{V} M\right), \qquad N' = \psi(v)\beta \left(N - \frac{v}{V} Y\right).$$

Bildet man nun die Umkehrung dieses Gleichungssystems, erstens durch Auflösen der soeben erhaltenen Gleichungen, zweitens durch Anwendung der Gleichungen auf die inverse Transformation (von k auf K), welche durch die Geschwindigkeit $-v$ charakterisiert ist, so folgt, indem man berücksichtigt, daß die beiden so erhaltenen Gleichungssysteme identisch sein müssen:

$$\psi(v) \cdot \psi(-v) = 1.$$

Ferner folgt aus Symmetriegründen[1])

$$\psi(v) = \psi(-v);$$

es ist also $\psi(v) = 1$,

und unsere Gleichungen nehmen die Form an:

$$X' = X, \qquad L' = L,$$
$$Y' = \beta\left(Y - \frac{v}{V} N\right), \qquad M' = \beta\left(M + \frac{v}{V} Z\right),$$
$$Z' = \beta\left(Z + \frac{v}{V} M\right), \qquad N' = \beta\left(N - \frac{v}{V} Y\right).$$

Zur Interpretation dieser Gleichungen bemerken wir folgendes. Es liegt eine punktförmige Elektrizitätsmenge vor, welche im ruhenden System K gemessen von der Größe „eins" sei, d. h. im ruhenden System ruhend auf eine gleiche Elektrizitätsmenge im Abstand 1 cm die Kraft 1 Dyn ausübe. Nach dem Relativitätsprinzip ist diese elektrische Masse auch im bewegten System gemessen von der Größe „eins". Ruht diese Elektrizitätsmenge relativ zum ruhenden System, so ist definitionsgemäß der Vektor (X, Y, Z) gleich der auf sie wirkenden Kraft. Ruht die Elektrizitätsmenge gegenüber dem bewegten System (wenigstens in dem betreffenden Augenblick), so ist die auf sie wirkende, in dem bewegten System gemessene Kraft gleich dem Vektor (X', Y', Z'). Die ersten drei der obigen Gleichungen lassen sich mithin auf folgende zwei Weisen in Worte kleiden:

1. Ist ein punktförmiger elektrischer Einheitspol in einem elektromagnetischen Felde bewegt, so wirkt auf ihn außer der elektrischen Kraft eine

---

[1]) Ist z. B. $X = Y = Z = L = M = 0$ und $N \neq 0$, so ist aus Symmetriegründen klar, daß bei Zeichenwechsel von v ohne Änderung des numerischen Wertes auch Y' sein Vorzeichen ändern muß, ohne seinen numerischen Wert zu ändern.

„elektromotorische Kraft", welche unter Vernachlässigung von mit der zweiten und höheren Potenzen von v/V multiplizierten Gliedern gleich ist dem mit der Lichtgeschwindigkeit dividierten Vektorprodukt der Bewegungsgeschwindigkeit des Einheitspoles und der magnetischen Kraft. (Alte Ausdrucksweise.)

2. Ist ein punktförmiger elektrischer Einheitspol in einem elektromagnetischen Felde bewegt, so ist die auf ihn wirkende Kraft gleich der an dem Orte des Einheitspoles vorhandenen elektrischen Kraft, welche man durch Transformation des Feldes auf ein relativ zum elektrischen Einheitspol ruhendes Koordinatensystem erhält. (Neue Ausdrucksweise.)

Analoges gilt über die „magnetomotorischen Kräfte". Man sieht, daß in der entwickelten Theorie die elektromotorische Kraft nur die Rolle eines Hilfsbegriffes spielt, welcher seine Einführung dem Umstande verdankt, daß die elektrischen und magnetischen Kräfte keine von dem Bewegungszustande des Koordinatensystems unabhängige Existenz besitzen.

Es ist ferner klar, daß die in der Einleitung angeführte Asymmetrie bei der Betrachtung der durch Relativbewegung eines Magneten und eines Leiters erzeugten Ströme verschwindet. Auch werden die Fragen nach dem „Sitz" der elektrodynamischen elektromotorischen Kräfte (Unipolarmaschinen) gegenstandslos.

§ 7. Theorie des Doppelerschen Prinzips und der Aberration.

Im Systeme K befinde sich sehr ferne vom Koordinatenursprung eine Quelle elektrodynamischer Wellen, welche in einem den Koordinatenursprung enthaltenden Raumteil mit genügender Annäherung durch die Gleichungen dargestellt seien:

$$X = X_0 \sin \Phi, \quad L = L_0 \sin \Phi,$$
$$Y = Y_0 \sin \Phi, \quad M = M_0 \sin \Phi, \quad \Phi = \omega \left(t - \frac{ax + by + cz}{V}\right).$$
$$Z = Z_0 \sin \Phi, \quad N = N_0 \sin \Phi,$$

Hierbei sind (X_0, Y_0, Z_0) und (L_0, M_0, N_0) die Vektoren, welche die Amplitude des Wellenzuges bestimmen, a, b, c die Richtungskosinus der Wellennormalen. Wir fragen nach der Beschaffenheit dieser Wellen, wenn dieselben von einem in dem bewegten System k ruhenden Beobachter untersucht werden.

Durch Anwendung der in § 6 gefundenen Transformationsgleichungen für die elektrischen und magnetischen Kräfte und der in § 3 gefundenen Transformationsgleichungen für die Koordinaten und die Zeit erhalten wir unmittelbar:

$$X' = X_0 \sin \Phi', \quad L' = L_0 \sin \Phi',$$
$$Y' = \beta \left(Y_0 - \frac{v}{V} N_0\right) \sin \Phi', \quad M' = \beta \left(M_0 + \frac{v}{V} Z_0\right) \sin \Phi',$$
$$Z' = \beta \left(Z_0 + \frac{v}{V} M_0\right) \sin \Phi', \quad N' = \beta \left(N_0 - \frac{v}{V} Y_0\right) \sin \Phi',$$

$$\Phi' = \omega'\left(\tau - \frac{a'\xi + b'\eta + c'\zeta}{V}\right),$$

wobei
$$\omega' = \omega\beta\left(1 - a\frac{v}{V}\right),$$

$$a' = \frac{a - \frac{v}{V}}{1 - a\frac{v}{V}},$$

$$b' = \frac{b}{\beta\left(1 - a\frac{v}{V}\right)},$$

$$c' = \frac{c}{\beta\left(1 - a\frac{v}{V}\right)} \quad \text{gesetzt ist.}$$

Aus der Gleichung für ω' folgt: Ist ein Beobachter relativ zu einer unendlich fernen Lichtquelle von der Frequenz ν mit der Geschwindigkeit v derart bewegt, daß die Verbindungslinie „Lichtquelle—Beobachter" mit der auf ein relativ zur Lichtquelle ruhendes Koordinatensystem bezogenen Geschwindigkeit des Beobachters den Winkel φ bildet, so ist die von dem Beobachter wahrgenommene Frequenz ν' des Lichtes durch die Gleichung gegeben:

$$\nu' = \nu\,\frac{1 - \cos\varphi\,\frac{v}{V}}{\sqrt{1 - \left(\frac{v}{V}\right)^2}}.$$

Dies ist das Dopplersche Prinzip für beliebige Geschwindigkeiten. Für $\varphi = 0$ nimmt die Gleichung die übersichtliche Form an:

$$\nu' = \nu\sqrt{\frac{1 - \frac{v}{V}}{1 + \frac{v}{V}}}.$$

Man sieht, daß — im Gegensatz zu der üblichen Auffassung — für $v = -\infty$, $\nu = \infty$ ist.

Nennt man φ' den Winkel zwischen Wellennormale (Strahlrichtung) im bewegten System und der Verbindungslinie „Lichtquelle—Beobachter", so nimmt die Gleichung für a' die Form an:

$$\cos\varphi' = \frac{\cos\varphi - \frac{v}{V}}{1 - \frac{v}{V}\cos\varphi}.$$

Diese Gleichung drückt das Aberrationsgesetz in seiner allgemeinsten Form aus. Ist $\varphi = \pi/2$, so nimmt die Gleichung die einfache Gestalt an:

$$\cos\varphi' = \frac{v}{V}.$$

Wir haben nun noch die Amplitude der Wellen, wie dieselbe im bewegten System erscheint, zu suchen. Nennt man A bzw. A' die Amplitude der elektrischen oder magnetischen Kraft im ruhenden bzw. im bewegten System gemessen, so erhält man:

$$A'^2 = A^2 \frac{\left(1 - \frac{v}{V}\cos\varphi\right)^2}{1 - \left(\frac{v}{V}\right)^2},$$

welche Gleichung für $\varphi = 0$ in die einfachere übergeht:

$$A'^2 = A^2 \frac{1 - \frac{v}{V}}{1 + \frac{v}{V}}.$$

Es folgt aus den entwickelten Gleichungen, daß für einen Beobachter, der sich mit der Geschwindigkeit V einer Lichtquelle näherte, diese Lichtquelle unendlich intensiv erscheinen müßte.

§ 8. Transformation der Energie der Lichtstrahlen. Theorie des auf vollkommene Spiegel ausgeübten Strahlungsdruckes.

Da $A^2/8\pi$ gleich der Lichtenergie pro Volumeneinheit ist, so haben wir nach dem Relativitätsprinzip $A'^2/8\pi$ als die Lichtenergie im bewegten System zu betrachten. Es wäre daher A'^2/A^2 das Verhältnis der „bewegt gemessenen" und „ruhend gemessenen" Energie eines bestimmten Lichtkomplexes, wenn das Volumen eines Lichtkomplexes in K gemessen und in k gemessen das gleiche wäre. Dies ist jedoch nicht der Fall. Sind a, b, c die Richtungskosinus der Wellennormalen des Lichtes im ruhenden System, so wandert durch die Oberflächenelemente der mit Lichtgeschwindigkeit bewegten Kugelfläche
$$(x - Vat)^2 + (y - Vbt)^2 + (z - Vct)^2 = R^2$$
keine Energie hindurch; wir können daher sagen, daß diese Fläche dauernd denselben Lichtkomplex umschließt. Wir fragen nach der Energiemenge, welche diese Fläche im System k betrachtet umschließt, d. h. nach der Energie des Lichtkomplexes relativ zum System k.

Die Kugelfläche ist — im bewegten System betrachtet — eine Ellipsoidfläche, welche zur Zeit $\tau = 0$ die Gleichung besitzt:

$$\left(\beta\xi - a\beta\frac{v}{V}\xi\right)^2 + \left(\eta - b\beta\frac{v}{V}\xi\right)^2 + \left(\zeta - c\beta\frac{v}{V}\xi\right)^2 = R^2.$$

Nennt man S das Volumen der Kugel, S' dasjenige dieses Ellipsoides, so ist, wie eine einfache Rechnung zeigt:

$$\frac{S'}{S} = \frac{\sqrt{1 - \left(\frac{v}{V}\right)^2}}{1 - \frac{v}{V}\cos\varphi}.$$

Nennt man also E die im ruhenden System gemessene, E' die im bewegten System gemessene Lichtenergie, welche von der betrachteten Fläche umschlossen wird, so erhält man:

$$\frac{E'}{E} = \frac{\frac{A'^2}{8\pi}S'}{\frac{A^2}{8\pi}S} = \frac{1 - \frac{v}{V}\cos\varphi}{\sqrt{1 - \left(\frac{v}{V}\right)^2}},$$

welche Formel für $\varphi = 0$ in die einfachere übergeht:

$$\frac{E'}{E} = \sqrt{\frac{1 - \frac{v}{V}}{1 + \frac{v}{V}}}.$$

Es ist bemerkenswert, daß die Energie und die Frequenz eines Lichtkomplexes sich nach demselben Gesetze mit dem Bewegungszustande des Beobachters ändern.

Es sei nun die Koordinatenebene $\xi = 0$ eine vollkommen spiegelnde Fläche, an welcher die im letzten Paragraph betrachteten ebenen Wellen reflektiert werden. Wir fragen nach dem auf die spiegelnde Fläche ausgeübten Lichtdruck und nach der Richtung, Frequenz und Intensität des Lichtes nach der Reflexion.

Das einfallende Licht sei durch die Größen A, $\cos\varphi$, ν (auf das System K bezogen) definiert. Von k aus betrachtet sind die entsprechenden Größen:

$$A' = A \frac{1 - \frac{v}{V}\cos\varphi}{\sqrt{1 - \left(\frac{v}{V}\right)^2}},$$

$$\cos\varphi' = \frac{\cos\varphi - \frac{v}{V}}{1 - \frac{v}{V}\cos\varphi},$$

$$\nu' = \nu \frac{1 - \frac{v}{V}\cos\varphi}{\sqrt{1 - \left(\frac{v}{V}\right)^2}}.$$

Für das reflektierte Licht erhalten wir, wenn wir den Vorgang auf das System k beziehen:

$$A'' = A',$$
$$\cos\varphi'' = -\cos\varphi',$$
$$\nu'' = \nu'.$$

Endlich erhält man durch Rücktransformieren aufs ruhende System K für das reflektierte Licht:

$$A''' = A'' \frac{1 + \frac{v}{V}\cos\varphi''}{\sqrt{1 - \left(\frac{v}{V}\right)^2}} = A \frac{1 - 2\frac{v}{V}\cos\varphi + \left(\frac{v}{V}\right)^2}{1 - \left(\frac{v}{V}\right)^2},$$

$$\cos\varphi''' = \frac{\cos\varphi'' + \frac{v}{V}}{1 + \frac{v}{V}\cos\varphi''} = -\frac{\left(1 + \left(\frac{v}{V}\right)^2\right)\cos\varphi - 2\frac{v}{V}}{1 - 2\frac{v}{V}\cos\varphi + \left(\frac{v}{V}\right)^2},$$

$$v''' = v'' \frac{1 + \frac{v}{V}\cos\varphi''}{\sqrt{1 - \left(\frac{v}{V}\right)^2}} = v \frac{1 - 2\frac{v}{V}\cos\varphi + \left(\frac{v}{V}\right)^2}{\left(1 - \frac{v}{V}\right)^2}.$$

Die auf die Flächeneinheit des Spiegels pro Zeiteinheit auftreffende (im ruhenden System gemessene) Energie ist offenbar $A^2/8\pi$ ($V\cos\varphi - v$). Die von der Flächeneinheit des Spiegels in der Zeiteinheit sich entfernende Energie ist $A'''^2/8\pi$ ($-V\cos\varphi''' + v$). Die Differenz dieser beiden Ausdrücke ist nach dem Energieprinzip die vom Lichtdrucke in der Zeiteinheit geleistete Arbeit. Setzt man die letztere gleich dem Produkt $P \cdot v$, wobei P der Lichtdruck ist, so erhält man:

$$P = 2\frac{A^2}{8\pi} \frac{\left(\cos\varphi - \frac{v}{V}\right)^2}{1 - \left(\frac{v}{V}\right)^2}$$

In erster Annäherung erhält man in Übereinstimmung mit der Erfahrung und mit anderen Theorien
$$P = 2\frac{A^2}{8\pi}\cos^2\varphi.$$

Nach der hier benutzten Methode können alle Probleme der Optik bewegter Körper gelöst werden. Das Wesentliche ist, daß die elektrische und magnetische Kraft des Lichtes, welches durch einen bewegten Körper beeinflußt wird, auf ein relativ zu dem Körper ruhendes Koordinatensystem transformiert werden. Dadurch wird jedes Problem der Optik bewegter Körper auf eine Reihe von Problemen der Optik ruhender Körper zurückgeführt.

§ 8. Transformation der Maxwell-Hertzschen Gleichungen mit Berücksichtigung der Konvektionsströme.

Wir gehen aus von den Gleichungen:

$$\frac{1}{V}\left\{u_x\varrho + \frac{\partial X}{\partial t}\right\} = \frac{\partial N}{\partial y} - \frac{\partial M}{\partial z}, \qquad \frac{1}{V}\frac{\partial L}{\partial t} = \frac{\partial Y}{\partial z} - \frac{\partial Z}{\partial y},$$

$$\frac{1}{V}\left\{u_y\varrho + \frac{\partial Y}{\partial t}\right\} = \frac{\partial L}{\partial z} - \frac{\partial N}{\partial x}, \qquad \frac{1}{V}\frac{\partial M}{\partial t} = \frac{\partial Z}{\partial x} - \frac{\partial X}{\partial z},$$

$$\frac{1}{V}\left\{u_z\varrho + \frac{\partial Z}{\partial t}\right\} = \frac{\partial M}{\partial x} - \frac{\partial L}{\partial y}, \qquad \frac{1}{V}\frac{\partial N}{\partial t} = \frac{\partial X}{\partial y} - \frac{\partial Y}{\partial x},$$

wobei: $$\varrho = \frac{\partial X}{\partial x} + \frac{\partial Y}{\partial y} + \frac{\partial Z}{\partial z}$$

die 4π-fache Dichte der Elektrizität und (u_x, u_y, u_z) den Geschwindigkeitsvektor der Elektrizität bedeutet. Denkt man sich die elektrischen Massen unveränderlich an kleine, starre Körper (Ionen, Elektronen) gebunden, so sind diese Gleichungen die elektromagnetische Grundlage der Lorentzschen Elektrodynamik und Optik bewegter Körper.

Transformiert man diese Gleichungen, welche im System K gelten mögen, mit Hilfe der Transformationsgleichungen von § 3 und § 6 auf das System k, so erhält man die Gleichungen:

$$\frac{1}{V}\left\{u_\xi \varrho' + \frac{\partial X'}{\partial \tau}\right\} = \frac{\partial N'}{\partial \eta} - \frac{\partial M'}{\partial \zeta}, \qquad \frac{\partial L'}{\partial \tau} = \frac{\partial Y'}{\partial \zeta} - \frac{\partial Z'}{\partial \eta},$$

$$\frac{1}{V}\left\{u_\eta \varrho' + \frac{\partial Y'}{\partial \tau}\right\} = \frac{\partial L'}{\partial \zeta} - \frac{\partial N'}{\partial \xi}, \qquad \frac{\partial M'}{\partial \tau} = \frac{\partial Z'}{\partial \xi} - \frac{\partial X'}{\partial \zeta},$$

$$\frac{1}{V}\left\{u_\zeta \varrho' + \frac{\partial Z'}{\partial \tau}\right\} = \frac{\partial M'}{\partial \xi} - \frac{\partial L'}{\partial \eta}, \qquad \frac{\partial N'}{\partial \tau} = \frac{\partial X'}{\partial \eta} - \frac{\partial Y'}{\partial \xi},$$

wobei $\dfrac{u_x - v}{1 - \dfrac{u_x v}{V^2}} = u_\xi,$

$\dfrac{u_y}{\beta\left(1 - \dfrac{u_x v}{V^2}\right)} = u_\eta,$ $\quad \varrho' = \dfrac{\partial X'}{\partial \xi} + \dfrac{\partial Y'}{\partial \eta} + \dfrac{\partial Z'}{\partial \zeta} = \beta\left(1 - \dfrac{v u_x}{V^2}\right)\varrho.$

$\dfrac{u_z}{\beta\left(1 - \dfrac{u_x v}{V^2}\right)} = u_\zeta,$

Da — wie aus dem Additionstheorem der Geschwindigkeiten (§ 5) folgt — der Vektor (u_ξ, u_η, u_ζ) nichts anderes ist als die Geschwindigkeit der elektrischen Massen, im System k gemessen, so ist damit gezeigt, daß unter Zugrundelegung unserer kinematischen Prinzipien die elektrodynamische Grundlage der Lorentzschen Theorie der Elektrodynamik bewegter Körper dem Relativitätsprinzip entspricht.

Es möge noch kurz bemerkt werden, daß aus den entwickelten Gleichungen leicht der folgende wichtige Satz gefolgert werden kann: Bewegt sich ein elektrisch geladener Körper beliebig im Raume und ändert sich hierbei seine Ladung nicht, von einem mit dem Körper bewegten Koordinatensystem aus betrachtet, so bleibt seine Ladung auch — von dem „ruhenden" System K aus betrachtet — konstant.

§ 10. Dynamik des (langsam beschleunigten) Elektrons.

In einem elektromagnetischen Felde bewege sich ein punktförmiges, mit einer elektrischen Ladung ε versehenes Teilchen (im folgenden „Elektron" genannt), über dessen Bewegungsgesetz wir nur folgendes annehmen:

Ruht das Elektron in einer bestimmten Epoche, so erfolgt in dem nächsten Zeitteilchen die Bewegung des Elektrons nach den Gleichungen

$$\mu \frac{d^2 x}{dt^2} = \varepsilon X$$

$$\mu \frac{d^2 y}{dt^2} = \varepsilon Y$$

$$\mu \frac{d^2 z}{dt^2} = \varepsilon Z,$$

wobei x, y, z die Koordinaten des Elektrons, μ die Masse des Elektrons bedeutet, sofern dasselbe langsam bewegt ist.

Es besitze nun zweitens das Elektron in einer gewissen Zeitepoche die Geschwindigkeit v. Wir suchen das Gesetz, nach welchem sich das Elektron im unmittelbar darauf folgenden Zeitteilchen bewegt.

Ohne die Allgemeinheit der Betrachtungen zu beeinflussen, können und wollen wir annehmen, daß das Elektron in dem Momente, wo wir es ins Auge fassen, sich im Koordinatenursprung befinde und sich längs der X-Achse des Systems K mit der Geschwindigkeit v bewege. Es ist dann einleuchtend, daß das Elektron im genannten Momente ($t = 0$) relativ zu einem längs der X-Achse mit der konstanten Geschwindigkeit v parallel bewegten Koordinatensystem k ruht.

Aus der oben gemachten Voraussetzung in Verbindung mit dem Relativitätsprinzip ist klar, daß sich das Elektron in der unmittelbar folgenden Zeit (für kleine Werte von t), vom System k aus betrachtet, nach den Gleichungen bewegt:

$$\mu \frac{d^2 \xi}{d\tau^2} = \varepsilon X',$$

$$\mu \frac{d^2 \eta}{d\tau^2} = \varepsilon Y',$$

$$\mu \frac{d^2 \zeta}{d\tau^2} = \varepsilon Z',$$

wobei die Zeichen ξ, η, ζ, τ, X', Y', Z' sich auf das System k beziehen. Setzen wir noch fest, daß für $t = x = y = z = 0$ $\tau = \xi = \eta = \zeta = 0$ sein soll, so gelten die Transformationsgleichungen der §§ 3 und 6, so daß gilt:

$$\tau = \beta\left(t - \frac{v}{V^2} x\right),$$

$$\xi = \beta(x - vt), \qquad X' = X,$$

$$\eta = y, \qquad Y' = \beta\left(Y - \frac{v}{V} N\right),$$

$$\zeta = z, \qquad Z' = \beta\left(Z + \frac{v}{V} M\right).$$

Mit Hilfe dieser Gleichungen transformieren wir die obigen Bewegungsgleichungen vom System k auf das System K und erhalten:

(A)
$$\begin{cases} \dfrac{d^2x}{dt^2} = \dfrac{\varepsilon}{\mu} \dfrac{1}{\beta^3} X, \\ \dfrac{d^2y}{dt^2} = \dfrac{\varepsilon}{\mu} \dfrac{1}{\beta} \left(Y - \dfrac{v}{V} N\right), \\ \dfrac{d^2z}{dt^2} = \dfrac{\varepsilon}{\mu} \dfrac{1}{\beta} \left(Z + \dfrac{v}{V} M\right). \end{cases}$$

Wir fragen nun in Anlehnung an die übliche Betrachtungsweise nach der „longitudinalen" und „transversalen" Masse des bewegten Elektrons. Wir schreiben die Gleichungen (A) in der Form

$$\mu \beta^3 \frac{d^2x}{dt^2} = \varepsilon X = \varepsilon X',$$

$$\mu \beta^2 \frac{d^2y}{dt^2} = \varepsilon \beta \left(Y - \frac{v}{V} N\right) = \varepsilon Y',$$

$$\mu \beta^2 \frac{d^2z}{dt^2} = \varepsilon \beta \left(Z + \frac{v}{V} M\right) = \varepsilon Z'$$

und bemerken zunächst, daß $\varepsilon X'$, $\varepsilon Y'$, $\varepsilon Z'$ die Komponenten der auf das Elektron wirkenden ponderomotorischen Kraft sind, und zwar in einem in diesem Moment mit dem Elektron mit gleicher Geschwindigkeit wie dieses bewegten System betrachtet. (Diese Kraft könnte beispielsweise mit einer im letzten System ruhenden Federwage gemessen werden.) Wenn wir nun diese Kraft schlechtweg „die auf das Elektron wirkende Kraft" nennen[1]) und die Gleichung   Massenzahl × Beschleunigungszahl = Kraftzahl aufrechterhalten, und wenn wir ferner festsetzen, daß die Beschleunigungen im ruhenden System K gemessen werden sollen, so erhalten wir aus obigen Gleichungen:

$$\text{Longitudinale Masse} = \frac{\mu}{\left(\sqrt{1 - \left(\frac{v}{V}\right)^2}\right)^3},$$

$$\text{Transversale Masse} = \frac{\mu}{1 - \left(\frac{v}{V}\right)^2}.$$

Natürlich würde man bei anderer Definition der Kraft und der Beschleunigung andere Zahlen für die Massen erhalten; man ersieht daraus, daß man bei der Vergleichung verschiedener Theorien der Bewegung des Elektrons sehr vorsichtig verfahren muß.

Wir bemerken, daß diese Resultate über die Masse auch für die ponderabeln materiellen Punkte gelten; denn ein ponderabler materieller Punkt kann durch Zufügen einer *beliebig kleinen* elektrischen Ladung zu einem Elektron (in unserem Sinne) gemacht werden.

---

1) Die hier gegebene Definition der Kraft ist nicht vorteilhaft, wie zuerst von M. Planck dargetan wurde. Es ist vielmehr zweckmäßig, die Kraft so zu definieren, daß der Impulssatz und der Energiesatz die einfachste Form annehmen.

Wir bestimmen die kinetische Energie des Elektrons. Bewegt sich ein Elektron vom Koordinatenursprung des Systems K aus mit der Umfangsgeschwindigkeit 0 beständig auf der X-Achse unter der Wirkung einer elektrostatischen Kraft X, so ist klar, daß die dem elektrostatischen Felde entzogene Energie den Wert $\int \varepsilon X dx$ hat. Da das Elektron langsam beschleunigt sein soll und infolgedessen keine Energie in Form von Strahlung abgeben möge, so muß die dem elektrostatischen Felde entzogene Energie gleich der Bewegungsenergie W des Elektrons gesetzt werden. Man erhält daher, indem man beachtet, daß während des ganzen betrachteten Bewegungsvorganges die erste der Gleichungen (A) gilt:

$$W = \int \varepsilon X dx = \int_0^v \beta^3 v\, dv = \mu V^2 \left\{ \frac{1}{\sqrt{1-\left(\frac{v}{V}\right)^2}} - 1 \right\}.$$

W wird also für $v = V$ unendlich groß. Überlichtgeschwindigkeiten haben — wie bei unseren früheren Resultaten — keine Existenzmöglichkeit.

Auch dieser Ausdruck für die kinetische Energie muß dem oben angeführten Argument zufolge ebenso für ponderable Massen gelten.

Wir wollen nun die aus dem Gleichungssystem (A) resultierenden, dem Experimente zugänglichen Eigenschaften der Bewegung des Elektrons aufzählen.

1. Aus der zweiten Gleichung des Systems (A) folgt, daß eine elektrische Kraft Y und eine magnetische Kraft N dann gleich stark ablenkend wirken auf ein mit der Geschwindigkeit v bewegtes Elektron, wenn $Y = N \cdot v/V$. Man ersieht also, daß die Ermittelung der Geschwindigkeit des Elektrons aus dem Verhältnis der magnetischen Ablenkbarkeit A_m und der elektrischen Ablenkbarkeit A_e nach unserer Theorie für beliebige Geschwindigkeiten möglich ist durch Anwendung des Gesetzes:

$$\frac{A_m}{A_e} = \frac{v}{V}.$$

Diese Beziehung ist der Prüfung durch das Experiment zugänglich, da die Geschwindigkeit des Elektrons auch direkt, z. B. mittels rasch oszillierender elektrischer und magnetischer Felder, gemessen werden kann.

2. Aus der Ableitung für die kinetische Energie des Elektrons folgt, daß zwischen der durchlaufenen Potentialdifferenz und der erlangten Geschwindigkeit v des Elektrons die Beziehung gelten muß:

$$P = \int X dx = \frac{\mu}{\varepsilon} V^2 \left\{ \frac{1}{\sqrt{1-\left(\frac{v}{V}\right)^2}} - 1 \right\}.$$

3. Wir berechnen den Krümmungsradius R der Bahn, wenn eine senk-

recht zur Geschwindigkeit des Elektrons wirkende magnetische Kraft N (als einzige ablenkende Kraft) vorhanden ist. Aus der zweiten der Gleichungen (A) erhalten wir:

$$-\frac{d^2y}{dt^2} = \frac{v^2}{R} = \frac{\varepsilon}{\mu}\frac{v}{V}N\cdot\sqrt{1-\left(\frac{v}{V}\right)^2}$$

oder

$$R = V^2\frac{\mu}{\varepsilon}\cdot\frac{\frac{v}{V}}{\sqrt{1-\left(\frac{v}{V}\right)^2}}\cdot\frac{1}{N}.$$

Diese drei Beziehungen sind ein vollständiger Ausdruck für die Gesetze nach denen sich gemäß vorliegender Theorie das Elektron bewegen muß.

Zum Schluß bemerke ich, daß mir beim Arbeiten an dem hier behandelten Probleme mein Freund und Kollege M. Besso treu zur Seite stand und daß ich demselben manche wertvolle Anregung verdanke.

Ist die Trägheit eines Körpers von seinem Energiegehalt abhängig?

Von A. EINSTEIN.[1])

Die Resultate der vorstehenden Untersuchung führen zu einer sehr interessanten Folgerung, die hier abgeleitet werden soll.

Ich legte dort die Maxwell-Hertzschen Gleichungen für den leeren Raum nebst dem Maxwellschen Ausdruck für die elektromagnetische Energie des Raumes zugrunde und außerdem das Prinzip:

Die Gesetze, nach denen sich die Zustände der physikalischen Systeme ändern, sind unabhängig davon, auf welches von zwei relativ zueinander in gleichförmiger Parallel-Translationsbewegung befindlichen Koordinatensystemen diese Zustandsänderungen bezogen werden (Relativitätsprinzip).

Gestützt auf diese Grundlagen[2]) leitete ich unter anderem das nachfolgende Resultat ab (l. c. § 8):

Ein System von ebenen Lichtwellen besitze, auf das Koordinatensystem (x, y, z) bezogen, die Energie l; die Strahlrichtung (Wellennormale) bilde den Winkel φ mit der x-Achse des Systems. Führt man ein neues, gegen das System (x, y, z) in gleichförmiger Paralleltranslation begriffenes Koordinatensystem (ξ, η, ζ) ein, dessen Ursprung sich mit der Geschwindigkeit v längs der x-Achse bewegt, so besitzt die genannte Lichtmenge — im System (ξ, η, ζ) gemessen — die Energie:

$$l^* = l \frac{1 - \frac{v}{V} \cos \varphi}{\sqrt{1 - \left(\frac{v}{V}\right)^2}},$$

wobei V die Lichtgeschwindigkeit bedeutet. Von diesem Resultat machen wir im folgenden Gebrauch.

Es befinde sich nun im System (x, y, z) ein ruhender Körper, dessen Energie — auf das System (x, y, z) bezogen — E_0 sei. Relativ zu dem wie oben mit der Geschwindigkeit v bewegten System (ξ, η, ζ) sei die Energie des Körper H_0.

---

1) Abgedruckt aus Ann. d. Phys. 17 (1905).
2) Das dort benutzte Prinzip der Konstanz der Lichtgeschwindigkeit ist natürlich in den Maxwellschen Gleichungen enthalten.

Dieser Körper sende in einer mit der x-Achse den Winkel φ bildenden Richtung ebene Lichtwellen von der Energie $L/2$ (relativ zu (x, y, z) gemessen) und gleichzeitig eine gleich große Lichtmenge nach der entgegengesetzten Richtung. Hierbei bleibt der Körper in Ruhe in bezug auf das System (x, y, z). Für diesen Vorgang muß das Energieprinzip gelten und zwar (nach dem Prinzip der Relativität) in bezug auf beide Koordinatensysteme. Nennen wir E_1 bzw. H_1 die Energie des Körpers nach der Lichtaussendung, relativ zum System (x, y, z) bzw. (ξ, η, ζ) gemessen, so erhalten wir mit Benutzung der oben angegebenen Relation:

$$E_0 = E_1 + \left[\frac{L}{2} + \frac{L}{2}\right],$$

$$H_0 = H_1 + \left[\frac{L}{2}\frac{1 - \frac{v}{V}\cos\varphi}{\sqrt{1 - \left(\frac{v}{V}\right)^2}} + \frac{L}{2}\frac{1 + \frac{v}{V}\cos\varphi}{\sqrt{1 - \left(\frac{v}{V}\right)^2}}\right] = H_1 + \frac{L}{\sqrt{1 - \left(\frac{v}{V}\right)^2}}.$$

Durch Subtraktion erhält man aus diesen Gleichungen:

$$(H_0 - E_0) - (H_1 - E_1) = L\left\{\frac{1}{\sqrt{1 - \left(\frac{v}{V}\right)^2}} - 1\right\}.$$

Die beiden in diesem Ausdruck auftretenden Differenzen von der Form $H - E$ haben einfache physikalische Bedeutungen. H und E sind Energiewerte desselben Körpers, bezogen auf zwei relativ zueinander bewegte Koordinatensysteme, wobei der Körper in dem einen System (System (x, y, z)) ruht. Es ist also klar, daß die Differenz $H - E$ sich von der kinetischen Energie K des Körpers in bezug auf das andere System (System (ξ, η, ζ)) nur durch eine additive Konstante C unterscheiden kann, welche von der Wahl der willkürlichen additiven Konstanten der Energien H und E abhängt. Wir können also setzen:

$$H_0 - E_0 = K_0 + C,$$
$$H_1 - E_1 = K_1 + C,$$

da C sich während der Lichtaussendung nicht ändert. Wir erhalten also:

$$K_0 - K_1 = L\left\{\frac{1}{\sqrt{1 - \left(\frac{v}{V}\right)^2}} - 1\right\}.$$

Die kinetische Energie des Körpers in bezug auf (ξ, η, ζ) nimmt infolge der Lichtaussendung ab, und zwar um einen von den Qualitäten des Körpers unabhängigen Betrag. Die Differenz $K_0 - K_1$ hängt ferner von der Geschwindigkeit ebenso ab wie die kinetische Energie des Elektrons (l. c. § 10).

Unter Vernachlässigung von Größen vierter und höherer Ordnung können wir setzen:

$$K_0 - K_1 = \frac{L}{V^2}\frac{v^2}{2}.$$

Aus dieser Gleichung folgt unmittelbar:

Gibt ein Körper die Energie L in Form von Strahlung ab, so verkleinert sich seine Masse um L/V^2. Hier ist es offenbar unwesentlich, daß die dem Körper entzogene Energie gerade in Energie der Strahlung übergeht, so daß wir zu der allgemeineren Folgerung geführt werden:

Die Masse eines Körpers ist ein Maß für dessen Energieinhalt; ändert sich die Energie um L, so ändert sich die Masse in demselben Sinne um $L/9 \cdot 10^{20}$, wenn die Energie in Erg und die Masse in Grammen gemessen wird.

Es ist nicht ausgeschlossen, daß bei Körpern, deren Energieinhalt in hohem Maße veränderlich ist (z. B. bei den Radiumsalzen), eine Prüfung der Theorie gelingen wird.

Wenn die Theorie den Tatsachen entspricht, so überträgt die Strahlung Trägheit zwischen den emittierenden und absorbierenden Körpern.

Raum und Zeit.

Von H. Minkowski.[1]

M. H.! Die Anschauungen über Raum und Zeit, die ich Ihnen entwickeln möchte, sind auf experimentell-physikalischem Boden erwachsen. Darin liegt ihre Stärke. Ihre Tendenz ist eine radikale. Von Stund an sollen Raum für sich und Zeit für sich völlig zu Schatten herabsinken und nur noch eine Art Union der beiden soll Selbständigkeit bewahren.

I.

Ich möchte zunächst ausführen, wie man von der gegenwärtig angenommenen Mechanik wohl durch eine rein mathematische Überlegung zu veränderten Ideen über Raum und Zeit kommen könnte. Die Gleichungen der Newtonschen Mechanik zeigen eine zweifache Invarianz. Einmal bleibt ihre Form erhalten, wenn man das zugrunde gelegte räumliche Koordinatensystem einer beliebigen *Lagenveränderung* unterwirft, zweitens, wenn man es in seinem Bewegungszustande verändert, nämlich ihm irgendeine *gleichförmige Translation* aufprägt; auch spielt der Nullpunkt der Zeit keine Rolle. Man ist gewohnt, die Axiome der Geometrie als erledigt anzusehen, wenn man sich reif für die Axiome der Mechanik fühlt, und deshalb werden jene zwei Invarianzen wohl selten in einem Atemzuge genannt. Jede von ihnen bedeutet eine gewisse Gruppe von Transformationen in sich für die Differentialgleichungen der Mechanik. Die Existenz der ersten Gruppe sieht man als einen fundamentalen Charakter des Raumes an. Die zweite Gruppe straft man am liebsten mit Verachtung, um leichten Sinnes darüber hinwegzukommen, daß man von den physikalischen Erscheinungen her niemals entscheiden kann, ob der als ruhend vorausgesetzte Raum sich nicht am Ende in einer gleichförmigen Translation befindet. So führen jene zwei Gruppen ein völlig getrenntes Dasein nebeneinander. Ihr gänzlich heterogener Charakter mag davon abgeschreckt haben, sie zu komponieren. Aber gerade die komponierte volle Gruppe als Ganzes gibt uns zu denken auf.

Wir wollen uns die Verhältnisse graphisch zu veranschaulichen suchen. Es seien x, y, z rechtwinklige Koordinaten für den Raum, und t bezeichne

---

[1] Vortrag, gehalten auf der 80. Versammlung Deutscher Naturforscher und Ärzte zu Cöln am 21. September 1908.

die Zeit. Gegenstand unserer Wahrnehmung sind immer nur Orte und Zeiten verbunden. Es hat niemand einen Ort anders bemerkt als zu einer Zeit, eine Zeit anders als an einem Orte. Ich respektiere aber noch das Dogma, daß Raum und Zeit je eine unabhängige Bedeutung haben. Ich will einen Raumpunkt zu einem Zeitpunkt, d. i. ein Wertsystem x, y, z, t einen *Weltpunkt* nennen. Die Mannigfaltigkeit aller denkbaren Wertsysteme x, y, z, t soll die *Welt* heißen. Ich könnte mit kühner Kreide vier Weltachsen auf die Tafel werfen. Schon *eine* gezeichnete Achse besteht aus lauter schwingenden Molekülen und macht zudem die Reise der Erde im All mit, gibt also bereits genug zu abstrahieren auf; die mit der Anzahl 4 verbundene etwas größere Abstraktion tut dem Mathematiker nicht wehe. Um nirgends eine gähnende Leere zu lassen, wollen wir uns vorstellen, daß aller Orten und zu jeder Zeit etwas Wahrnehmbares vorhanden ist. Um nicht Materie oder Elektrizität zu sagen, will ich für dieses Etwas das Wort Substanz brauchen. Wir richten unsere Aufmerksamkeit auf den im Weltpunkt x, y, z, t vorhandenen substantiellen Punkt und stellen uns vor, wir sind imstande, diesen substantiellen Punkt zu jeder anderen Zeit wiederzuerkennen. Einem Zeitelement dt mögen die Änderungen dx, dy, dz der Raumkoordinaten dieses substantiellen Punktes entsprechen. Wir erhalten alsdann als Bild sozusagen für den ewigen Lebenslauf des substantiellen Punktes eine Kurve in der Welt, eine *Weltlinie*, deren Punkte sich eindeutig auf den Parameter t von $-\infty$ bis $+\infty$ beziehen lassen. Die ganze Welt erscheint aufgelöst in solche Weltlinien, und ich möchte sogleich vorwegnehmen, daß meiner Meinung nach die physikalischen Gesetze ihren vollkommensten Ausdruck als Wechselbeziehungen unter diesen Weltlinien finden dürften.

Durch die Begriffe Raum und Zeit fallen die x, y, z-Mannigfaltigkeit $t = 0$ und ihre zwei Seiten $t > 0$ und $t < 0$ auseinander. Halten wir der Einfachheit wegen den Nullpunkt von Raum und Zeit fest, so bedeutet die zuerst genannte Gruppe der Mechanik, daß wir die x, y, z-Achsen in $t = 0$ einer beliebigen Drehung um den Nullpunkt unterwerfen dürfen, entsprechend den homogenen linearen Transformationen des Ausdrucks

$$x^2 + y^2 + z^2$$

in sich. Die zweite Gruppe aber bedeutet, daß wir, ebenfalls ohne den Ausdruck der mechanischen Gesetze zu verändern,

$$x, y, z, t \quad \text{durch} \quad x - \alpha t, y - \beta t, z - \gamma t, t$$

mit irgendwelchen Konstanten α, β, γ ersetzen dürfen. Der Zeitachse kann hiernach eine völlig beliebige Richtung nach der oberen halben Welt $t > 0$ gegeben werden. Was hat nun die Forderung der Orthogonalität im Raume mit dieser völligen Freiheit der Zeitachse nach oben hin zu tun?

Die Verbindung herzustellen, nehmen wir einen positiven Parameter c und betrachten das Gebilde $c^2 t^2 - x^2 - y^2 - z^2 = 1$.

Es besteht aus zwei durch $t = 0$ getrennten Schalen nach Analogie eines zweischaligen Hyperboloids. Wir betrachten die Schale im Gebiete $t > 0$, und wir fassen jetzt diejenigen homogenen linearen Transformationen von x, y, z, t in vier neue Variable x', y', z', t' auf, wobei der Ausdruck dieser Schale in den neuen Variablen entsprechend wird. Zu diesen Transformationen gehören offenbar die Drehungen des Raumes um den Nullpunkt. Ein volles Verständnis der übrigen jener Transformationen erhalten wir hernach bereits, wenn wir eine solche unter ihnen ins Auge fassen, bei der y und z ungeändert bleiben. Wir zeichnen (Fig. 1) den Durchschnitt jener Schale mit

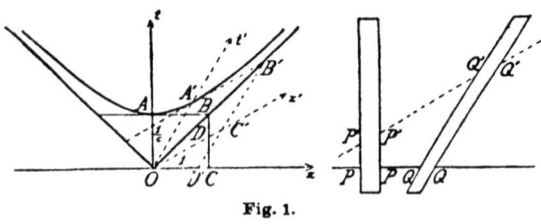

Fig. 1.

der Ebene der x- und der t-Achse, den oberen Ast der Hyperbel $c^2 t^2 - x^2 = 1$, mit seinen Asymptoten. Ferner werde ein beliebiger Radiusvektor OA' dieses Hyperbelastes vom Nullpunkte O aus eingetragen, die Tangente in A' an die Hyperbel bis zum Schnitte B' mit der Asymptote rechts gelegt, $OA'B'$ zum Parallelogramm $OA'B'C'$ vervollständigt, endlich für das spätere noch $B'C'$ bis zum Schnitt D' mit der x-Achse durchgeführt. Nehmen wir nun OC' und OA' als Achsen für Parallelkoordinaten x', t' mit den Maßstäben $OC' = 1$, $OA' = 1/c$, so erlangt jener Hyperbelast wieder den Ausdruck $c^2 t'^2 - x'^2 = 1$, $t' > 0$, und der Übergang von x, y, z, t zu x', y, z, t' ist eine der fraglichen Transformationen. Wir nehmen nun zu den charakterisierten Transformationen noch die beliebigen Verschiebungen des Raum- und Zeit-Nullpunktes hinzu und konstituieren damit eine offenbar noch von dem Parameter c abhängige Gruppe von Transformationen, die ich mit G_c bezeichne.

Lassen wir jetzt c ins Unendliche wachsen, also $1/c$ nach Null konvergieren, so leuchtet an der beschriebenen Figur ein, daß der Hyperbelast sich immer mehr der x-Achse anschmiegt, der Asymptotenwinkel sich zu einem gestreckten verbreitert, jene spezielle Transformation in der Grenze sich in eine solche verwandelt, wobei die t'-Achse eine beliebige Richtung nach oben haben kann und x' immer genauer sich an x annähert. Mit Rücksicht hierauf ist klar, daß aus der Gruppe G_c in der Grenze für $c = \infty$, also als Gruppe G_∞, eben jene zu der Newtonschen Mechanik gehörige volle Gruppe wird. Bei dieser Sachlage, und da G_c mathematisch verständlicher ist als G_∞, hätte wohl ein Mathematiker in freier Phantasie auf den Gedanken verfallen können, daß am Ende die Naturerscheinungen tatsächlich eine Invarianz nicht bei der Gruppe G_∞, sondern vielmehr bei einer Gruppe G_c mit bestimmtem endlichen, nur in den gewöhnlichen Maßeinheiten *äußerst großen* c besitzen. Eine solche Ahnung wäre ein außerordentlicher Triumph der reinen Mathematik gewesen. Nun, da die Mathematik hier nur mehr Treppenwitz bekundet, bleibt ihr doch die Genugtuung, daß sie dank ihren glücklichen Antecedentien mit ihren in freier Fernsicht geschärften Sinnen die tiefgreifenden Konsequenzen einer solchen Ummodelung unserer Naturauffassung auf der Stelle zu erfassen vermag.

Ich will sogleich bemerken, um welchen Wert für c es sich schließlich handeln wird. Für c wird die *Fortpflanzungsgeschwindigkeit des Lichtes im leeren Raume* eintreten. Um weder vom Raum noch von Leere zu sprechen, können wir diese Größe wieder als das Verhältnis der elektromagnetischen und der elektrostatischen Einheit der Elektrizitätsmenge kennzeichnen.

Das Bestehen der Invarianz der Naturgesetze für die bezügliche Gruppe G_c würde nun so zu fassen sein:

Man kann aus der Gesamtheit der Naturerscheinungen durch sukzessiv gesteigerte Approximationen immer genauer ein Bezugsystem x, y, z und t, Raum und Zeit, ableiten, mittels dessen diese Erscheinungen sich dann nach bestimmten Gesetzen darstellen. Dieses Bezugsystem ist dabei aber durch die Erscheinungen keineswegs eindeutig festgelegt. *Man kann das Bezugsystem noch entsprechend den Transformationen der genannten Gruppe G_c beliebig verändern, ohne daß der Ausdruck der Naturgesetze sich dabei verändert.*

Z. B. kann man, der beschriebenen Figur entsprechend, auch t' Zeit benennen, muß dann aber im Zusammenhange damit notwendig den Raum durch die Mannigfaltigkeit der drei Parameter x', y, z definieren, wobei nun die physikalischen Gesetze mittels x', y, z, t' sich genau ebenso ausdrücken würden, wie mittels x, y, z, t. Hiernach würden wir dann in der Welt nicht mehr *den* Raum, sondern unendlich viele Räume haben, analog wie es im dreidimensionalen Raume unendlich viele Ebenen gibt. Die dreidimensionale Geometrie wird ein Kapitel der vierdimensionalen Physik. Sie erkennen, weshalb ich am Eingange sagte, Raum und Zeit sollen zu Schatten herabsinken und nur eine Welt an sich bestehen.

II.

Nun ist die Frage, welche Umstände zwingen uns die veränderte Auffassung von Raum und Zeit auf, widerspricht sie tatsächlich niemals den Erscheinungen, endlich gewährt sie Vorteile für die Beschreibung der Erscheinungen?

Bevor wir hierauf eingehen, sei eine wichtige Bemerkung vorangestellt. Haben wir Raum und Zeit irgendwie individualisiert, so entspricht einem ruhenden substantiellen Punkte als Weltlinie eine zur t-Achse parallele Gerade, einem gleichförmig bewegten substantiellen Punkte eine gegen die t-Achse geneigte Gerade, einem ungleichförmig bewegten substantiellen Punkte eine irgendwie gekrümmte Weltlinie. Fassen wir in einem beliebigen Weltpunkte x, y, z, t die dort durchlaufende Weltlinie auf, und finden wir sie dort parallel mit irgendeinem Radiusvektor OA' der vorhin genannten hyperboloidischen Schale, so können wir OA' als neue Zeitachse einführen, und bei den damit gegebenen neuen Begriffen von Raum und Zeit erscheint die Substanz in dem betreffenden Weltpunkte als ruhend. Wir wollen nun dieses fundamentale Axiom einführen:

Die in einem beliebigen Weltpunkte vorhandene Substanz kann stets bei geeigneter Festsetzung von Raum und Zeit als ruhend aufgefaßt werden.

Das Axiom bedeutet, daß in jedem Weltpunkte stets der Ausdruck

$$c^2 dt^2 - dx^2 - dy^2 - dz^2$$

positiv ausfällt oder, was damit gleichbedeutend ist, daß jede Geschwindigkeit v stets kleiner als c ausfällt. Es würde danach für alle substantiellen Geschwindigkeiten c als obere Grenze bestehen und hierin eben die tiefere Bedeutung der Größe c liegen. In dieser anderen Fassung hat das Axiom beim ersten Eindruck etwas Mißfälliges. Es ist aber zu bedenken, daß nun eine modifizierte Mechanik Platz greifen wird, in der die Quadratwurzel aus jener Differentialverbindung zweiten Grades eingeht, so daß Fälle mit Überlichtgeschwindigkeit nur mehr eine Rolle spielen werden, etwa wie in der Geometrie Figuren mit imaginären Koordinaten.

Der *Anstoß* und wahre Beweggrund *für die Annahme der Gruppe G_c* nun kam daher, daß die Differentialgleichung für die Fortpflanzung von Lichtwellen im leeren Raume jene Gruppe G_c besitzt.[1]) Andererseits hat der Begriff starrer Körper nur in einer Mechanik mit der Gruppe G_∞ einen Sinn. Hat man nun eine Optik mit G_c, und gäbe es andererseits starre Körper, so ist leicht abzusehen, daß durch die zwei zu G_c und zu G_∞ gehörigen hyperboloidischen Schalen *eine* t Richtung ausgezeichnet sein würde, und das würde weiter die Konsequenz haben, daß man an geeigneten starren optischen Instrumenten im Laboratorium einen Wechsel der Erscheinungen bei verschiedener Orientierung gegen die Fortschreitungsrichtung der Erde müßte wahrnehmen können. Alle auf dieses Ziel gerichteten Bemühungen, insbesondere ein berühmter Interferenzversuch von Michelson, hatten jedoch ein negatives Ergebnis. Um eine Erklärung hierfür zu gewinnen, bildete H. A. Lorentz eine Hypothese, deren Erfolg eben in der Invarianz der Optik für die Gruppe G_c liegt. Nach Lorentz soll jeder Körper, der eine Bewegung

---

1) Eine wesentliche Anwendung dieser Tatsache findet sich bereits bei W. Voigt, Göttinger Nachr. 1887 S. 41.

besitzt, in Richtung der Bewegung eine Verkürzung erfahren haben und zwar bei einer Geschwindigkeit v im Verhältnisse

$$1 : \sqrt{1 - \frac{v^2}{c^2}}.$$

Diese Hypothese klingt äußerst phantastisch. Denn die Kontraktion ist nicht etwa als Folge von Widerständen im Äther zu denken, sondern rein als Geschenk von oben, als Begleitumstand des Umstandes der Bewegung.

Ich will nun an unserer Figur zeigen, daß die Lorentzsche Hypothese völlig äquivalent ist mit der neuen Auffassung von Raum und Zeit, wodurch sie viel verständlicher wird. Abstrahieren wir der Einfachheit wegen von y und z und denken uns eine räumlich eindimensionale Welt, so sind ein wie die t-Achse aufrechter und ein gegen die t-Achse geneigter Parallelstreifen (s. Fig. 1) Bilder für den Verlauf eines ruhenden, bezüglich eines gleichförmig bewegten Körpers, der jedesmal eine konstante räumliche Ausdehnung behält. Ist OA' parallel dem zweiten Streifen, so können wir t' als Zeit und x' als Raumkoordinate einführen, und es erscheint dann der zweite Körper als ruhend, der erste als gleichförmig bewegt. Wir nehmen nun an, daß der erste Körper als ruhend aufgefaßt die Länge l hat, d. h. der Querschnitt PP des ersten Streifens auf der x-Achse $= l \cdot OC$ ist, wo OC den Einheitsmaßstab auf der x-Achse bedeutet, und daß andererseits der zweite Körper *als ruhend aufgefaßt* die gleiche Länge l hat; letzteres heißt dann, daß der *parallel der x'-Achse* gemessene Querschnitt des zweiten Streifens $Q'Q' = l \cdot OC'$ ist. Wir haben nunmehr in diesen zwei Körpern Bilder von zwei *gleichen* Lorentzschen Elektronen, einem ruhenden und einem gleichförmig bewegten. Halten wir aber an den ursprünglichen Koordinaten x, t fest, so ist als Ausdehnung des zweiten Elektrons der Querschnitt QQ seines zugehörigen Streifens *parallel der x-Achse* anzugeben. Nun ist offenbar, da $Q'Q' = l \cdot OC'$ ist, $QQ = l \cdot OD'$. Eine leichte Rechnung ergibt, wenn dx/dt für den zweiten Streifen $= v$ ist, $OD' = OC \cdot \sqrt{1 - \frac{v^2}{c^2}}$, also auch $PP : QQ = 1 : \sqrt{1 - \frac{v^2}{c^2}}$. Dies ist aber der Sinn der Lorentzschen Hypothese von der Kontraktion der Elektronen bei Bewegung. Fassen wir andererseits das zweite Elektron als ruhend auf, adoptieren also das Bezugssystem x', t', so ist als Länge des ersten der Querschnitt $P'P'$ seines Streifens parallel OC' zu bezeichnen, und wir würden in genau dem nämlichen Verhältnisse das erste Elektron gegen das zweite verkürzt finden; denn es ist in der Figur

$$P'P' : Q'Q' = OD : OC' = OD' : OC = QQ : PP.$$

Lorentz nannte die Verbindung t' von x und t *Ortszeit* des gleichförmig bewegten Elektrons und verwandte eine physikalische Konstruktion dieses Begriffs zum besseren Verständnis der Kontraktionshypothese. Jedoch scharf erkannt zu haben, daß die Zeit des einen Elektrons ebenso gut wie die des anderen ist, d. h. daß t und t' gleich zu behandeln sind, ist erst das Verdienst von A. Einstein.[1]) Damit war nun zunächst die Zeit als ein durch die Erscheinungen eindeutig festgelegter Begriff abgesetzt. An dem Begriffe des Raumes rüttelten weder Einstein noch Lorentz, vielleicht deshalb nicht, weil bei der genannten speziellen Transformation, wo die x', t'-Ebene sich mit der x, t-Ebene deckt, eine Deutung möglich ist, als sei die x-Achse des Raumes in ihrer Lage erhalten geblieben. Über den Begriff des Raumes in entsprechender Weise hinwegzuschreiten, ist auch wohl nur als Verwegenheit mathematischer Kultur einzutaxieren. Nach diesem zum wahren Verständnis der Gruppe G_c jedoch unerläßlichen weiteren Schritt aber scheint mir das Wort *Relativitätspostulat* für die Forderung einer Invarianz bei der Gruppe G_c sehr matt. Indem der Sinn des Postulats wird, daß durch die Erscheinungen nur die in Raum und Zeit vierdimensionale Welt gegeben ist, aber die Projektion in Raum und in Zeit noch mit einer gewissen Freiheit vorgenommen werden kann, möchte ich dieser Behauptung eher den Namen *Postulat der absoluten Welt* (oder kurz Weltpostulat) geben.

III.

Durch das Weltpostulat wird eine gleichartige Behandlung der vier Bestimmungsstücke x, y, z, t möglich. Dadurch gewinnen, wie ich jetzt ausführen will, die Formen, unter denen die physikalischen Gesetze sich abspielen, an Verständlichkeit. Vor allem erlangt der Begriff der *Beschleunigung* ein scharf hervortretendes Gepräge.

Ich werde mich einer geometrischen Ausdrucksweise bedienen, die sich sofort darbietet, indem man im Tripel x, y, z stillschweigend von z abstrahiert.

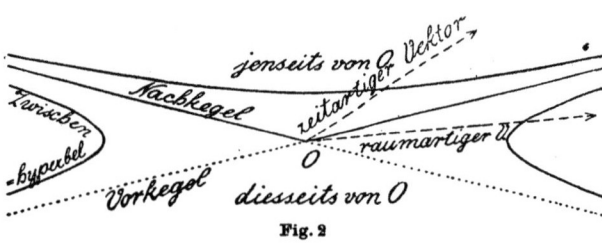

Fig. 2

Einen beliebigen Weltpunkt O denke ich zum Raum-Zeit-Nullpunkt gemacht. Der *Kegel*
$$c^2t^2 - x^2 - y^2 - z^2 = 0$$
mit O als Spitze (Fig. 2) besteht aus zwei Teilen, einem mit Werten $t<0$, einem anderen mit Werten $t>0$. Der erste, der *Vorkegel von O*, besteht, sagen wir, aus allen Weltpunkten, die „Licht nach O senden", der zweite, der *Nachkegel von O*, aus allen Weltpunkten, die „Licht von O empfangen". Das vom Vorkegel allein begrenzte Gebiet mag *diesseits von O*, das vom Nach-

---

1) A. Einstein, Ann. d. Phys. 17 (1905) S. 891; Jahrb. d. Radioaktivität und Elektronik 4 (1907) S. 411.

kegel allein begrenzte *jenseits von* O heißen. Jenseits O fällt die schon betrachtete hyperboloidische Schale

$$F = c^2 t^2 - x^2 - y^2 - z^2 = 1, \quad t > 0.$$

Das Gebiet *zwischen den Kegeln* wird erfüllt von den einschaligen hyperboloidischen Gebilden

$$-F = x^2 + y^2 + z^2 - c^2 t^2 = k^2$$

zu allen konstanten positiven Werten k^2. Wichtig sind für uns die Hyperbeln mit O als Mittelpunkt, die auf den letzteren Gebilden liegen. Die einzelnen Äste dieser Hyperbeln mögen kurz die *Zwischenhyperbeln zum Zentrum O* heißen. Ein solcher Hyperbelast würde, als Weltlinie eines substantiellen Punktes gedacht, eine Bewegung repräsentieren, die für $t = -\infty$ und $t = +\infty$ asymptotisch auf die Lichtgeschwindigkeit c ansteigt.

Nennen wir in Analogie zum Vektorbegriff im Raume jetzt eine gerichtete Strecke in der Mannigfaltigkeit der x, y, z, t einen *Vektor*, so haben wir zu unterscheiden zwischen den *zeitartigen* Vektoren mit Richtungen von O nach der Schale $+F = 1$, $t > 0$ und den *raumartigen* Vektoren mit Richtungen von O nach $-F = 1$. Die Zeitachse kann jedem Vektor der ersten Art parallel laufen. Ein jeder Weltpunkt zwischen Vorkegel und Nachkegel von O kann durch das Bezugsystem als *gleichzeitig* mit O, aber ebensogut auch als *früher* als O oder als *später* als O eingerichtet werden. Jeder Weltpunkt diesseits O ist notwendig stets früher, jeder Weltpunkt jenseits O notwendig stets später als O. Dem Grenzübergang zu $c = \infty$ würde ein völliges Zusammenklappen des keilförmigen Einschnittes zwischen den Kegeln in die ebene Mannigfaltigkeit $t = 0$ entsprechen. In den gezeichneten Figuren ist dieser Einschnitt absichtlich mit verschiedener Breite angelegt.

Einen beliebigen Vektor, wie von O nach x, y, z, t, zerlegen wir in die vier *Komponenten* x, y, z, t. Sind die Richtungen zweier Vektoren beziehungsweise die eines Radiusvektors OR von O an eine der Flächen $\mp F = 1$ und dazu einer Tangente RS im Punkte R der betreffenden Fläche, so sollen die Vektoren *normal* zueinander heißen. Danach ist

$$c^2 t t_1 - x x_1 - y y_1 - z z_1 = 0$$

die Bedingung dafür, daß die Vektoren mit den Komponenten x, y, z, t und x_1, y_1, z_1, t_1 normal zueinander sind.

Für die *Beträge* von Vektoren der verschiedenen Richtungen sollen die *Einheitsmaßstäbe* dadurch fixiert sein, daß einem raumartigen Vektor von O nach $-F = 1$ stets der Betrag 1, einem zeitartigen Vektor von O nach $+F = 1$, $t > 0$ stets der Betrag $1/c$ zugeschrieben wird.

Denken wir uns nun in einem Weltpunkte $P(x, y, z, t)$ die dort durchgehende Weltlinie eines substantiellen Punktes, so entspricht danach dem zeitartigen Vektorelement dx, dy, dz, dt im Fortgang der Linie der Betrag

$$d\tau = \frac{1}{c} \sqrt{c^2 dt^2 - dx^2 - dy^2 - dz^2}.$$

Das Integral $\int d\tau = \tau$ dieses Betrages, auf der Weltlinie von irgendeinem fixierten Ausgangspunkte P_0 bis zu dem variablen Endpunkte P geführt, nennen wir die *Eigenzeit* des substantiellen Punktes in P. Auf der Weltlinie betrachten wir x, y, z, t, d. s. die Komponenten des Vektors OP, als Funktionen der Eigenzeit τ, bezeichnen deren erste Differentialquotienten nach τ mit $\dot{x}, \dot{y}, \dot{z}, \dot{t}$, deren zweite Differentialquotienten nach τ mit $\ddot{x}, \ddot{y}, \ddot{z}, \ddot{t}$ und nennen die zugehörigen Vektoren, die Ableitung des Vektors OP nach τ den *Bewegungsvektor in P* und die Ableitung dieses Bewegungsvektors nach τ den *Beschleunigungsvektor in P*. Dabei gilt

$$c^2 \dot{t}^2 - \dot{x}^2 - \dot{y}^2 - \dot{z}^2 = c^2,$$
$$c^2 \dot{t}\ddot{t} - \dot{x}\ddot{x} - \dot{y}\ddot{y} - \dot{z}\ddot{z} = 0,$$

d. h. der Bewegungsvektor ist der zeitartige Vektor in Richtung der Weltlinie in P vom Betrage 1, und der Beschleunigungsvektor in P ist normal zum Bewegungsvektor in P, also jedenfalls ein raumartiger Vektor.

Nun gibt es, wie man leicht einsieht, einen bestimmten Hyperbelast, der mit der Weltlinie in P drei unendlich benachbarte Punkte gemein hat und dessen Asymptoten Erzeugende eines Vorkegels und eines Nachkegels sind (s. unten Fig. 3). Dieser Hyperbelast heiße die *Krümmungshyperbel* in P. Ist M das Zentrum dieser Hyperbel, so handelt es sich also hier um eine Zwischenhyperbel zum Zentrum M. Es sei ϱ der Betrag des Vektors MP, *so erkennen wir den Beschleunigungsvektor in P als den Vektor in Richtung MP vom Betrage c^2/ϱ.*

Sind $\ddot{x}, \ddot{y}, \ddot{z}, \ddot{t}$ sämtlich Null, so reduziert sich die Krümmungshyperbel auf die in P die Weltlinie berührende Gerade, und es ist $\varrho = \infty$ zu setzen.

IV.

Um darzutun, daß die Annahme der Gruppe G_c für die physikalischen Gesetze nirgends zu einem Widerspruche führt, ist es unumgänglich, eine Revision der gesamten Physik auf Grund der Voraussetzung dieser Gruppe vorzunehmen. Diese Revision ist bereits in einem gewissen Umfange erfolgreich geleistet für Fragen der Thermodynamik und Wärmestrahlung[1]), für die elektromagnetischen Vorgänge, endlich für die Mechanik unter Aufrechterhaltung des Massenbegriffes.[2])

---

1) M. Planck, Zur Dynamik bewegter Systeme, Berliner Ber. 1907 S. 542 (auch Ann. d. Phys. 26 (1908) S. 1).

2) H. Minkowski, Die Grundgleichungen für die elektromagnetischen Vorgänge in bewegten Körpern, Göttinger Nachr. 1908 S. 53.

Für letzteres Gebiet ist vor allem die Frage aufzuwerfen: Wenn eine Kraft mit den Komponenten X, Y, Z nach den Raumachsen in einem Weltpunkte $P(x, y, z, t)$ angreift, wo der Bewegungsvektor $\dot{x}, \dot{y}, \dot{z}, \dot{t}$ ist, als welche Kraft ist diese Kraft bei einer beliebigen Änderung des Bezugsystemes aufzufassen? Nun existieren gewisse erprobte Ansätze über die ponderomotorische Kraft im elektromagnetischen Felde in den Fällen, wo die Gruppe G_c unzweifelhaft zuzulassen ist. Diese Ansätze führen zu der einfachen Regel: *Bei Änderung des Bezugsystemes ist die vorausgesetzte Kraft derart als Kraft in den neuen Raumkoordinaten anzusetzen, daß dabei der zugehörige Vektor mit den Komponenten*

$$\dot{t}X, \dot{t}Y, \dot{t}Z, \dot{t}T,$$

wo
$$T = \frac{1}{c^2}\left(\frac{\dot{x}}{\dot{t}}X + \frac{\dot{y}}{\dot{t}}Y + \frac{\dot{z}}{\dot{t}}Z\right)$$

die durch c^2 dividierte Arbeitsleistung der Kraft im Weltpunkte ist, sich unverändert erhält. Dieser Vektor ist stets normal zum Bewegungsvektor in P. Ein solcher, zu einer Kraft in P gehörender Kraftvektor soll ein *bewegender Kraftvektor in P* heißen.

Nun werde die durch P laufende Weltlinie von einem substantiellen Punkte mit konstanter *mechanischer Masse m* beschrieben. Das m-fache des Bewegungsvektors in P heiße der *Impulsvektor in P*, das m-fache des Beschleunigungsvektors in P der *Kraftvektor der Bewegung in P*. Nach diesen Definitionen lautet das Gesetz dafür, wie die Bewegung eines Massenpunktes bei gegebenem bewegenden Kraftvektor statthat:[1])

Der Kraftvektor der Bewegung ist gleich dem bewegenden Kraftvektor.

Diese Aussage faßt vier Gleichungen für die Komponenten nach den vier Achsen zusammen, wobei die vierte, weil von vornherein beide genannten Vektoren normal zum Bewegungsvektor sind, sich als eine Folge der drei ersten ansehen läßt. Nach der obigen Bedeutung von T stellt die vierte zweifellos den Energiesatz dar. Als *kinetische Energie* des Massenpunktes ist daher das c^2-fache der Komponente des Impulsvektors nach der t-Achse zu definieren. Der Ausdruck hierfür ist

$$mc^2\frac{dt}{d\tau} = mc^2\Big/\sqrt{1-\frac{v^2}{c^2}},$$

d. i. nach Abzug der additiven Konstante mc^2 der Ausdruck $\frac{1}{2}mv^2$ der Newtonschen Mechanik bis auf Größen von der Ordnung $1/c^2$. Sehr anschaulich erscheint hierbei die *Abhängigkeit der Energie vom Bezugsysteme*. Da nun aber die t-Achse in die Richtung jedes zeitartigen Vektors gelegt werden kann, so enthält andererseits der Energiesatz, für jedes mögliche Bezug-

---

1) H. Minkowski, a. a. O. S. 107. — Vgl. auch M. Planck, Verh. d. Physik. Ges. 4 (1906) S. 136.

system gebildet, bereits das ganze System der Bewegungsgleichungen. Diese Tatsache behält bei dem erörterten Grenzübergang zu $c = \infty$ ihre Bedeutung auch für den axiomatischen Aufbau der Newtonschen Mechanik und ist in solchem Sinne bereits von Herrn I. R. Schütz[1]) wahrgenommen worden.

Man kann von vornherein das Verhältnis von Längeneinheit und Zeiteinheit derart festlegen, daß die natürliche Geschwindigkeitsschranke $c = 1$ wird. Führt man dann noch $\sqrt{-1} \cdot t = s$ an Stelle von t ein, so wird der quadratische Differentialausdruck

$$d\tau^2 = -dx^2 - dy^2 - dz^2 - ds^2,$$

also völlig symmetrisch in x, y, z, s, und diese Symmetrie überträgt sich auf ein jedes Gesetz, das dem Weltpostulate nicht widerspricht. Man kann danach das Wesen dieses Postulates mathematisch sehr prägnant in die mystische Formel kleiden:
$$3.10^5 \text{ km} = \sqrt{-1} \text{ sek.}$$

V.

Die durch das Weltpostulat geschaffenen Vorteile werden vielleicht durch nichts so schlagend belegt wie durch Angabe der von einer *beliebig bewegten punktförmigen Ladung* nach der Maxwell-Lorentzschen Theorie ausgehenden Wirkungen. Denken wir uns die Weltlinie eines solchen punktförmigen Elektrons mit der Ladung e und führen auf ihr die Eigenzeit τ ein von irgendeinem Anfangspunkte aus. Um das vom Elektron in einem beliebigen Weltpunkte P_1 veranlaßte Feld zu haben, konstruieren wir den zu P_1 gehörigen Vorkegel (Fig. 4). Dieser trifft die unbegrenzte Weltlinie des Elektrons, weil deren Richtungen überall die von zeitartigen Vektoren sind, offenbar in einem einzigen Punkte P. Wir legen in P an die Weltlinie die Tangente und konstruieren durch P_1 die Normale $P_1 Q$ auf diese Tangente. Der Betrag von $P_1 Q$ sei r. Als der Betrag von PQ ist dann gemäß der Definition eines Vorkegels r/c zu rechnen. *Nun stellt der Vektor in Richtung PQ vom Betrag e/r in seinen Komponenten nach den x-, y-, z-Achsen*

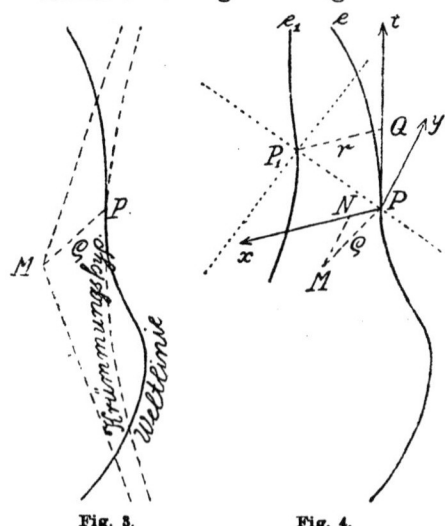

Fig. 3.   Fig. 4.

---

1) I. R. Schütz, Das Prinzip der absoluten Erhaltung der Energie, Göttinger Nachr. 1897 S. 110.

das mit c multiplizierte Vektorpotential, in der Komponente nach der t-Achse das skalare Potential des von e erregten Feldes für den Weltpunkt P_1 vor. Hierin liegen die von A. Liénard und von E. Wiechert aufgestellten Elementargesetze.[1])

Bei der Beschreibung des vom Elektron hervorgerufenen Feldes selbst tritt sodann hervor, daß die Scheidung des Feldes in elektrische und magnetische Kraft eine relative ist mit Rücksicht auf die zugrunde gelegte Zeitachse; am übersichtlichsten sind beide Kräfte zusammen zu beschreiben in einer gewissen, wenn auch nicht völligen Analogie zu einer Kraftschraube der Mechanik.

Ich will jetzt die *von einer beliebig bewegten punktförmigen Ladung auf eine andere beliebig bewegte punktförmige Ladung ausgeübte ponderomotorische Wirkung* beschreiben. Denken wir uns durch den Weltpunkt P_1 die Weltlinie eines zweiten punktförmigen Elektrons von der Ladung e_1 führend. Wir bestimmen P, Q, r wie vorhin, konstruieren sodann (Fig. 4) den Mittelpunkt M der Krümmungshyperbel in P, endlich die Normale MN von M aus auf eine durch P parallel zu QP_1 gedachte Gerade. Wir legen nun, mit P als Anfangspunkt, ein Bezugsystem folgendermaßen fest: die t-Achse in die Richtung PQ, die x-Achse in die Richtung QP_1, die y-Achse in die Richtung MN, womit schließlich auch die Richtung der z-Achse als normal zu den t-, x-, y-Achsen bestimmt ist. Der Beschleunigungsvektor in P sei $\ddot{x}, \ddot{y}, \ddot{z}, \ddot{t}$, der Bewegungsvektor in P_1 sei $\dot{x}_1, \dot{y}_1, \dot{z}_1, \dot{t}_1$. *Jetzt lautet der von dem ersten beliebig bewegten Elektron e auf das zweite beliebig bewegte Elektron e_1 in P_1 ausgeübte bewegende Kraftvektor:*

$$-ee_1\left(\dot{t}_1 - \frac{\dot{x}_1}{c}\right)\Re,$$

wobei für die Komponenten $\Re_x, \Re_y, \Re_z, \Re_t$ des Vektors $\Re$ die drei Relationen bestehen:

$$c\Re_t - \Re_x = \frac{1}{r^2}, \qquad \Re_y = \frac{y}{c^2 r}, \qquad \Re_z = 0$$

und viertens dieser Vektor $\Re$ normal zum Bewegungsvektor in P_1 ist und durch diesen Umstand allein in Abhängigkeit von dem letzteren Bewegungsvektor steht.

Vergleicht man mit dieser Aussage die bisherigen Formulierungen[2]) des nämlichen Elementargesetzes über die ponderomotorische Wirkung bewegter punktförmiger Ladungen aufeinander, so wird man nicht umhin können zuzugeben, daß die hier in Betracht kommenden Verhältnisse ihr inneres Wesen

---

1) A. Liénard, Champ électrique et magnétique produit par une charge concentrée en un point et animée d'un mouvement quelconque, L'Éclairage électrique 16 (1898) S. 5, 53, 106; E. Wiechert, Elektrodynamische Elementargesetze, Arch. néerl. (2) 5 (1900) S. 549.

2) K. Schwarzschild, Göttinger Nachr. 1903 S. 132; H. A. Lorentz, Enzykl. d. math. Wissensch. V, Art. 14, S. 199.

voller Einfachheit erst in vier Dimensionen enthüllen, auf einen von vornherein aufgezwungenen dreidimensionalen Raum aber nur eine sehr verwickelte Projektion werfen.

In der dem Weltpostulate gemäß reformierten Mechanik fallen die Disharmonien, die zwischen der Newtonschen Mechanik und der modernen Elektrodynamik gestört haben, von selbst aus. Ich will noch die Stellung des Newtonschen Attraktionsgesetzes zu diesem Postulate berühren. Ich will annehmen, wenn zwei Massenpunkte m, m_1 ihre Weltlinien beschreiben, werde von m auf m_1 ein bewegender Kraftvektor ausgeübt genau von dem soeben im Falle von Elektronen angegebenen Ausdruck, nur daß statt $-ee_1$ jetzt $+mm_1$ treten soll. Wir betrachten nun speziell den Fall, daß der Beschleunigungsvektor von m konstant Null ist, wobei wir dann t so einführen mögen, daß m als ruhend aufzufassen ist, und es erfolge die Bewegung von m_1 allein mit jenem von m herrührenden bewegenden Kraftvektor. Modifizieren wir nun diesen angegebenen Vektor zunächst durch Hinzusetzen des Faktors $\dot{t}^{-1} = \sqrt{1 - \frac{v^2}{c^2}}$, der bis auf Größen von der Ordnung $1/c^2$ auf 1 hinauskommt, so zeigt sich[1]), daß für die Orte x_1, y_1, z_1 von m_1 und ihren zeitlichen Verlauf genau wieder die Keplerschen Gesetze hervorgehen würden, nur daß dabei an Stelle der Zeiten t_1 die Eigenzeiten τ_1 von m_1 eintreten würden. Auf Grund dieser einfachen Bemerkung läßt sich dann einsehen, daß das vorgeschlagene Anziehungsgesetz verknüpft mit der neuen Mechanik nicht weniger gut geeignet ist die astronomischen Beobachtungen zu erklären als das Newtonsche Anziehungsgesetz verknüpft mit der Newtonschen Mechanik.

Auch die Grundgleichungen für die elektromagnetischen Vorgänge in ponderabeln Körpern fügen sich durchaus dem Weltpostulate. Sogar die von Lorentz gelehrte Ableitung dieser Gleichungen auf Grund von Vorstellungen der Elektronentheorie braucht zu dem Ende keineswegs verlassen zu werden, wie ich anderwärts zeigen werde.

Die ausnahmslose Gültigkeit des Weltpostulates ist, so möchte ich glauben, der wahre Kern eines elektromagnetischen Weltbildes, der von Lorentz getroffen, von Einstein weiter herausgeschält, nachgerade vollends am Tage liegt. Bei der Fortbildung der mathematischen Konsequenzen werden genug Hinweise auf experimentelle Verifikationen des Postulates sich einfinden, um auch diejenigen, denen ein Aufgeben altgewohnter Anschauungen unsympathisch oder schmerzlich ist, durch den Gedanken an eine prästabilierte Harmonie zwischen der reinen Mathematik und der Physik auszusöhnen.

---

1) H. Minkowski, a. a. O. S. 110.

Anmerkungen.

Von A. Sommerfeld.

Es ist selbstverständlich, daß bei der Neuherausgabe von Minkowskis Raum und Zeit kein Wort des Textes verändert werden durfte. Ich habe mich auch gescheut, durch Hinweise auf die hier folgenden Anmerkungen den Genuß des Lesers zu stören. Diese Anmerkungen selbst sind keineswegs wesentlich; sie bezwecken nichts anderes, als kleine formal-mathematische Schwierigkeiten aus dem Wege zu räumen, die dem Eindringen in die großen Gedanken Minkowski im Wege stehen könnten. Auf die an Minkowski anschließende Literatur ist nur soweit hingewiesen, als sie in unmittelbarer Beziehung zu dem Gegenstande dieses Vortrages steht. Sachlich ist von dem, was Minkowski hier sagt, auch heute vom physikalischen Standpunkt nichts zurückzunehmen (abgesehen von der Schlußbemerkung über das Newtonsche Attraktionsgesetz); wie man sich erkenntnistheoretisch zu Minkowskis Auffassung des Raum-Zeit-Problems stellen will, ist eine andere Frage, aber wie mir scheint eine Frage, die den physikalischen Sachverhalt nicht wesentlich berührt.

1) S. 58 Z. 13 v. u. „Andererseits hat der Begriff starrer Körper nur in einer Mechanik mit der Gruppe G_∞ einen Sinn". Dieser Satz ist in einer Diskussion, die ein Jahr nach Minkowskis Tode im Anschluß an eine Arbeit seines Schülers M. Born entstand, im weitesten Umfange bestätigt worden. M. Born hatte (Ann. d. Phys. 30 (1909), S. 1) als relativ-starren Körper einen solchen definiert, von dem jedes Volumelement auch bei beschleunigten Bewegungen die zu seiner Geschwindigkeit gehörige Lorentz-Kontraktion erfährt. Ehrenfest zeigte (Phys. Zeitschr. 10 (1909), S. 918), daß ein solcher Körper nicht in Rotation versetzt werden kann, Herglotz (Ann. d. Phys. 31 (1910), S. 393) und F. Nöther (Ann. d. Phys. 31 (1910), S. 919), daß er nur drei Grade der Bewegungsfreiheit hat. Es wurde auch versucht, einen relativ-starren Körper von sechs oder neun Freiheitsgraden zu definieren. Demgegenüber äußerte Planck (Phys. Zeitschr. 11 (1910), S. 294) die Ansicht, daß die Relativitätstheorie nur mit mehr oder minder elastischen Körpern operieren könne, und Laue bewies (Phys. Zeitschr. 12 (1911), S. 48) mit den Methoden Minkowskis, im Anschluß an die Fig. 2 dieses Vortrages, daß in der Relativitätstheorie jeder feste Körper unendlich viele Freiheitsgrade haben müsse. Schließlich hat Herglotz (Ann. d. Phys. 36 (1911), S. 453) eine relativistische Elastizitätstheorie entwickelt, nach welcher elastische Spannungen immer dann auftreten, wenn der Körper sich nicht relativ-starr im Bornschen Sinne bewegt. Der relativstarre Körper spielt also in dieser Elastizitätstheorie dieselbe Rolle wie der gewöhnliche starre Körper in der gewöhnlichen Elastizitätstheorie.

2) Zu S. 59 Z. 12 v. u. „Eine leichte Rechnung ergibt ... $OD' = OC\sqrt{1 - \frac{v^2}{c^2}}$". Es sei in Fig. 1 $\alpha = \sphericalangle A'OA$, $\beta = \sphericalangle B'OA' = \sphericalangle C'OB'$, wobei die Gleichheit der beiden letzten Winkel aus der harmonischen Lage der Asymptoten gegen die neuen Koordinatenachsen (konjugierte Durchmesser der Hyperbel) folgt. Wegen $\alpha + \beta = \pi/4$ ist

$$\sin 2\beta = \cos 2\alpha.$$

Der Sinussatz ergibt im Dreieck $OD'C'$:

$$\frac{OD'}{OC'} = \frac{\sin 2\beta}{\cos \alpha} = \frac{\cos 2\alpha}{\cos \alpha}$$

oder, da $OC' = OA'$:

(1) $$OD' = OA' \frac{\cos 2\alpha}{\cos \alpha} = OA' \cos \alpha \, (1 - \text{tg}^2 \alpha).$$

Sind x, t die Koordinaten des Punktes A' im x, t-System, also $x \cdot OA$ bzw. $ct \cdot OC = ct \cdot OA$ die entsprechenden Abstände von den Koordinatenachsen, so hat man

(2) $\qquad x \cdot OA = \sin \alpha \cdot OA', \quad ct \cdot OA = \cos \alpha \cdot OA', \quad \dfrac{x}{ct} = \operatorname{tg} \alpha = \dfrac{v}{c}.$

Setzt man diese Werte von x und ct in die Hyperbelgleichung ein, so findet man:

(3) $\qquad OA'^2 (\cos^2 \alpha - \sin^2 \alpha) = OA^2, \quad OA' = \dfrac{OA}{\cos \alpha \sqrt{1 - \operatorname{tg}^2 \alpha}};$

also wegen (1) und (2)

(4) $\qquad OD' = OA\sqrt{1 - \operatorname{tg}^2 \alpha} = OA \sqrt{1 - \dfrac{v^2}{c^2}}.$

Dies ist wegen $OA = OC$ die zu beweisende Formel.

Ferner ist in dem rechtwinkligen Dreieck OCD:

$$OD = \dfrac{OC}{\cos \alpha} = \dfrac{OA}{\cos \alpha}.$$

Gl. (3) kann daher auch so geschrieben werden:

$$OA' = \dfrac{OD}{\sqrt{1 - \operatorname{tg}^2 \alpha}} \quad \text{oder} \quad \dfrac{OD}{OA'} = \sqrt{1 - \dfrac{v^2}{c^2}}.$$

Dies liefert zusammen mit (4) die Proportion

$$OD : OA' = OD' : OA,$$

welche wegen $OA' = OC'$ und $OA = OC$ mit der S. 59 Z. 4 v. u. benutzten

$$OD : OC' = OD' : OC \qquad \text{identisch ist.}$$

3) S. 61 Z. 18 v. o. „Ein jeder Weltpunkt zwischen Vorkegel und Nachkegel von O kann durch das Bezugsystem als gleichzeitig mit O, aber ebensogut auch als früher als O oder später als O eingerichtet werden". Hierauf führt M. Laue den Beweis des Einsteinschen Satzes zurück (Phys. Zeitschr. 12 (1911), S. 48): In der Relativitätstheorie kann kein Vorgang kausaler Verknüpfung mit Überlichtgeschwindigkeit fortgepflanzt werden („Signalgeschwindigkeit $\leq c$"). Angenommen ein Ereignis O verursache ein anderes Ereignis P und angenommen der Weltpunkt P liege im Zwischengebiet von O. In diesem Falle würde die Wirkung von O nach P mit Überlichtgeschwindigkeit übertragen worden sein, relativ zu dem betrachteten Bezugsystem x, t, in dem natürlich die Wirkung P als später wie die Ursache O angenommen werde, $t_P > 0$. Nun kann man aber nach dem vorangestellten Zitat das Bezugsystem abändern, sodaß P früher als O zu liegen kommt, d. h. man kann ein System x', t' auf unendlich viele Arten so wählen, daß $t'_P < 0$ wird. Das ist unverträglich mit der Vorstellung der Kausalität; also muß P entweder „jenseits von O" oder auf dem Nachkegel von O liegen, d. h. die Fortpflanzungsgeschwindigkeit eines von O aus zu betätigenden Signals, welches im Weltpunkt P ein zweites Ereignis zur Folge haben soll, muß notwendig $\leq c$ sein. (Natürlich kann man auch in der Relativitätstheorie Vorgänge definieren, z. B. geometrisch in sehr einfacher Art, die mit Überlichtgeschwindigkeit fortschreiten; solche Vorgänge können aber niemals als Signale dienen, d. h. es ist unmöglich, sie nach Willkür einzuleiten und mit ihnen an einem entfernten Ort z. B. ein Relais in Gang zu setzen. So kann es z. B. optische Medien geben, in denen die „Lichtgeschwindigkeit" $> c$ ist. Dabei ist aber unter Lichtgeschwindigkeit verstanden die Fortpflanzung der Phasen in einem unendlichen periodischen Wellenzug. Zum Signalisieren kann diese niemals dienen. Dagegen pflanzt sich der Kopf einer Welle unter allen Umständen und bei beliebiger Beschaffenheit des optischen Mediums mit der

Geschwindigkeit c fort; vgl. z. B. A. Sommerfeld, Festschrift Heinrich Weber (Leipzig, Teubner 1912), S. 338 oder Annalen d. Physik 44 (1914), S. 177.)

4) S. 62 Z. 2 v. o. Wie Minkowski gelegentlich zu mir bemerkte, ist das Element der Eigenzeit $d\tau$ kein vollständiges Differential. Verbindet man also zwei Weltpunkte O und P durch zwei verschiedene Weltlinien 1 und 2, so ist

$$\int_1 d\tau \neq \int_2 d\tau.$$

Verläuft 1 parallel der t-Achse, sodaß der erste Übergang im zu Grunde gelegten Bezugsystem die Ruhe bedeutet, so ist ersichtlich

$$\int_1 d\tau = t, \quad \int_2 d\tau < t.$$

Hierauf beruht das von Einstein hervorgehobene Nachgehen der bewegten Uhr gegen die ruhende. Dieser Aussage liegt, wie Einstein hervorgehoben hat, die (unbeweisbare) Annahme zu Grunde, daß die bewegte Uhr tatsächlich die Eigenzeit anzeigt, d. h. jeweils diejenige Zeit gibt, die dem stationär gedachten, augenblicklichen Geschwindigkeitszustand entspricht. Die bewegte Uhr muß natürlich, damit sie mit der ruhenden im Weltpunkte P verglichen werden kann, beschleunigt (mit Geschwindigkeits- oder Richtungsänderungen) bewegt worden sein. Das Nachgehen der bewegten Uhr zeigt also nicht eigentlich „Bewegung", sondern „beschleunigte Bewegung" an. Ein Widerspruch gegen das Relativitätsprinzip selbst liegt daher nicht vor.

5) S. 62 Z. 20 v. o. Die Bezeichnung Krümmungshyperbel ist dem elementaren Begriff des Krümmungskreises genau nachgebildet. Die Analogie wird zur analytischen Identität, wenn man statt der reellen Zeitkoordinate t die imaginäre $u = ict$ benutzt, also das c-fache der von Minkowski S. 64 benutzten Koordinate s. Nach S. 60 hat eine Zwischenhyperbel in der x, t-Ebene die Gleichung

$$x^2 - c^2 t^2 = \varrho^2 \quad \text{(mit } k = \varrho\text{)},$$

also in der x, u-Ebene $\quad x^2 + u^2 = \varrho^2.$

Sie kann daher in Parameterdarstellung geschrieben werden, wenn φ einen rein-imaginären Winkel bedeutet: $\quad x = \varrho \cos \varphi, \quad u = \varrho \sin \varphi.$

Man kann hiernach die Hyperbelbewegung, wie ich Ann. d. Phys. 33, S. 649, § 8 vorschlug, auch als „zyklische Bewegung" bezeichnen, wodurch ihre Haupteigenschaften (Mitführung des Feldes, Auftreten einer Art Zentrifugalkraft) besonders deutlich gekennzeichnet werden. Für die Hyperbelbewegung ist

$$d\tau = \frac{1}{c}\sqrt{-dl^2 - dx^2} = \frac{\varrho}{c} d\varphi,$$

also
$$\dot{x} = \frac{dx}{d\tau} = -ic \sin \varphi, \quad \dot{u} = \frac{du}{d\tau} = +ic \cos \varphi$$

$$\ddot{x} = \frac{d\dot{x}}{d\tau} = -\frac{c^2}{\varrho} \cos \varphi, \quad \ddot{u} = \frac{d\dot{u}}{d\tau} = -\frac{c^2}{\varrho} \sin \varphi.$$

Der Betrag des Beschleunigungsvektors bei der Hyperbelbewegung ist daher c^2/ϱ. Da eine beliebig vorgegebene Weltlinie von der Krümmungshyperbel dreipunktig berührt wird, hat jene mit der Hyperbelbewegung den Beschleunigungsvektor und deren Betrag c^2/ϱ gemein, wie S. 62 Z. 10 v. u. angegeben.

Der Mittelpunkt M der zyklischen Bewegung $x^2 + u^2 = \varrho^2$ ist ersichtlich der Punkt $x = 0$, $u = 0$, und es haben alle Punkte der Hyperbel von diesem Mittelpunkte den konstanten „Abstand" ϱ, d. h. einen konstanten Betrag des Radiusvektors. ϱ bedeutet daher die in Fig. 3 eingezeichnete Strecke MP.

6) S. 63 Z. 11 v. o. Daß man die Kraft X, Y Z, um sie zu einem „Kraftvektor" zu ergänzen, mit $\dot{t} = dt/d\tau$ zu multiplizieren hat, erkennt man so: Nach Minkowski ist der Impulsvektor (S. 63 Z. 20 v. o.) definiert durch

$$m\dot{x},\ m\dot{y},\ m\dot{z},\ m\dot{t}.$$

m bedeutet die „konstante mechanische Masse" oder, wie Minkowski an anderer Stelle noch deutlicher sagt, die „Ruhmasse". Hält man an dem Newtonschen Bewegungsgesetze fest (zeitliche Änderung des Impulses gleich Kraft), so hat man zu setzen

$$\frac{d}{dt}m\dot{x} = X, \quad \frac{d}{dt}m\dot{y} = Y, \quad \frac{d}{dt}m\dot{z} = Z.$$

Multiplikation mit $\dot{t}$ macht die linken Seiten zu Vektorkomponenten im Sinne Minkowskis. Daher sind auch $\dot{t}X$, $\dot{t}Y$, $\dot{t}Z$ die drei ersten Komponenten des „Kraftvektors". Die vierte Komponente T folgt dann eindeutig aus der Forderung, daß der Kraftvektor zum Bewegungsvektor normal sein soll. Die Minkowskischen Gleichungen für die Mechanik des Massenpunktes lauten daher (bei konstanter Ruhmasse):

$$m\ddot{x} = \dot{t}X,\quad m\ddot{y} = \dot{t}Y,\quad m\ddot{z} = \dot{t}Z,\quad m\ddot{t} = \dot{t}T.$$

Übrigens läßt sich die Annahme von der Konstanz der Ruhmasse nur aufrecht halten, wenn der Energieinhalt des Körpers bei der Bewegung nicht geändert wird (wenn diese in der Bezeichnung von Planck „adiabatisch und isochorisch" erfolgt).

7) S. 64 und 65. Das Charakteristische an den hier angegebenen Konstruktionen ist ihre völlige Unabhängigkeit von einem speziellen Bezugsystem. Sie geben, wie es Minkowski S. 55 postuliert, „Wechselbeziehungen unter den Weltlinien" (oder Weltpunkten) als „vollkommensten Ausdruck der physikalischen Gesetze". Auf die Koordinatenachsen $xyzt$ wird z. B. S. 64 unten bei dem elektrodynamischen Potential („Viererpotential") erst dann Bezug genommen, wenn dasselbe (in konventioneller Weise) in einen skalaren und Vektorteil zerlegt werden soll, welchen Teilen aber vom relativistischen Standpunkte aus keine selbständige, invariante Bedeutung zukommt.

Als Kommentar zu Minkowski habe ich (Ann. d. Phys. 33 (1910), S. 649, § 7) eine invariante analytische Darstellung für das Viererpotential und für die ponderomotorische Wirkung zwischen zwei Elektronen aus den Maxwellschen Gleichungen nach den Minkowskischen Methoden abgeleitet, welche die in Rede stehenden Konstruktionen Minkowskis umschreiben. Da eine genaue Begründung derselben hier zu weit führen würde, sei auf jene Darstellung oder auf die entsprechenden Ausführungen bei M. Laue (Das Relativitätsprinzip (Braunschweig (Vieweg) 1913) § 19) hingewiesen. Man vergleiche ferner den Vortrag von Minkowski „Das Relativitätsprinzip", Ann. d. Phys. 47 (1915), S. 927, welcher vom Verf. dieser Zeilen herausgegeben ist; hier wird das Viererpotential an die Spitze der Elektrodynamik gestellt und diese dadurch auf ihre einfachste Form gebracht.

8) S. 65 Z. 5 v. o. Die invariante Darstellung des elektromagnetischen Feldes als „Vektor zweiter Art" (wofür ich die, wie es scheint, sich einbürgernde Bezeichnung „Sechservektor" vorgeschlagen habe) bildet einen besonders bedeutsamen Teil der Minkowskischen Auffassung der Elektrodynamik. Während Minkowskis Ideen in dem Begriff des Vektors erster Art („Vierervektor") teilweise schon von Poincaré (Rend. Circ. Mat. Palermo 21 (1906)) vorweggenommen waren, ist die Einführung des Sechservektors bei Minkowski neu und wesentlich. Ebenso wie der Sechservektor hängt die Kraftschraube der Mechanik (Inbegriff einer Einzelkraft und eines Kräftepaares) von

6 unabhängigen Parametern ab; ebenso wie bei dem elektromagnetischen Felde „die Scheidung in elektrische und magnetische Kraft eine relative ist", läßt sich bekanntlich, bei der Kraftschraube die Zerlegung in Einzelkraft und Kräftepaar in sehr mannigfacher Weise bewerkstelligen.

9) S. 66 Abs. 1. Minkowskis relativistische Form des Newtonschen Gesetzes subsumiert sich für den besonderen, im Text hervorgehobenen Fall verschwindender Beschleunigung unter die allgemeinere Form, die Poincaré (in der soeben zitierten Arbeit) vorgeschlagen hat; sie geht andererseits in der Berücksichtigung der Beschleunigung über diese hinaus. Wie aus Minkowskis oder Poincarés Formulierung des Gravitationsgesetzes hervorgeht, ist es (auf mannigfache Art) möglich, das Newtonsche Gesetz mit der Relativitätstheorie zu versöhnen. Dieses Gesetz wird dabei als Punktgesetz, die Gravitation also gewissermaßen als Fernwirkung aufgefaßt. Die „allgemeine Relativitätstheorie", die Einstein im Jahre 1907 beginnend entwickelt hat, faßt das Gravitationsproblem tiefer. Nicht nur wird hier die Gravitation — was vom heutigen Standpunkte unabweislich erscheint — als Feldwirkung dargestellt und durch raumzeitliche Differentialgleichungen beschrieben, sondern sie wird auch organisch an das auf beliebige Transformationen erweiterte Relativitätsprinzip angeschlossen, während sie nach den Vorschlägen von Minkowski und Poincaré mehr äußerlich dem Relativitätspostulate angepaßt wurde. In der allgemeinen Relativitätstheorie bestimmt sich die Raum-Zeit-Struktur aus oder zusammen mit der Gravitation. Das Relativitätsprinzip wird dabei — in Weiterführung der Minkowskischen Gedanken — dahin formuliert, daß es die Kovarianz der physikalischen Größen hinsichtlich aller Punkttransformationen fordert, wobei dann die Koeffizienten des invarianten Linienelementes in die physikalischen Gesetze eingehen.

10) S. 66 Abs. 2. Die „Grundgleichungen für die elektromagnetischen Vorgänge in bewegten Körpern" sind von Minkowski in den Göttinger Nachrichten 1907 entwickelt. Es war ihm nicht mehr vergönnt, die „Ableitung dieser Gleichung auf Grund von Vorstellungen der Elektronentheorie" zu Ende zu führen. Seine diesbezüglichen Ansätze sind von M. Born ausgearbeitet worden und bilden zusammen mit den „Grundgleichungen" den ersten Band dieser Sammlung von Monographien (Leipzig 1910).

Über den Einfluß der Schwerkraft auf die Ausbreitung des Lichtes.

Von A. Einstein.[1]

Die Frage, ob die Ausbreitung des Lichtes durch die Schwere beeinflußt wird, habe ich schon an einer vor vier Jahren erschienenen Abhandlung zu beantworten gesucht.[2] Ich komme auf dies Thema wieder zurück, weil mich meine damalige Darstellung des Gegenstandes nicht befriedigt, noch mehr aber, weil ich nun nachträglich einsehe, daß eine der wichtigsten Konsequenzen jener Betrachtung der experimentellen Prüfung zugänglich ist. Es ergibt sich nämlich, daß Lichtstrahlen, die in der Nähe der Sonne vorbeigehen, durch das Gravitationsfeld derselben nach der vorzubringenden Theorie eine Ablenkung erfahren, so daß eine scheinbare Vergrößerung des Winkelabstandes eines nahe an der Sonne erscheinenden Fixsternes von dieser im Betrage von fast einer Bogensekunde eintritt.

Es haben sich bei der Durchführung der Überlegungen auch noch weitere Resultate ergeben, die sich auf die Gravitation beziehen. Da aber die Darlegung der ganzen Betrachtung ziemlich unübersichtlich würde, sollen im folgenden nur einige ganz elementare Überlegungen gegeben werden, aus denen man sich bequem über die Voraussetzungen und den Gedankengang der Theorie orientieren kann. Die hier abgeleiteten Beziehungen sind, auch wenn die theoretische Grundlage zutrifft, nur in erster Näherung gültig.

§ 1. Hypothese über die physikalische Natur des Gravitationsfeldes.

In einem homogenen Schwerefeld (Schwerebeschleunigung γ) befinde sich ein ruhendes Koordinatensystem K, das so orientiert sei, daß die Kraftlinien des Schwerefeldes in Richtung der negativen z-Achse verlaufen. In einem von Gravitationsfeldern freien Raum befinde sich ein zweites Koordinatensystem K', das in Richtung seiner positiven z-Achse eine gleichförmig beschleunigte Bewegung (Beschleunigung γ) ausführe. Um die Betrachtung nicht unnütz zu komplizieren, sehen wir dabei von der Relativitätstheorie

---

1) Abgedruckt aus Ann. d. Phys. 35 (1911).
2) A. Einstein, Jahrb. f. Radioakt. u. Elektronik 4 (1907).

vorläufig ab, betrachten also beide Systeme nach der gewohnten Kinematik und in denselben stattfindende Bewegungen nach der gewöhnlichen Mechanik.

Relativ zu K, sowie relativ zu K', bewegen sich materielle Punkte, die der Einwirkung anderer materieller Punkte nicht unterliegen, nach den Gleichungen:
$$\frac{d^2 x_\nu}{dt^2} = 0, \quad \frac{d^2 y_\nu}{dt^2} = 0, \quad \frac{d^2 z_\nu}{dt^2} = -\gamma.$$

Dies folgt für das beschleunigte System K' direkt aus dem Galileischen Prinzip, für das in einem homogenen Gravitationsfeld ruhende System K aber aus der Erfahrung, daß in einem solchen Felde alle Körper gleich stark und gleichmäßig beschleunigt werden. Diese Erfahrung vom gleichen Fallen aller Körper im Gravitationsfelde ist eine der allgemeinsten, welche die Naturbeobachtung uns geliefert hat; trotzdem hat dieses Gesetz in den Fundamenten unseres physikalischen Weltbildes keinen Platz erhalten.

Wir gelangen aber zu einer sehr befriedigenden Interpretation des Erfahrungssatzes, wenn wir annehmen, daß die Systeme K und K' physikalisch genau gleichwertig sind, d. h. wenn wir annehmen, man könne das System K ebenfalls als in einem von einem Schwerefeld freien Raume befindlich annehmen; dafür müssen wir K dann aber als gleichförmig beschleunigt betrachten. Man kann bei dieser Auffassung ebensowenig von der *absoluten Beschleunigung* des Bezugssystems sprechen, wie man nach der gewöhnlichen Relativitätstheorie von der *absoluten Geschwindigkeit* eines Systems reden kann.[1]) Bei dieser Auffassung ist das gleiche Fallen aller Körper in einem Gravitationsfelde selbstverständlich.

Solange wir uns auf rein mechanische Vorgänge aus dem Gültigkeitsbereich von Newtons Mechanik beschränken, sind wir der Gleichwertigkeit der Systeme K und K' sicher. Unsere Auffassung wird jedoch nur dann tiefere Bedeutung haben, wenn die Systeme K und K' in bezug auf alle physikalischen Vorgänge gleichwertig sind, d. h. wenn die Naturgesetze in bezug auf K mit denen in bezug auf K' vollkommen übereinstimmen. Indem wir dies annehmen, erhalten wir ein Prinzip, das, falls es wirklich zutrifft, eine große heuristische Bedeutung besitzt. Denn wir erhalten durch die theoretische Betrachtung der Vorgänge, die sich relativ zu einem gleichförmig beschleunigten Bezugssystem abspielen, Aufschluß über den Verlauf der Vorgänge in einem homogenen Gravitationsfelde. Im folgenden soll zunächst gezeigt werden, inwiefern unserer Hypothese vom Standpunkte der gewöhnlichen Relativitätstheorie aus eine beträchtliche Wahrscheinlichkeit zukommt.

---

1) Natürlich kann man ein *beliebiges* Schwerefeld nicht durch einen Bewegungszustand des Systems ohne Gravitationsfeld ersetzen, ebensowenig, als man durch eine Relativitätstransformation alle Punkte eines beliebig bewegten Mediums auf Ruhe transformieren kann.

§ 2. Über die Schwere der Energie.

Die Relativitätstheorie hat ergeben, daß die träge Masse eines Körpers mit dem Energieinhalt desselben wächst; beträgt der Energiezuwachs E, so ist der Zuwachs an träger Masse gleich E/c^2, wenn c die Lichtgeschwindigkeit bedeutet. Entspricht nun aber diesem Zuwachs an träger Masse auch ein Zuwachs an gravitierender Masse? Wenn nicht, so fiele ein Körper in demselben Schwerefelde mit verschiedener Beschleunigung je nach dem Energieinhalte des Körpers. Das so befriedigende Resultat der Relativitätstheorie, nach welchem der Satz von der Erhaltung der Masse in dem Satze von der Erhaltung der Energie aufgeht, wäre nicht aufrecht zu erhalten; denn so wäre der Satz von der Erhaltung der Masse zwar für die *träge* Masse in der alten Fassung aufzugeben, für die gravitierende Masse aber aufrecht zu erhalten.

Dies muß als sehr unwahrscheinlich betrachtet werden. Andererseits liefert uns die gewöhnliche Relativitätstheorie kein Argument, aus dem wir folgern könnten, daß das Gewicht eines Körpers von dessen Energieinhalt abhängt. Wir werden aber zeigen, daß unsere Hypothese von der Äquivalenz der Systeme K und K' die Schwere der Energie als notwendige Konsequenz liefert.

Es mögen sich die beiden mit Meßinstrumenten versehenen körperlichen Systeme S_1 und S_2 in der Entfernung h voneinander auf der z-Achse von K befinden[1]), derart, daß das Gravitationspotential in S_2 um $\gamma \cdot h$ größer ist als das in S_1. Es werde von S_2 gegen S_1 eine bestimmte Energiemenge E in Form von Strahlung gesendet. Die Energiemengen mögen dabei in S_1 und S_2 mit Vorrichtungen gemessen werden, die — an *einen* Ort des Systems z gebracht und dort miteinander verglichen — vollkommen gleich seien. Über den Vorgang dieser Energieübertragung durch Strahlung läßt sich a priori nichts aussagen, weil wir den Einfluß des Schwerefeldes auf die Strahlung und die Meßinstrumente in S_1 und S_2 nicht kennen.

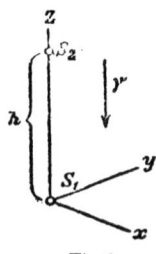

Fig. 1.

Nach unserer Voraussetzung von der Äquivalenz von K und K' können wir aber an Stelle des im homogenen Schwerefelde befindlichen Systems K das schwerefreie, im Sinne der positiven z gleichförmig beschleunigt bewegte System K' setzen, mit dessen z-Achse die körperlichen Systeme S_1 und S_2 fest verbunden sind.

Den Vorgang der Energieübertragung durch Strahlung von S_2 auf S_1 beurteilen wir von einem System K_0 aus, das beschleunigungsfrei sei. In

---

1) S_1 und S_2 werden als gegenüber h unendlich klein betrachtet.

bezug auf K_0 besitze K' in dem Augenblick die Geschwindigkeit Null, in welchem die Strahlungsenergie E_2 von S_2 gegen S_1 abgesendet wird. Die Strahlung wird in S_1 ankommen, wenn die Zeit h/c verstrichen ist (in erster Annäherung). In diesem Momente besitzt aber S_1 in bezug auf K_0 die Geschwindigkeit $\gamma \cdot h/c = v$. Deshalb besitzt nach der gewöhnlichen Relativitätstheorie die in S_1 ankommende Strahlung nicht die Energie E_2 sondern eine größere Energie E_1 welche mit E_2 in erster Annäherung durch die Gleichung verknüpft ist[1]):

(1) $$E_1 = E_2 \left(1 + \frac{v}{c}\right) = E_2 \left(1 + \frac{\gamma h}{c^2}\right).$$

Nach unserer Annahme gilt genau die gleiche Beziehung, falls derselbe Vorgang in dem nicht beschleunigten, aber mit Gravitationsfeld versehenen System K stattfindet. In diesem Falle können wir γh ersetzen durch das Potential Φ des Gravitationsvektors in S_2, wenn die willkürliche Konstante von Φ in S_1 gleich Null gesetzt wird. Es gilt also die Gleichung:

(1a) $$E_1 = E_2 + \frac{E_2}{c^2} \Phi.$$

Diese Gleichung spricht den Energiesatz für den ins Auge gefaßten Vorgang aus. Die in S_1 ankommende Energie E_1 ist größer als die mit gleichen Mitteln gemessene Energie E_2, welche in S_2 emittiert wurde, und zwar um die potielle Energie der Masse E_2/c^2 im Schwerefelde. Es zeigt sich also, daß man, damit das Energieprinzip erfüllt sei, der Energie E vor ihrer Aussendung in S_2 eine potientelle Energie der Schwere zuschreiben muß, die der (schweren) Masse E/c^2 entspricht. Unsere Annahme der Äquivalenz von K und K' hebt also die am Anfang dieses Paragraphen dargelegte Schwierigkeit, welche die gewöhnliche Relativitätstheorie übrig läßt.

Besonders deutlich zeigt sich der Sinn dieses Resultates bei Betrachtung des folgenden Kreisprozesses:

1. Man sendet die Energie E (in S_2 gemessen) in Form von Strahlung in S_2 ab nach S_1, wo nach dem soeben erlangten Resultat die Energie $E(1 + \gamma h/c^2)$ aufgenommen wird (in S_1 gemessen).

2. Man senkt einen Körper W von der Masse M von S_2 nach S_1, wobei die Arbeit $M\gamma h$ nach außen abgegeben wird.

3. Man überträgt die Energie E von S_1 auf den Körper W, während sich W in S_1 befindet. Dadurch ändere sich die schwere Masse M, so daß sie den Wert M' erhält.

4. Man hebe W wieder nach S_2 wobei die Arbeit $M'\gamma h$ aufzuwenden ist,

5. Man übertrage E von W wieder auf S_2.

---

1) A. Einstein, Ann. d. Phys. 17 (1905), 913—914; dieser Band, 51—53.

Der Effekt dieses Kreisprozesses besteht einzig darin, daß S_1 den Energiezuwachs $E(\gamma h/c^2)$ erlitten hat, und daß dem System die Energiemenge

$$M'\gamma h - M\gamma h$$

in Form von mechanischer Arbeit zugeführt wurde. Nach dem Energieprinzip muß also

$$E \frac{\gamma h}{c^2} = M'\gamma h - M\gamma h$$

(1b)   oder $$M' - M = \frac{E}{c^2}$$

sein. Der Zuwachs an *schwerer* Masse ist also gleich E/c^2, also gleich dem aus der Relativitätstheorie sich ergebenden Zuwachs an *träger* Masse.

Noch unmittelbarer ergibt sich das Resultat aus der Äquivalenz der Systeme K und K', nach welcher die *schwere* Masse in bezug auf K der *trägen* Masse in bezug auf K' vollkommen gleich ist; es muß deshalb die Energie eine *schwere* Masse besitzen, die ihrer *trägen* Masse gleich ist. Hängt man im System K' eine Masse M_0 an einer Federwage auf, so wird letztere wegen der Trägheit von M_0 das scheinbare Gewicht $M_0\gamma$ anzeigen. Überträgt man die Energiemenge E auf M_0, so wird die Federwage nach dem Satz von der Trägheit der Energie $\left(M_0 + \frac{E}{c^2}\right)\gamma$ anzeigen. Nach unserer Grundannahme muß ganz dasselbe eintreten bei Wiederholung des Versuches im System K, d. h. im Gravitationsfelde.

§ 3. Zeit und Lichtgeschwindigkeit im Schwerefelde.

Wenn die im gleichförmig beschleunigten System K' in S_2 gegen S_1 emittierte Strahlung mit Bezug auf die in S_2 befindliche Uhr die Frequenz ν_2 besaß, so besitzt sie in bezug auf S_1 bei ihrer Ankunft in S_1 in bezug auf die in S_1 befindliche gleich beschaffene Uhr nicht mehr die Frequenz ν_2 sondern eine größere Frequenz ν_1, derart, daß in erster Annäherung

(2) $$\nu_1 = \nu_2 \left(1 + \frac{\gamma h}{c^2}\right).$$

Führt man nämlich wieder das beschleunigungsfreie Bezugssystem K_0 ein, relativ zu welchem K' zur Zeit der Lichtaussendung keine Geschwindigkeit besitzt, so hat S_1 in Bezug auf K_0 zur Zeit der Ankunft der Strahlung in S_1 die Geschwindigkeit $\gamma(h/c)$, woraus sich die angegebene Beziehung vermöge des Dopplerschen Prinzipes unmittelbar ergibt.

Nach unserer Voraussetzung von der Äquivalenz der Systeme K' und K gilt diese Gleichung auch für das ruhende, mit einem gleichförmigen Schwerefeld versehenen Koordinatensystem K, falls in diesem die geschilderte Strahlungsübertragung stattfindet. Es ergibt sich also, daß ein bei bestimmtem Schwerepotential in S_2 emittierter Lichtstrahl, der bei seiner Emission — mit einer in S_2 befindlichen Uhr verglichen — die Frequenz ν_2 besitzt, bei seiner Ankunft in S_1 eine andere Frequenz ν_1 besitzt, falls letztere mittels einer in S_1 befindlichen gleich beschaffenen Uhr gemessen wird. Wir ersetzen γh durch das Schwerepotential Φ von S_2 in bezug auf S_1 als Nullpunkt und nehmen an, daß unsere für das *homogene* Gravitationsfeld abgeleitete Beziehung auch für anders gestaltete Felder gelte; es ist dann

(2a) $$\nu_1 = \nu_2 \left(1 + \frac{\Phi}{c^2}\right).$$

Dies (nach unserer Ableitung in erster Näherung gültige) Resultat gestattet zunächst folgende Anwendung. Es sei ν_0 die Schwingungszahl eines elementaren Lichterzeugers, gemessen mit einer an demselben Orte gemessenen Uhr U. Diese Schwingungszahl ist dann unabhängig davon, wo der Lichterzeuger samt der Uhr aufgestellt wird. Wir wollen uns beide etwa an der Sonnenoberfläche angeordnet denken (dort befindet sich unser S_2). Von dem dort emittierten Lichte gelangt ein Teil zur Erde (S_1), wo wir mit einer Uhr U von genau gleicher Beschaffenheit als der soeben genannten die Frequenz ν des ankommenden Lichtes messen. Dann ist nach (2a)

$$\nu = \nu_0 \left(1 + \frac{\Phi}{c^2}\right),$$

wobei Φ die (negative) Gravitationspotentialdifferenz zwischen Sonnenoberfläche und Erde bedeutet. Nach unserer Auffassung müssen also die Spektrallinien des Sonnenlichtes gegenüber den entsprechenden Spektrallinien irdischer Lichtquellen etwas nach dem Rot verschoben sein, und zwar um den relativen Betrag

$$\frac{\nu_0 - \nu}{\nu_0} = \frac{-\Phi}{c^2} = 2 \cdot 10^{-6}.$$

Wenn die Bedingungen, unter welchen die Sonnenlinien entstehen, genau bekannt wären, wäre diese Verschiebung noch der Messung zugänglich. Da aber anderweitige Einflüsse (Druck, Temperatur) die Lage des Schwerpunktes der Spektrallinien beeinflussen, ist es schwer zu konstatieren, ob der hier abgeleitete Einfluß des Gravitationspotentials wirklich existiert.[1)]

Bei oberflächlicher Betrachtung scheint Gleichung (2) bzw. (2a) eine Absurdität auszusagen. Wie kann bei beständiger Lichtübertragung von S_2 nach S_1 in S_1 eine andere Anzahl von Perioden pro Sekunde ankommen, als in S_2 emittiert wird? Die Antwort ist aber einfach. Wir können ν_2

---

1) L. F. Jewell (Journ. de phys. 6 (1897), 84) und insbesondere Ch. Fabry u. H. Boisson (Compt. rend. 148 (1909), 688—690) haben derartige Verschiebungen feiner Spektrallinien nach dem roten Ende des Spektrums von der hier berechneten Größenordnung tatsächlich konstatiert, aber einer Wirkung des Druckes in der absorbierenden Schicht zugeschrieben.

bzw. ν_1 nicht als Frequenzen schlechthin (als Anzahl Perioden pro Sekunde) ansehen, da wir eine Zeit im System K noch nicht festgelegt haben. ν_2 bedeutet die Anzahl Perioden, bezogen auf die Zeiteinheit der Uhr U in S_2, ν_1 die Anzahl Perioden, bezogen auf die Zeiteinheit der gleichbeschaffenen Uhr U in S_1. Nichts zwingt uns zu der Annahme, daß die in verschiedenen Gravitationspotentialen befindlichen Uhren U als gleich rasch gehend aufgefaßt werden müssen. Dagegen müssen wir die Zeit in K sicher so definieren, daß die Anzahl der Wellenberge und Wellentäler, die sich zwischen S_2 und S_1 befinden, von dem Absolutwerte der Zeit unabhängig ist; denn der ins Auge gefaßte Prozeß ist seiner Natur nach ein stationärer. Würden wir diese Bedingung nicht erfüllen, so kämen wir zu einer Zeitdefinition, bei deren Anwendung die Zeit explicite in die Naturgesetze eingänge, was sicher unnatürlich und unzweckmäßig wäre. Die Uhren in S_1 und S_2 geben also nicht beide die „Zeit" richtig an. Messen wir die Zeit in S_1 mit der Uhr U, *so müssen wir die Zeit in S_2 mit einer Uhr messen, die $1 + \Phi/c^2$ mal langsamer läuft als die Uhr U, falls sie mit der Uhr U an derselben Stelle verglichen wird*. Denn mit einer solchen Uhr gemessen ist die Frequenz des oben betrachteten Lichtstrahles bei seiner Aussendung in S_2

$$\nu_2 \left(1 + \frac{\Phi}{c^2}\right),$$

also nach (2a) gleich der Frequenz ν_1 desselben Lichtstrahles bei dessen Ankunft in S_1.

Hieraus ergibt sich eine Konsequenz von für diese Theorie fundamentaler Bedeutung. Mißt man nämlich in dem beschleunigten, gravitationsfeldfreien System K' an verschiedenen Orten die Lichtgeschwindigkeit unter Benutzung gleich beschaffener Uhren U, so erhält man überall dieselbe Größe. Dasselbe gilt nach unserer Grundannahme auch für das System K. Nach dem soeben Gesagten müssen wir aber an Stellen verschiedenen Gravitationspotentials uns verschieden beschaffener Uhren zur Zeitmessung bedienen. Wir müssen zur Zeitmessung an einem Orte, der relativ zum Koordinatenursprung das Gravitationspotential Φ besitzt, eine Uhr verwenden, die — an den Koordinatenursprung versetzt — $(1 + \Phi/c^2)$ mal langsamer läuft als jene Uhr, mit welcher am Koordinatenursprung die Zeit gemessen wird. Nennen wir c_0 die Lichtgeschwindigkeit im Koordinatenanfangspunkt, so wird daher die Lichtgeschwindigkeit c in einem Orte vom Gravitationspotential Φ durch die Beziehung

(3) $$c = c_0 \left(1 + \frac{\Phi}{c^2}\right)$$

gegeben sein. Das Prinzip von der Konstanz der Lichtgeschwindigkeit gilt auch dieser Theorie nicht in derjenigen Fassung, wie es der gewöhnlichen Relativitätstheorie zugrunde gelegt zu werden pflegt.

§ 4. Krümmung der Lichtstrahlen im Gravitationsfeld.

Aus dem soeben bewiesenen Satze, daß die Lichtgeschwindigkeit im Schwerefelde eine Funktion des Ortes ist, läßt sich leicht mittels des Huygensschen Prinzipes schließen, daß quer zu einem Schwerefeld sich fortpflanzende Lichtstrahlen eine Krümmung erfahren müssen. Sei nämlich ε eine Ebene gleicher Phase einer ebenen Lichtwelle zur Zeit t, P_1 und P_2 zwei Punkte in ihr, welche den Abstand 1 besitzen. P_1 und P_2 liegen in der Papierebene, die so gewählt ist, daß der in der Richtung ihrer Normale genommene Differentialquotient von Φ, also auch von c verschwindet. Die entsprechende Ebene gleicher Phase bzw. deren Schnitt mit der Papierebene, zur Zeit $t + dt$ erhalten wir, indem wir um die Punkte P_1 und P_2 mit den Radien $c_1\,dt$ bzw. $c_2\,dt$ Kreise und an diese die Tangente legen, wobei c_1 bzw. c_2 die Lichtgeschwindigkeit in den Punkten P_1 bzw. P_2 bedeutet. Der Krümmungswinkel des Lichtstrahles auf dem Wege $c\,dt$ ist also

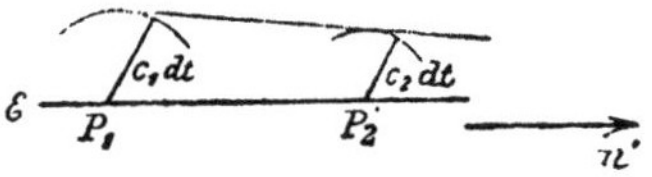

$$\frac{(c_1 - c_2)\,dt}{c} = -\frac{\partial c}{\partial n'}\,dt,$$

Fig. 2.

falls wir den Krümmungswinkel positiv rechnen, wenn der Lichtstrahl nach der Seite der wachsenden n' hin gekrümmt wird. Der Krümmungswinkel pro Wegeinheit des Lichtstrahles ist also

$$-\frac{1}{c}\frac{\partial c}{\partial n'}, \quad \text{oder nach (3) gleich} \quad -\frac{1}{c^2}\frac{\partial \Phi}{\partial n'}.$$

Endlich erhalten wir für die Ablenkung α, welche ein Lichtstrahl auf einem beliebigen Wege (s) nach der Seite n' erleidet, den Ausdruck

$$(4) \qquad \alpha = -\frac{1}{c^2}\int \frac{\partial \Phi}{\partial n'}\,ds.$$

Dasselbe Resultat hätten wir erhalten können durch unmittelbare Betrachtung der Fortpflanzung eines Lichtstrahles in dem gleichförmig beschleunigten System K' und Übertragung des Resultates auf das System K und von hier auf den Fall, daß das Gravitationsfeld beliebig gestaltet ist.

Nach Gleichung (4) erleidet ein an einem Himmelskörper vorbeigehender Lichtstrahl eine Ablenkung nach der Seite sinkenden Gravitationspotentials, also nach der dem Himmelskörper zugewandten Seite von der Größe

$$\alpha = \frac{1}{c^2}\int_{\vartheta = -\frac{\pi}{2}}^{\vartheta = +\frac{\pi}{2}} \frac{kM}{r^2}\cos\vartheta \cdot ds = \frac{2kM}{c^2\varDelta},$$

wobei k die Gravitationskonstante, M die Masse des Himmelskörpers, $\varDelta$ den Abstand des Lichtstrahles vom Mittelpunkt des Himmelskörpers bedeutet.

Ein an der Sonne vorbeigehender Lichtstrahl erlitte demnach eine Ablenkung vom Betrage $4 \cdot 10^{-6} = 0{,}83$ Bogensekunden. Um diesen Betrag erscheint die Winkeldistanz des Sternes vom Sonnenmittelpunkt durch die Krümmung des Strahles vergrößert. Da die Fixsterne der der Sonne zugewandten Himmelspartien bei totalen Sonnenfinsternissen sichtbar werden, ist diese Konsequenz der Theorie mit der Erfahrung vergleichbar. Beim Planeten Jupiter erreicht die zu erwartende Verschiebung etwa $^1/_{100}$ des angegebenen Betrages. Es wäre dringend zu wünschen, daß sich Astronomen der hier aufgerollten Frage annähmen, auch wenn die im vorigen gegebenen Überlegungen ungenügend fundiert oder gar abenteuerlich erscheinen sollten. Denn abgesehen von jeder Theorie muß man sich fragen, ob mit den heutigen Mitteln ein Einfluß der Gravitationsfelder auf die Ausbreitung des Lichtes sich konstatieren läßt.

Prag, Juni 1911.

Die Grundlage der allgemeinen Relativitätstheorie.

Von A. Einstein.[1]

A. Prinzipielle Erwägungen zum Postulat der Relativität.

§ 1. Bemerkungen zu der speziellen Relativitätstheorie.

Der speziellen Relativitätstheorie liegt folgendes Postulat zugrunde, welchem auch durch die Galilei-Newtonsche Mechanik Genüge geleistet wird: Wird ein Koordinatensystem K so gewählt, daß in bezug auf dasselbe die physikalischen Gesetze in ihrer einfachsten Form gelten, so gelten *dieselben* Gesetze auch in Bezug auf jedes andere Koordinatensystem K', das relativ zu K in gleichförmiger Translationsbewegung begriffen ist. Dieses Postulat nennen wir „spezielles Relativitätsprinzip". Durch das Wort „speziell" soll angedeutet werden, daß das Prinzip auf den Fall beschränkt ist, daß K' eine *gleichförmige Translationsbewegung* gegen K ausführt, daß sich aber die Gleichwertigkeit von K' und K nicht auf den Fall *ungleichförmiger* Bewegung von K' gegen K erstreckt.

Die spezielle Relativitätstheorie weicht also von der klassischen Mechanik nicht durch das Relativitätspostulat ab, sondern allein durch das Postulat von der Konstanz der Vakuum-Lichtgeschwindigkeit, aus welchem im Verein mit dem speziellen Relativitätsprinzip die Relativität der Gleichzeitigkeit sowie die Lorentztransformation und die mit dieser verknüpften Gesetze über das Verhalten bewegter starrer Körper und Uhren in bekannter Weise folgen.

Die Modifikation, welche die Theorie von Raum und Zeit durch die spezielle Relativitätstheorie erfahren hat, ist zwar eine tiefgehende; aber *ein* wichtiger Punkt blieb unangetastet. Auch gemäß der speziellen Relativitätstheorie sind nämlich die Sätze der Geometrie unmittelbar als die Gesetze über die möglichen relativen Lagen (ruhender) fester Körper zu deuten, allgemeiner die Sätze der Kinematik als Sätze, welche das Verhalten von Meßkörpern und Uhren beschreiben. Zwei hervorgehobenen materiellen Punkten eines ruhenden (starren) Körpers entspricht hierbei stets eine Strecke von ganz bestimmter Länge, unabhängig von Ort und Orientierung des Körpers sowie von der Zeit; zwei hervorgehobenen Zeigerstellungen einer relativ zum (berechtigten) Bezugssystem ruhenden Uhr entspricht stets eine Zeitstrecke von bestimmter Länge, unabhängig von Ort und Zeit. Es wird sich bald zeigen, daß die allgemeine Relativitätstheorie an dieser einfachen physikalischen Deutung von Raum und Zeit nicht festhalten kann.

---

[1] Abgedruckt aus Ann. d. Phys. 49 (1916).

§ 2. Über die Gründe, welche eine Erweiterung des Relativitätspostulates nahelegen.

Der klassischen Mechanik und nicht minder der speziellen Relativitätstheorie haftet ein erkenntnistheoretischer Mangel an, der vielleicht zum ersten Male von E. Mach klar hervorgehoben wurde. Wir erläutern ihn am folgenden Beispiel. Zwei flüssige Körper von gleicher Größe und Art schweben frei im Raume in so großer Entfernung voneinander (und von allen übrigen Massen), daß nur diejenigen Gravitationskräfte berücksichtigt werden müssen, welche die Teile *eines* dieser Körper aufeinander ausüben. Die Entfernung der Körper voneinander sei unveränderlich. Relative Bewegungen der Teile eines der Körper gegeneinander sollen nicht auftreten. Aber jede Masse soll — von einem relativ zu der anderen Masse ruhenden Beobachter aus beurteilt — um die Verbindungslinie der Massen mit konstanter Winkelgeschwindigkeit rotieren (es ist dies eine konstatierbare Relativbewegung beider Massen). Nun denken wir uns die Oberflächen beider Körper (S_1 und S_2) mit Hilfe (relativ ruhender) Maßstäbe ausgemessen; es ergebe sich, daß die Oberfläche von S_1 eine Kugel, die von S_2 ein Rotationsellipsoid sei.

Wir fragen nun: Aus welchem Grunde verhalten sich die Körper S_1 und S_2 verschieden? Eine Antwort auf diese Frage kann nur dann als erkenntnistheoretisch befriedigend[1]) anerkannt werden, wenn die als Grund angegebene Sache eine *beobachtbare Erfahrungstatsache* ist; denn das Kausalitätsgesetz hat nur dann den Sinn einer Aussage über die Erfahrungswelt, wenn als Ursachen und Wirkungen letzten Endes nur *beobachtbare Tatsachen* auftreten.

Die Newtonsche Mechanik gibt auf diese Frage keine befriedigende Antwort. Sie sagt nämlich folgendes. Die Gesetze der Mechanik gelten wohl für einen Raum R_1, gegen welchen der Körper S_1 in Ruhe ist, nicht aber gegenüber einem Raume R_2, gegen welchen S_2 in Ruhe ist. Der berechtigte Galileische Raum R_1, der hierbei eingeführt wird (bzw. die Relativbewegung zu ihm), ist aber eine *bloß fingierte* Ursache, keine beobachtbare Sache. Es ist also klar, daß die Newtonsche Mechanik der Forderung der Kausalität in dem betrachteten Falle nicht wirklich, sondern nur scheinbar Genüge leistet, indem sie die bloß fingierte Ursache R_1 für das beobachtbare verschiedene Verhalten der Körper S_1 und S_2 verantwortlich macht.

Eine befriedigende Antwort auf die oben aufgeworfene Frage kann nur so lauten: Das aus S_1 und S_2 bestehende physikalische System zeigt für sich allein keine denkbare Ursache, auf welche das verschiedene Verhalten von

---

1) Eine derartige erkenntnistheoretisch befriedigende Antwort kann natürlich immer noch *physikalisch* unzutreffend sein, falls sie mit anderen Erfahrungen im Widerspruch ist.

S_1 und S_2 zurückgeführt werden könnte. Die Ursache muß also *außerhalb* dieses Systems liegen. Man gelangt zu der Auffassung, daß die allgemeinen Bewegungsgesetze, welche im speziellen die Gestalten von S_1 und S_2 bestimmen, derart sein müssen, daß das mechanische Verhalten von S_1 und S_2 ganz wesentlich durch ferne Massen mitbedingt werden muß, welche wir nicht zu dem betrachteten System gerechnet hatten. Diese fernen Massen (und ihre Relativbewegungen gegen die betrachteten Körper) sind dann als Träger prinzipiell beobachtbarer Ursachen für das verschiedene Verhalten unserer betrachteten Körper anzusehen; sie übernehmen die Rolle der fingierten Ursache R_1. Von allen denkbaren, relativ zueinander beliebig bewegten Räumen R_1, R_2 usw. darf a priori keiner als bevorzugt angesehen werden, wenn nicht der dargelegte erkenntnistheoretische Einwand wieder aufleben soll. *Die Gesetze der Physik müssen so beschaffen sein, daß sie in bezug auf beliebig bewegte Bezugssysteme gelten.* Wir gelangen also auf diesem Wege zu einer Erweiterung des Relativitätspostulates.

Außer diesem schwerwiegenden erkenntnistheoretischen Argument spricht aber auch eine wohlbekannte physikalische Tatsache für eine Erweiterung der Relativitätstheorie. Es sei K ein Galileisches Bezugssystem, d. h. ein solches, relativ zu welchem (mindestens in dem betrachteten vierdimensionalen Gebiete) eine von anderen hinlänglich entfernte Masse sich geradlinig und gleichförmig bewegt. Es sei K' ein zweites Koordinatensystem, welches relativ zu K in *gleichförmig beschleunigter* Translationsbewegung sei. Relativ zu K' führte dann eine von anderen hinreichend getrennte Masse eine beschleunigte Bewegung aus, derart, daß deren Beschleunigung und Beschleunigungsrichtung von ihrer stofflichen Zusammensetzung und ihrem physikalischen Zustande unabhängig ist.

Kann ein relativ zu K' ruhender Beobachter hieraus den Schluß ziehen, daß er sich auf einem „wirklich" beschleunigten Bezugssystem befindet? Diese Frage ist zu verneinen; denn das vorhin genannte Verhalten frei beweglicher Massen relativ zu K' kann ebensogut auf folgende Weise gedeutet werden. Das Bezugssystem K' ist unbeschleunigt; in dem betrachteten zeiträumlichen Gebiete herrscht aber ein Gravitationsfeld, welches die beschleunigte Bewegung der Körper relativ zu K' erzeugt.

Diese Auffassung wird dadurch ermöglicht, daß uns die Erfahrung die Existenz eines Kraftfeldes (nämlich des Gravitationsfeldes) gelehrt hat, welches die merkwürdige Eigenschaft hat, allen Körpern dieselbe Beschleunigung zu erteilen.[1]) Das mechanische Verhalten der Körper relativ zu K' ist dasselbe, wie es gegenüber Systemen sich der Erfahrung darbietet, die wir als „ruhende" bzw. als „berechtigte" Systeme anzusehen gewohnt sind;

---

1) Daß das Gravitationsfeld diese Eigenschaft mit großer Genauigkeit besitzt, hat Eötvös experimentell bewiesen.

deshalb liegt es auch vom physikalischen Standpunkt nahe, anzunehmen, daß die Systeme K und K' beide mit demselben Recht als „ruhend" angesehen werden können, bzw. daß sie als Bezugssysteme für die physikalische Beschreibung der Vorgänge gleichberechtigt seien.

Aus diesen Erwägungen sieht man, daß die Durchführung der allgemeinen Relativitätstheorie zugleich zu einer Theorie der Gravitation führen muß; denn man kann ein Gravitationsfeld durch bloße Änderung des Koordinatensystems „erzeugen". Ebenso sieht man unmittelbar, daß das Prinzip von der Konstanz der Vakuum-Lichtgeschwindigkeit eine Modifikation erfahren muß. Denn man erkennt leicht, daß die Bahn eines Lichstrahles in bezug auf K' im allgemeinen eine krumme sein muß, wenn sich das Licht in bezug auf K geradlinig und mit bestimmter, konstanter Geschwindigkeit fortpflanzt.

§ 3. Das Raum-Zeit-Kontinuum. Forderung der allgemeinen Kovarianz für die die allgemeinen Naturgesetze ausdrückenden Gleichungen.

In der klassischen Mechanik sowie in der speziellen Relativitätstheorie haben die Koordinaten des Raumes und der Zeit eine unmittelbare physikalische Bedeutung. Ein Punktereignis hat die X_1-Koordinate x_1, bedeutet: Die nach den Regeln der Euklidischen Geometrie mittels starrer Stäbe ermittelte Projektion des Punktereignisses auf die X_1-Achse wird erhalten, indem man einen bestimmten Stab, den Einheitsmaßstab, x_1 mal vom Anfangspunkt des Koordinatenkörpers auf der (positiven) X_1-Achse abträgt. Ein Punkt hat die X_4-Koordinate $x_4 = t$, bedeutet: Eine relativ zum Koordinatensystem ruhend angeordnete, mit dem Punktereignis räumlich (praktisch) zusammenfallende Einheitsuhr, welche nach bestimmten Vorschriften gerichtet ist, hat $x_4 = t$ Perioden zurückgelegt beim Eintreten des Punktereignisses.[1]

Diese Auffassung von Raum und Zeit schwebte den Physikern stets, wenn auch meist unbewußt, vor, wie aus der Rolle klar erkennbar ist, welche diese Begriffe in der messenden Physik spielen; diese Auffassung mußte der Leser auch der zweiten Betrachtung des letzten Paragraphen zugrunde legen, um mit diesen Ausführungen einen Sinn verbinden zu können. Aber wir wollen nun zeigen, daß man sie fallen lassen und durch eine allgemeinere ersetzen muß, um das Postulat der allgemeinen Relativität durchführen zu können, falls die spezielle Relativitätstheorie für den Grenzfall des Fehlens eines Gravitationsfeldes zutrifft.

---

[1] Die Konstatierbarkeit der „Gleichzeitigkeit" für räumlich unmittelbar benachbarte Ereignisse, oder — präziser gesagt — für das raumzeitliche unmittelbare Benachbartsein (Koinzidenz) nehmen wir an, ohne für diesen fundamentalen Begriff eine Definition zu geben.

Wir führen in einem Raume, der frei sei von Gravitationsfeldern, ein Galileisches Bezugssystem K (x, y, z, t) ein, und außerdem ein relativ zu K gleichförmig rotierendes Koordinatensystem K' (x', y', z', t'). Die Anfangspunkte beider Systeme sowie deren Z-Achsen mögen dauernd zusammenfallen. Wir wollen zeigen, daß für eine Raum—Zeitmessung im System K' die obige Festsetzung für die physikalische Bedeutung von Längen und Zeiten nicht aufrecht erhalten werden kann. Aus Symmetriegründen ist klar, daß ein Kreis um den Anfangspunkt in der X-Y-Ebene von K zugleich als Kreis in der X'-Y'-Ebene von K' aufgefaßt werden kann. Wir denken uns nun Umfang und Durchmesser dieses Kreises mit einem (relativ zum Radius unendlich kleinen) Einheitsmaßstabe ausgemessen und den Quotienten beider Meßresultate gebildet. Würde man dieses Experiment mit einem relativ zum Galileischen System K ruhenden Maßstabe ausführen, so würde man als Quotienten die Zahl π erhalten. Das Resultat der mit einem relativ zu K' ruhenden Maßstabe ausgeführten Bestimmung würde eine Zahl sein, die größer ist als π. Man erkennt dies leicht, wenn man den ganzen Meßprozeß vom „ruhenden" System K aus beurteilt und berücksichtigt, daß der peripherisch angelegte Maßstab eine Lorentzverkürzung erleidet, der radial angelegte Maßstab aber nicht. Es gilt daher in bezug auf K' nicht die Euklidische Geometrie; der oben festgelegte Koordinatenbegriff, welcher die Gültigkeit der Euklidischen Geometrie voraussetzt, versagt also mit Bezug auf das System K'. Ebensowenig kann man in K' eine den physikalischen Bedürfnissen entsprechende Zeit einführen, welche durch relativ zu K' ruhende, gleich beschaffene Uhren angezeigt wird. Um dies einzusehen, denke man sich im Koordinatenursprung und an der Peripherie des Kreises je eine von zwei gleich beschaffenen Uhren angeordnet und vom „ruhenden" System K aus betrachtet. Nach einem bekannten Resultat der speziellen Relativitätstheorie geht — von K aus beurteilt — die auf der Kreisperipherie angeordnete Uhr langsamer als die im Anfangspunkt angeordnete Uhr, weil erstere Uhr bewegt ist, letztere aber nicht. Ein im gemeinsamen Koordinatenursprung befindlicher Beobachter, welcher auch die an der Peripherie befindliche Uhr mittels des Lichtes zu beobachten fähig wäre, würde also die an der Peripherie angeordnete Uhr langsamer gehen sehen als die neben ihm angeordnete Uhr. Da er sich nicht dazu entschließen wird, die Lichtgeschwindigkeit auf dem in Betracht kommenden Wege explicite von der Zeit abhängen zu lassen, wird er seine Beobachtung dahin interpretieren, daß die Uhr an der Peripherie „wirklich" langsamer gehe als die im Ursprung angeordnete. Er wird also nicht umhin können, die Zeit so zu definieren, daß die Ganggeschwindigkeit einer Uhr vom Orte abhängt.

Wir gelangen also zu dem Ergebnis: In der allgemeinen Relativitätstheorie können Raum- und Zeitgrößen nicht so definiert werden, daß räumliche Koordinatendifferenzen unmittelbar mit dem Einheitsmaßstab, zeitliche mit einer Normaluhr gemessen werden könnten.

Das bisherige Mittel, in das zeiträumliche Kontinuum in bestimmter Weise Koordinaten zu legen, versagt also, und es scheint sich auch kein anderer Weg darzubieten, der gestatten würde, der vierdimensionalen Welt Koordinatensysteme so anzupassen, daß bei ihrer Verwendung eine besonders einfache Formulierung der Naturgesetze zu erwarten wäre. Es bleibt daher nichts anderes übrig, als alle denkbaren[1]) Koordinatensysteme als für die Naturbeschreibung prinzipiell gleichberechtigt anzusehen. Dies kommt auf die Forderung hinaus:

Die allgemeinen Naturgesetze sind durch Gleichungen auszudrücken, die für alle Koordinatensysteme gelten, d. h. die beliebigen Substitutionen gegenüber kovariant (allgemein kovariant) sind.

Es ist klar, daß eine Physik, welche diesem Postulat genügt, dem allgemeinen Relativitätspostulat gerecht wird. Denn in *allen* Substitutionen sind jedenfalls auch diejenigen enthalten, welche allen Relativbewegungen der (dreidimensionalen) Koordinatensysteme entsprechen. Daß diese Forderung der allgemeinen Kovarianz, welche dem Raum und der Zeit den letzten Rest physikalischer Gegenständlichkeit nehmen, eine natürliche Forderung ist, geht aus folgender Überlegung hervor. Alle unsere zeiträumlichen Konstatierungen laufen stets auf die Bestimmung zeiträumlicher Koinzidenzen hinaus. Bestände beispielsweise das Geschehen nur in der Bewegung materieller Punkte, so wäre letzten Endes nichts beobachtbar als die Begegnungen zweier oder mehrerer dieser Punkte. Auch die Ergebnisse unserer Messungen sind nichts anderes als die Konstatierung derartiger Begegnungen materieller Punkte unserer Maßstäbe mit anderen materiellen Punkten bzw. Koinzidenzen zwischen Uhrzeigern, Zifferblattpunkten und ins Auge gefaßten, am gleichen Orte und zur gleichen Zeit stattfindenden Punktereignissen.

Die Einführung eines Bezugssystems dient zu nichts anderem als zur leichteren Beschreibung der Gesamtheit solcher Koinzidenzen. Man ordnet der Welt vier zeiträumliche Variable x_1, x_2, x_3, x_4 zu, derart, daß jedem Punktereignis ein Wertesystem der Variablen $x_1 \ldots x_4$ entspricht. Zwei koinzidierenden Punktereignissen entspricht dasselbe Wertesystem der Variablen $x_1 \ldots x_4$; d. h. die Koinzidenz ist durch die Übereinstimmung der Koordinaten charakterisiert. Führt man statt der Variablen $x_1 \ldots x_4$ beliebige Funktionen derselben, x_1', x_2', x_3', x_4' als neues Koordinatensystem ein, so daß die Wertesysteme einander eindeutig zugeordnet sind, so ist die Gleichheit aller vier Koordinaten auch im neuen System der Ausdruck für die

---

[1]) Von gewissen Beschränkungen, welche der Forderung der eindeutigen Zuordnung und derjenigen der Stetigkeit entsprechen, wollen wir hier nicht sprechen

raumzeitliche Koinzidenz zweier Punktereignisse. Da sich alle unsere physikalischen Erfahrungen letzten Endes auf solche Koinzidenzen zurückführen lassen, ist zunächst kein Grund vorhanden, gewisse Koordinatensysteme vor anderen zu bevorzugen, d. h. wir gelangen zu der Forderung der allgemeinen Kovarianz.

§ 4. Beziehung der vier Koordinaten zu räumlichen und zeitlichen Meßergebnissen. Analytischer Ausdruck für das Gravitationsfeld.

Es kommt mir in dieser Abhandlung nicht darauf an, die allgemeine Relativitätstheorie als ein möglichst einfaches logisches System mit einem Minimum von Axiomen darzustellen. Sondern es ist mein Hauptziel, diese Theorie so zu entwickeln, daß der Leser die psychologische Natürlichkeit des eingeschlagenen Weges empfindet und daß die zugrunde gelegten Voraussetzungen durch die Erfahrung möglichst gesichert erscheinen. In diesem Sinne sei nun die Voraussetzung eingeführt:

Für unendlich kleine vierdimensionale Gebiete ist die Relativitätstheorie im engeren Sinne bei passender Koordinatenwahl zutreffend.

Der Beschleunigungszustand des unendlich kleinen („örtlichen") Koordinatensystems ist hierbei so zu wählen, daß ein Gravitationsfeld nicht auftritt; dies ist für ein unendlich kleines Gebiet möglich. X_1, X_2, X_3 seien die räumlichen Koordinaten; X_4 die zugehörige, in geeignetem Maßstabe gemessene[1]) Zeitkoordinate. Diese Koordinaten haben, wenn ein starres Stäbchen als Einheitsmaßstab gegeben gedacht wird, bei gegebener Orientierung des Koordinatensystems eine unmittelbare physikalische Bedeutung im Sinne der speziellen Relativitätstheorie. Der Ausdruck

(1) $$ds^2 = -dX_1^2 - dX_2^2 - dX_3^2 + dX_4^2$$

hat dann nach der speziellen Relativitätstheorie einen von der Orientierung des lokalen Koordinatensystems unabhängigen, durch Raum—Zeitmessung ermittelbaren Wert. Wir nennen ds die Größe des zu den unendlich benachbarten Punkten des vierdimensionalen Raumes gehörigen Linienelementes. Ist das zu dem Element $(dX_1 \ldots dX_4)$ gehörige ds^2 positiv, so nennen wir mit Minkowski ersteres zeitartig, im entgegengesetzten Falle raumartig.

Zu dem betrachteten „Linienelement" bzw. zu den beiden unendlich benachbarten Punktereignissen gehören auch bestimmte Differentiale $dx_1 \ldots dx_4$ der vierdimensionalen Koordinaten des gewählten Bezugssystems. Ist dieses sowie ein „lokales" System obiger Art für die betrachtete Stelle gegeben, so

---

[1]) Die Zeiteinheit ist so zu wählen, daß die Vakuum-Lichtgeschwindigkeit — in dem „lokalen" Koordinatensystem gemessen — gleich 1 wird.

werden sich hier die dX_ν durch bestimmte lineare homogene Ausdrücke der dx_σ darstellen lassen:
(2) $$dX_\nu = \sum_\sigma \alpha_{\nu\sigma} dx_\sigma.$$

Setzt man diese Ausdrücke in (1) ein, so erhält man
(3) $$ds^2 = \sum_{\sigma\tau} g_{\sigma\tau} dx_\sigma dx_\tau,$$

wobei die $g_{\sigma\tau}$ Funktionen der x_σ sein werden, die nicht mehr von der Orientierung und dem Bewegungszustand des „lokalen" Koordinatensystems abhängen können; denn ds^2 ist eine durch Maßstab-Uhrenmessung ermittelbare, zu den betrachteten, zeiträumlich unendlich benachbarten Punktereignissen gehörige, unabhängig von jeder besonderen Koordinatenwahl definierte Größe. Die $g_{\sigma\tau}$ sind hierbei so zu wählen, daß $g_{\sigma\tau} = g_{\tau\sigma}$ ist; die Summation ist über alle Werte von σ und τ zu erstrecken, so daß die Summe aus 4×4 Summanden besteht, von denen 12 paarweise gleich sind.

Der Fall der gewöhnlichen Relativitätstheorie geht aus dem hier betrachteten hervor, falls es, vermöge des besonderen Verhaltens der $g_{\sigma\tau}$ in einem endlichen Gebiete, möglich ist, in diesem das Bezugssystem so zu wählen, daß die $g_{\sigma\tau}$ die konstanten Werte

(4) $$\begin{Bmatrix} -1 & 0 & 0 & 0 \\ 0 & -1 & 0 & 0 \\ 0 & 0 & -1 & 0 \\ 0 & 0 & 0 & +1 \end{Bmatrix}$$

annehmen. Wir werden später sehen, daß die Wahl solcher Koordinaten für endliche Gebiete im allgemeinen nicht möglich ist.

Aus den Betrachtungen der §§ 2 und 3 geht hervor, daß die Größen $g_{\sigma\tau}$ vom physikalischen Standpunkte aus als diejenigen Größen anzusehen sind, welche das Gravitationsfeld in bezug auf das gewählte Bezugssystem beschreiben. Nehmen wir nämlich zunächst an, es sei für ein gewisses betrachtetes vierdimensionales Gebiet bei geeigneter Wahl der Koordinaten die spezielle Relativitätstheorie gültig. Die $g_{\sigma\tau}$ haben dann die in (4) angegebenen Werte. Ein freier materieller Punkt bewegt sich dann bezüglich dieses Systems geradlinig gleichförmig. Führt man nun durch eine beliebige Substitution neue Raum—Zeitkoordinaten $x_1 \ldots x_4$ ein, so werden in diesem neuen System die $g_{\sigma\tau}$ nicht mehr Konstante, sondern Raum—Zeitfunktionen sein. Gleichzeitig wird sich die Bewegung des freien Massenpunktes in den neuen Koordinaten als eine krummlinige, nicht gleichförmige, darstellen, wobei dies Bewegungsgesetz unabhängig sein wird von der Natur des bewegten Massenpunktes. Wir werden also diese Bewegung als eine solche unter dem Einfluß eines Gravitationsfeldes deuten. Wir sehen das Auftreten eines Gravitationsfeldes geknüpft an eine raumzeitliche Veränderlichkeit der $g_{\sigma\tau}$. Auch in dem allgemeinen Falle, daß wir nicht in einem endlichen Gebiete bei passender Koordinatenwahl die Gültigkeit der speziellen Relativitätstheorie herbeiführen können, werden wir an der Auffassung festzuhalten haben, daß die $g_{\sigma\tau}$ das Gravitationsfeld beschreiben.

Die Gravitation spielt also gemäß der allgemeinen Relativitätstheorie eine Ausnahmerolle gegenüber den übrigen, insbesondere den elektromagnetischen Kräften, indem die das Gravitationsfeld darstellenden 10 Funktionen $g_{\sigma\tau}$ zugleich die metrischen Eigenschaften des vierdimensionalen Meßraumes bestimmen.

B. Mathematische Hilfsmittel für die Aufstellung allgemein kovarianter Gleichungen.

Nachdem wir im vorigen gesehen haben, daß das allgemeine Relativitätspostulat zu der Forderung führt, daß die Gleichungssysteme der Physik beliebigen Substitutionen der Koordinaten $x_1 \ldots x_4$ gegenüber kovariant sein müssen, haben wir zu überlegen, wie derartige allgemein kovariante Gleichungen gewonnen werden können. Dieser rein mathematischen Aufgabe wenden wir uns jetzt zu; es wird sich dabei zeigen, daß bei deren Lösung die in Gleichung (3) angegebene Invariante ds eine fundamentale Rolle spielt, welche wir in Anlehnung an die Gaußsche Flächentheorie als „Linienelement" bezeichnet haben.

Der Grundgedanke dieser allgemeinen Kovariantentheorie ist folgender. Es seien gewisse Dinge („Tensoren") mit Bezug auf jedes Koordinatensystem definiert durch eine Anzahl Raumfunktionen, welche die „Komponenten" des Tensors genannt werden. Es gibt dann gewisse Regeln, nach welchen diese Komponenten für ein neues Koordinatensystem berechnet werden, wenn sie für das ursprüngliche System bekannt sind, und wenn die beide Systeme verknüpfende Transformation bekannt ist. Die nachher als Tensoren bezeichneten Dinge sind ferner dadurch gekennzeichnet, daß die Transformationsgleichungen für ihre Komponenten linear und homogen sind. Demnach verschwinden sämtliche Komponenten im neuen System, wenn sie im ursprünglichen System sämtlich verschwinden. Wird also ein Naturgesetz durch das Nullsetzen aller Komponenten eines Tensors formuliert, so ist es allgemein kovariant; indem wir die Bildungsgesetze der Tensoren untersuchen, erlangen wir die Mittel zur Aufstellung allgemein kovarianter Gesetze.

§ 5. Kontravarianter und kovarianter Vierervektor.

Kontravarianter Vierervektor. Das Linienelement ist definiert durch die vier „Komponenten" dx_ν, deren Transformationsgesetz durch die Gleichung

$$(5) \qquad dx_\sigma' = \sum_\nu \frac{\partial x_\sigma'}{\partial x_\nu} dx_\nu$$

ausgedrückt wird. Die dx_σ' drücken sich linear und homogen durch die dx_ν aus; wir können diese Koordinatendifferentiale dx_ν daher als die Komponenten eines „Tensors" ansehen, den wir speziell als kontravarianten Vierervektor bezeichnen. Jedes Ding, was bezüglich des Koordinatensystems durch vier Größen A^ν definiert ist, die sich nach demselben Gesetz

$$(5\,\mathrm{a}) \qquad A^{\sigma\prime} = \sum_\nu \frac{\partial x_\sigma'}{\partial x_\nu} A^\nu$$

transformieren, bezeichnen wir ebenfalls als kontravarianten Vierervektor. Aus (5a) folgt sogleich, daß die Summen $(A^\sigma \pm B^\sigma)$ ebenfalls Komponenten eines Vierervektors sind, wenn A^σ und B^σ es sind. Entsprechendes gilt für alle später als „Tensoren" einzuführenden Systeme (Regel von der Addition und Subtraktion der Tensoren).

Kovarianter Vierervektor. Vier Größen A_ν nennen wir die Komponenten eines kovarianten Vierervektors, wenn für jede beliebige Wahl des kontravarianten Vierervektors B^ν

$$(6) \qquad \sum_\nu A_\nu B^\nu = \text{Invariante.}$$

Aus dieser Definition folgt das Transformationsgesetz des kovarianten Vierervektors. Ersetzt man nämlich auf der rechten Seite der Gleichung

$$\sum_\sigma A_\sigma' B^{\sigma\prime} = \sum_\nu A_\nu B^\nu$$

B^ν durch den aus der Umkehrung der Gleichung (5a) folgenden Ausdruck

$$\sum_\sigma \frac{\partial x_\nu}{\partial x_\sigma'} B^{\sigma\prime},$$

so erhält man $\qquad \sum_\sigma B^{\sigma\prime} \sum_\nu \frac{\partial x_\nu}{\partial x_\sigma'} A_\nu = \sum_\sigma B^{\sigma\prime} A_\sigma'.$

Hieraus folgt aber, weil in dieser Gleichung die $B^{\sigma\prime}$ unabhängig voneinander frei wählbar sind, das Transformationsgesetz

$$(7) \qquad A_\sigma' = \sum \frac{\partial x_\nu}{\partial x_\sigma'} A_\nu.$$

Bemerkung zur Vereinfachung der Schreibweise der Ausdrücke.

Ein Blick auf die Gleichungen dieses Paragraphen zeigt, daß über Indizes, die zweimal unter einem Summenzeichen auftreten [z. B. der Index ν in (5)], stets summiert wird, und zwar *nur* über zweimal auftretende Indizes. Es ist deshalb möglich, ohne die Klarheit zu beeinträchtigen, die Summenzeichen wegzulassen. Dafür führen wir die Vorschrift ein: Tritt ein Index in einem Term eines Ausdruckes zweimal auf, so ist über ihn stets zu summieren, wenn nicht ausdrücklich das Gegenteil bemerkt ist.

Der Unterschied zwischen dem kovarianten und kontravarianten Vierervektor liegt in dem Transformationsgesetz [(7) bzw. (5)]. Beide Gebilde sind Tensoren im Sinne der obigen allgemeinen Bemerkung; hierin liegt ihre Bedeutung. Im Anschluß an Ricci und Levi-Civita wird der kontravariante Charakter durch oberen, der kovariante durch unteren Index bezeichnet.

§ 6. Tensoren zweiten und höheren Ranges.

Kontravarianter Tensor. Bilden wir sämtliche 16 Produkte $A^{\mu\nu}$ der Komponenten A^μ und B^ν zweier kontravarianten Vierervektoren

(8) $$A^{\mu\nu} = A^\mu B^\nu,$$

so erfüllt $A^{\mu\nu}$ gemäß (8) und (5a) das Transformationsgesetz

(9) $$A^{\sigma\tau'} = \frac{\partial x'_\sigma}{\partial x_\mu} \frac{\partial x'_\tau}{\partial x_\nu} A^{\mu\nu}.$$

Wir nennen ein Ding, das bezüglich eines jeden Bezugssystems durch 16 Größen (Funktionen) beschrieben wird, die das Transformationsgesetz (9) erfüllen, einen kontravarianten Tensor zweiten Ranges. Nicht jeder solche Tensor läßt sich gemäß (8) aus zwei Vierervektoren bilden. Aber es ist leicht zu beweisen, daß sich 16 beliebig gegebene $A^{\mu\nu}$ darstellen lassen als die Summen der $A^\mu B^\nu$ von vier geeignet gewählten Paaren von Vierervektoren. Deshalb kann man beinahe alle Sätze, die für den durch (9) definierten Tensor zweiten Ranges gelten, am einfachsten dadurch beweisen, daß man sie für spezielle Tensoren vom Typus (8) dartut.

Kontravarianter Tensor beliebigen Ranges. Es ist klar, daß man entsprechend (8) und (9) auch kontravariante Tensoren dritten und höheren Ranges definieren kann mit 4^3 usw. Komponenten. Ebenso erhellt aus (8) und (9), daß man in diesem Sinne den kontravarianten Vierervektor als kontravarianten Tensor ersten Ranges auffassen kann.

Kovarianter Tensor. Bildet man andererseits die 16 Produkte $A_{\mu\nu}$ der Komponenten zweier *kovarianter* Vierervektoren A_μ und B_ν

(10) $$A_{\mu\nu} = A_\mu B_\nu,$$

so gilt für diese das Transformationsgesetz

(11) $$A'_{\sigma\tau} = \frac{\partial x_\mu}{\partial x'_\sigma} \frac{\partial x_\nu}{\partial x'_\tau} A_{\mu\nu}.$$

Durch dieses Transformationsgesetz wird der kovariante Tensor zweiten Ranges definiert. Alle Bemerkungen, welche vorher über die kontravarianten Tensoren gemacht wurden, gelten auch für die kovarianten Tensoren.

Bemerkung. Es ist bequem, den Skalar (Invariante) sowohl als kontravarianten wie als kovarianten Tensor vom Range Null zu behandeln.

Gemischter Tensor. Man kann auch einen Tensor zweiten Ranges vom Typus

(12) $$A_\mu{}^\nu = A_\mu B^\nu$$

definieren, der bezüglich des Index μ kovariant, bezüglich des Index ν kontravariant ist. Sein Transformationsgesetz ist

(13) $$A_\sigma{}^{\tau'} = \frac{\partial x'_\tau}{\partial x_\beta} \frac{\partial x_\alpha}{\partial x'_\sigma} A_\alpha{}^\beta.$$

Natürlich gibt es gemischte Tensoren mit beliebig vielen Indizes kovarianten und beliebig vielen Indizes kontravarianten Charakters. Der kovariante und der kontravariante Tensor können als spezielle Fälle des gemischten angesehen werden.

Symmetrische Tensoren. Ein kontravarianter bzw. kovarianter Tensor zweiten oder höheren Ranges heißt *symmetrisch*, wenn zwei Komponenten, die durch Vertauschung irgend zweier Indizes auseinander hervorgehen, gleich sind. Der Tensor $A^{\mu\nu}$ bzw. $A_{\mu\nu}$ ist also symmetrisch, wenn für jede Kombination der Indizes

(14) $$A^{\mu\nu} = A^{\nu\mu},$$ bzw.

(14a) $$A_{\mu\nu} = A_{\nu\mu} \text{ ist.}$$

Es muß bewiesen werden, daß die so definierte Symmetrie eine vom Bezugssystem unabhängige Eigenschaft ist. Aus (9) folgt in der Tat mit Rücksicht auf (14)

$$A^{\sigma\tau'} = \frac{\partial x'_\sigma}{\partial x_\mu} \frac{\partial x'_\tau}{\partial x_\nu} A^{\mu\nu} = \frac{\partial x'_\sigma}{\partial x_\mu} \frac{\partial x'_\tau}{\partial x_\nu} A^{\nu\mu} = \frac{\partial x'_\tau}{\partial x_\mu} \frac{\partial x'_\sigma}{\partial x_\nu} A^{\mu\nu} = A^{\tau\sigma'}.$$

Die vorletzte Gleichsetzung beruht auf der Vertauschung der Summationsindizes μ und ν (d. h. auf bloßer Änderung der Bezeichnungsweise).

Antisymmetrische Tensoren. Ein kontravarianter bzw. kovarianter Tensor zweiten, dritten oder vierten Ranges heißt antisymmetrisch, wenn zwei Komponenten, die durch Vertauschung irgend zweier Indizes auseinander hervorgehen, *entgegengesetzt gleich* sind. Der Tensor $A^{\mu\nu}$ bzw. $A_{\mu\nu}$ ist also antisymmetrisch, wenn stets

(15) $$A^{\mu\nu} = -A^{\nu\mu},$$ bzw.

(15a) $$A_{\mu\nu} = -A_{\nu\mu} \text{ ist.}$$

Von den 16 Komponenten $A^{\mu\nu}$ verschwinden die vier Komponenten $A^{\mu\mu}$; die übrigen sind paarweise entgegengesetzt gleich, so daß nur 6 numerisch verschiedene Komponenten vorhanden sind (Sechservektor). Ebenso sieht man, daß der antisymmetrische Tensor $A^{\mu\nu\sigma}$ (dritten Ranges) nur vier numerisch verschiedene Komponenten hat, der antisymmetrische Tensor $A^{\mu\nu\sigma\tau}$ nur eine einzige. Antisymmetrische Tensoren höheren als vierten Ranges gibt es in einem Kontinuum von vier Dimensionen nicht.

§ 7. Multiplikation der Tensoren.

Äußere Multiplikationen der Tensoren. Man erhält aus den Komponenten eines Tensors vom Range z und eines solchen vom Range z' die Komponenten eines Tensors vom Range $z + z'$, indem man alle Komponenten des ersten mit allen Komponenten des zweiten paarweise multipliziert. So entstehen beispielsweise die Tensoren T aus den Tensoren A und B verschiedener Art

$$T_{\mu\nu\sigma} = A_{\mu\nu} B_\sigma,$$
$$T^{\alpha\beta\gamma\delta} = A^{\alpha\beta} B^{\gamma\delta},$$
$$T^{\gamma\delta}_{\alpha\beta} = A_{\alpha\beta} B^{\gamma\delta}.$$

Der Beweis des Tensorcharakters der T ergibt sich unmittelbar aus den Darstellungen (8), (10), (12) oder aus den Transformationsregeln (9), (11), (13). Die Gleichungen (8), (10), (12) sind selbst Beispiele äußerer Multiplikation (von Tensoren ersten Ranges).

„Verjüngung" eines gemischten Tensors. Aus jedem gemischten Tensor kann ein Tensor von einem um zwei kleineren Range gebildet werden, indem man einen Index kovarianten und einen Index kontravarianten Charakters gleichsetzt und nach diesem Index summiert („Verjüngung"). Man gewinnt so z. B. aus dem gemischten Tensor vierten Ranges $A^{\gamma\delta}_{\alpha\beta}$ den gemischten Tensor zweiten Ranges

$$A^{\delta}_{\beta} = A^{\alpha\delta}_{\alpha\beta} \left(= \sum_\alpha A^{\alpha\delta}_{\alpha\beta} \right)$$

und aus diesem, abermals durch Verjüngung, den Tensor nullten Ranges
$A = A^{\beta}_{\beta} = A^{\alpha\beta}_{\alpha\beta}$.

Der Beweis dafür, daß das Ergebnis der Verjüngung wirklich Tensorcharakter besitzt, ergibt sich entweder aus der Tensordarstellung gemäß der Verallgemeinerung von (12) in Verbindung mit (6) oder aus der Verallgemeinerung von (13).

Innere und gemischte Multiplikation der Tensoren. Diese bestehen in der Kombination der äußeren Multiplikation mit der Verjüngung.

Beispiele. Aus dem kovarianten Tensor zweiten Ranges $A_{\mu\nu}$ und dem kontravarianten Tensor ersten Ranges B^σ bilden wir durch äußere Multiplikation den gemischten Tensor

$$D^{\sigma}_{\mu\nu} = A_{\mu\nu} B^\sigma.$$

Durch Verjüngung nach den Indizes ν, σ entsteht der kovariante Vierervektor

$$D_\mu = D^{\nu}_{\mu\nu} = A_{\mu\nu} B^\nu.$$

Diesen bezeichnen wir auch als inneres Produkt der Tensoren $A_{\mu\nu}$ und B^σ.

Analog bildet man aus den Tensoren $A_{\mu\nu}$ und $B^{\sigma\tau}$ durch äußere Multiplikation und zweimalige Verjüngung das innere Produkt $A_{\mu\nu} B^{\mu\nu}$. Durch äußere Produktbildung und einmalige Verjüngung erhält man aus $A_{\mu\nu}$ und $B^{\sigma\tau}$ den gemischten Tensor zweiten Ranges $D_\mu^\tau = A_{\mu\nu} B^{\nu\tau}$. Man kann diese Operation passend als eine gemischte bezeichnen; denn sie ist eine äußere bezüglich der Indizes μ und τ, eine innere bezüglich der Indizes ν und σ.

Wir beweisen nun einen Satz, der zum Nachweis des Tensorcharakters oft verwendbar ist. Nach dem soeben Dargelegten ist $A_{\mu\nu} B^{\mu\nu}$ ein Skalar, wenn $A_{\mu\nu}$ und $B^{\sigma\tau}$ Tensoren sind. Wir behaupten aber auch folgendes: Wenn $A_{\mu\nu} B^{\mu\nu}$ *für jede Wahl des Tensors $B^{\mu\nu}$ eine Invariante ist, so hat $A_{\mu\nu}$* Tensorcharakter.

Beweis. — Es ist nach Voraussetzung für eine beliebige Substitution
$$A_{\sigma\tau}' B^{\sigma\tau'} = A_{\mu\nu} B^{\mu\nu}.$$
Nach der Umkehrung von (9) ist aber
$$B^{\mu\nu} = \frac{\partial x_\mu}{\partial x_\sigma'} \frac{\partial x_\nu}{\partial x_\tau'} B^{\sigma\tau'}.$$
Dies, eingesetzt in obige Gleichung, liefert:
$$\left(A_{\sigma\tau}' - \frac{\partial x_\mu}{\partial x_\sigma'} \frac{\partial x_\nu}{\partial x_\tau'} A_{\mu\nu} \right) B^{\sigma\tau'} = 0.$$

Dies kann bei beliebiger Wahl von $B^{\sigma\tau'}$ nur dann erfüllt sein, wenn die Klammer verschwindet, woraus mit Rücksicht auf (11) die Behauptung folgt.

Dieser Satz gilt entsprechend für Tensoren beliebigen Ranges und Charakters; der Beweis ist stets analog zu führen.

Der Satz läßt sich ebenso beweisen in der Form: Sind B^μ und C^ν beliebige Vektoren, und ist bei jeder Wahl derselben das innere Produkt
$$A_{\mu\nu} B^\mu C^\nu$$
ein Skalar, so ist $A_{\mu\nu}$ ein kovarianter Tensor. Dieser letztere Satz gilt auch dann noch, wenn nur die speziellere Aussage zutrifft, daß bei beliebiger Wahl des Vierervektors B^μ das skalare Produkt
$$A_{\mu\nu} B^\mu B^\nu$$
ein Skalar ist, falls man außerdem weiß, daß $A_{\mu\nu}$ der Symmetriebedingung $A_{\mu\nu} = A_{\nu\mu}$ genügt. Denn auf dem vorhin angegebenen Wege beweist man den Tensorcharakter von $(A_{\mu\nu} + A_{\nu\mu})$, woraus dann wegen der Symmetrieeigenschaft der Tensorcharakter von $A_{\mu\nu}$ selbst folgt. Auch dieser Satz läßt sich leicht verallgemeinern auf den Fall kovarianter und kontravarianter Tensoren beliebigen Ranges.

Endlich folgt aus dem Bewiesenen der ebenfalls auf beliebige Tensoren zu verallgemeinernde Satz: Wenn die Größen $A_{\mu\nu} B^\nu$ bei beliebiger Wahl des Vierervektors B^ν einen Tensor ersten Ranges bilden, so ist $A_{\mu\nu}$ ein Tensor zweiten Ranges. Ist nämlich C^μ ein beliebiger Vierervektor, so ist wegen des Tensorcharakters $A_{\mu\nu} B^\nu$ das innere Produkt $A_{\mu\nu} C^\mu B^\nu$ bei beliebiger Wahl der beiden Vierervektoren C^μ und B^ν ein Skalar, woraus die Behauptung folgt.

§ 8. Einiges über den Fundamentaltensor der $g_{\mu\nu}$.

Der kovariante Fundamentaltensor. In dem invarianten Ausdruck des Quadrates des Linienelementes $$ds^2 = g_{\mu\nu} dx_\mu dx_\nu$$
spielt dx_μ die Rolle eines beliebig wählbaren kontravarianten Vektors. Da ferner $g_{\mu\nu} = g_{\nu\mu}$, so folgt nach den Betrachtungen des letzten Paragraphen hieraus, daß $g_{\mu\nu}$ ein kovarianter Tensor zweiten Ranges ist. Wir nennen ihn „Fundamentaltensor". Im folgenden leiten wir einige Eigenschaften dieses Tensors ab, die zwar jedem Tensor zweiten Ranges eigen sind; aber die besondere Rolle des Fundamentaltensors in unserer Theorie, welche in der Besonderheit der Gravitationswirkungen ihren physikalischen Grund hat, bringt es mit sich, daß die zu entwickelnden Relationen nur bei dem Fundamentaltensor für uns von Bedeutung sind.

Der kontravariante Fundamentaltensor. Bildet man in dem Determinantenschema der $g_{\mu\nu}$ zu jedem $g_{\mu\nu}$ die Unterdeterminante und dividiert diese durch die Determinante $g = |g_{\mu\nu}|$ der $g_{\mu\nu}$, so erhält man gewisse Größen $g^{\mu\nu}$ ($= g^{\nu\mu}$), von denen wir beweisen wollen, daß sie einen kontravarianten Tensor bilden.

Nach einem bekannten Determinantensatze ist
(16) $$g_{\mu\sigma} g^{\nu\sigma} = \delta_\mu^\nu,$$
wobei das Zeichen δ_μ^ν 1 oder 0 bedeutet, je nachdem $\mu = \nu$ oder $\mu \neq \nu$ ist. Statt des obigen Ausdruckes für ds^2 können wir auch
$$g_{\mu\sigma} \delta_\nu^\sigma dx_\mu dx_\nu,$$
oder nach (16) auch $\quad g_{\mu\sigma} g_{\nu\tau} g^{\sigma\tau} dx_\mu dx_\nu$

schreiben. Nun bilden aber nach den Multiplikationsregeln der vorigen Paragraphen die Größen $\quad d\xi_\sigma = g_{\mu\sigma} dx_\mu$
einen kovarianten Vierervektor, und zwar (wegen der willkürlichen Wählbarkeit der dx_μ) einen beliebig wählbaren Vierervektor. Indem wir ihn in unseren Ausdruck einführen, erhalten wir
$$ds^2 = g^{\sigma\tau} d\xi_\sigma d\xi_\tau.$$
Da dies bei beliebiger Wahl des Vektors $d\xi_\sigma$ ein Skalar ist und $g^{\sigma\tau}$ nach seiner Definition in den Indizes σ und τ symmetrisch ist, folgt aus den Er-

gebnissen des vorigen Paragraphen, daß $g^{\sigma\tau}$ ein kontravarianter Tensor ist. Aus (16) folgt noch, daß auch $\delta_\mu{}^\nu$ ein Tensor ist, den wir den gemischten Fundamentaltensor nennen können.

Determinante des Fundamentaltensors. Nach dem Multiplikationssatz der Determinanten ist $|g_{\mu\alpha} g^{\alpha\nu}| = |g_{\mu\alpha}| \, |g^{\alpha\nu}|$.

Andererseits ist $|g_{\mu\alpha} g^{\alpha\nu}| = |\delta_\mu{}^\nu| = 1$.

(17) Also folgt $|g_{\mu\nu}| \, |g^{\mu\nu}| = 1$.

Invariante des Volumens. Wir suchen zuerst das Transformationsgesetz der Determinante $g = |g_{\mu\nu}|$. Gemäß (11) ist

$$g' = \left| \frac{\partial x_\mu}{\partial x'_\sigma} \frac{\partial x_\nu}{\partial x'_\tau} g_{\mu\nu} \right|.$$

Hieraus folgt durch zweimalige Anwendung des Multiplikationssatzes der Determinanten

$$g' = \left| \frac{\partial x_\mu}{\partial x'_\sigma} \right| \left| \frac{\partial x_\nu}{\partial x'_\tau} \right| |g_{\mu\nu}| = \left| \frac{\partial x_\mu}{\partial x'_\sigma} \right|^2 g,$$

oder

$$\sqrt{g'} = \left| \frac{\partial x_\mu}{\partial x'_\sigma} \right| \sqrt{g}.$$

Andererseits ist das Gesetz der Transformation des Volumenelementes

$$d\tau' = dx_1 \, dx_2 \, dx_3 \, dx_4$$

nach dem bekannten Jakobischen Satze

$$d\tau' = \left| \frac{\partial x'_\sigma}{\partial x_\mu} \right| d\tau.$$

Durch Multiplikation der beiden letzten Gleichungen erhält man

(18) $\sqrt{g'} \, d\tau' = \sqrt{g} \, d\tau$.

Statt $\sqrt{g}$ wird im folgenden die Größe $\sqrt{-g}$ eingeführt, welche wegen des hyperbolischen Charakters des zeiträumlichen Kontinuums stets einen reellen Wert hat. Die Invariante $\sqrt{-g} \, d\tau$ ist gleich der Größe des im „örtlichen Bezugssystem", mit starren Maßstäben und Uhren im Sinne der speziellen Relativitätstheorie gemessenen vierdimensionalen Volumelementes.

Bemerkung über den Charakter des raumzeitlichen Kontinuums. Unsere Voraussetzung, daß im unendlich kleinen stets die spezielle Relativitätstheorie gelte, bringt es mit sich, daß sich ds^2 immer gemäß (1) durch die reellen Größen $dX_1 \ldots dX_4$ ausdrücken läßt. Nennen wir $d\tau_0$ das „natürliche" Volumenelement $dX_1 \, dX_2 \, dX_3 \, dX_4$, so ist also

(18a) $d\tau_0 = \sqrt{-g} \, d\tau$.

Soll an einer Stelle des vierdimensionalen Kontinuums $\sqrt{-g}$ verschwinden, so bedeutet dies, daß hier einem endlichen Koordinatenvolumen ein unendlich kleines „natürliches" Volumen entspreche. Dies möge nirgends der Fall sein. Dann kann g sein Vorzeichen nicht ändern; wir werden im Sinne der speziellen Relativitätstheorie annehmen, daß g stets einen endlichen negativen Wert habe. Es ist dies eine Hypothese über die physikalische Natur des betrachteten Kontinuums und gleichzeitig eine Festsetzung über die Koordinatenwahl.

Ist aber $-g$ stets positiv und endlich, so liegt es nahe, die Koordinatenwahl a posteriori so zu treffen, daß diese Größe gleich 1 wird. Wir werden später sehen, daß durch eine solche Beschränkung der Koordinatenwahl eine bedeutende Vereinfachung der Naturgesetze erzielt werden kann. An Stelle von (18) tritt dann einfach

$$d\tau' = d\tau,$$

woraus mit Rücksicht auf Jakobis Satz folgt

(19) $$\left|\frac{\partial x'_\sigma}{\partial x_\mu}\right| = 1.$$

Bei dieser Koordinatenwahl sind also nur Substitutionen der Koordinaten von der Determinante 1 zulässig.

Es wäre aber irrtümlich, zu glauben, daß dieser Schritt einen partiellen Verzicht auf das allgemeine Relativitätspostulat bedeute. Wir fragen nicht: „Wie heißen die Naturgesetze, welche gegenüber allen Transformationen von der Determinante 1 kovariant sind?" Sondern wir fragen: „Wie heißen die *allgemein* kovarianten Naturgesetze?" Erst nachdem wir diese aufgestellt haben, vereinfachen wir ihren Ausdruck durch eine besondere Wahl des Bezugssystems.

Bildung neuer Tensoren vermittelst des Fundamentaltensors. Durch innere, äußere und gemischte Multiplikation eines Tensors mit dem Fundamentaltensor entstehen Tensoren anderen Charakters und Ranges.

Beispiele:
$$A^\mu = g^{\mu\sigma} A_\sigma,$$
$$A = g_{\mu\nu} A^{\mu\nu}.$$

Besonders sei auf folgende Bildungen hingewiesen:
$$A^{\mu\nu} = g^{\mu\alpha} g^{\nu\beta} A_{\alpha\beta},$$
$$A_{\mu\nu} = g_{\mu\alpha} g_{\nu\beta} A^{\alpha\beta}$$

(„Ergänzung" des kovarianten bzw. kontravarianten Tensors), und
$$B_{\mu\nu} = g_{\mu\nu} g^{\alpha\beta} A_{\alpha\beta}.$$

Wir nennen $B_{\mu\nu}$ den zu $A_{\mu\nu}$ gehörigen reduzierten Tensor. Analog
$$B^{\mu\nu} = g^{\mu\nu} g_{\alpha\beta} A^{\alpha\beta}.$$

Es sei bemerkt, daß $g^{\mu\nu}$ nichts anderes ist als die Ergänzung von $g_{\mu\nu}$. Denn man hat
$$g^{\mu\alpha} g^{\nu\beta} g_{\alpha\beta} = g^{\mu\alpha} \delta^\nu_\alpha = g^{\mu\nu}.$$

§ 9. Gleichung der geodätischen Linie (bzw. der Punktbewegung).

Da das „Linienelement" ds eine unabhängig vom Koordinatensystem definierte Größe ist, hat auch die zwischen zwei Punkten P_1 und P_2 des vierdimensionalen Kontinuums gezogene Linie, für welche $\int ds$ ein Extremum ist (geodätische Linie), eine von der Koordinatenwahl unabhängige Bedeutung. Ihre Gleichung ist

(20) $$\delta \left\{ \int_{P_1}^{P_2} ds \right\} = 0.$$

Aus dieser Gleichung findet man in bekannter Weise durch Ausführung der Variation vier totale Differentialgleichungen, welche diese geodätische Linie bestimmen; diese Ableitung soll der Vollständigkeit halber hier Platz finden. Es sei λ eine Funktion der Koordinaten x_ν; diese definiert eine Schar von Flächen, welche die gesuchte geodätische Linie sowie alle ihr unendlich benachbarten, durch die Punkte P_1 und P_2 gezogenen Linien schneiden. Jede solche Kurve kann dann dadurch gegeben gedacht werden, daß ihre Koordinaten x_ν in Funktion von λ ausgedrückt werden. Das Zeichen δ entspreche dem Übergang von einem Punkte der gesuchten geodätischen Linie zu demjenigen Punkte einer benachbarten Kurve, welcher zu dem nämlichen λ gehört. Dann läßt sich (20) durch

(20a) $$\begin{cases} \int_{\lambda_1}^{\lambda_2} \delta w \, d\lambda = 0 \\ w^2 = g_{\mu\nu} \dfrac{dx_\mu}{d\lambda} \dfrac{dx_\nu}{d\lambda} \end{cases} \qquad \text{ersetzen.}$$

Da aber $\delta w = \dfrac{1}{w} \left\{ \dfrac{1}{2} \dfrac{\partial g_{\mu\nu}}{\partial x_\sigma} \dfrac{dx_\mu}{d\lambda} \dfrac{dx_\nu}{d\lambda} \delta x_\sigma + g_{\mu\nu} \dfrac{dx_\mu}{d\lambda} \delta\left(\dfrac{dx_\nu}{d\lambda}\right) \right\}$,

so erhält man nach Einsetzen von δw in (20a) mit Rücksicht darauf, daß

$$\delta\left(\frac{dx_\nu}{d\lambda}\right) = \frac{d\,\delta x_\nu}{d\lambda},$$

nach partieller Integration

(20b) $$\begin{cases} \int_{\lambda_1}^{\lambda_2} d\lambda \, \varkappa_\sigma \, \delta x_\sigma = 0 \\ \varkappa_\sigma = \dfrac{d}{d\lambda}\left\{ \dfrac{g_{\mu\nu}}{w} \dfrac{dx_\mu}{d\lambda} \right\} - \dfrac{1}{2w} \dfrac{\partial g_{\mu\nu}}{\partial x_\sigma} \dfrac{dx_\mu}{d\lambda} \dfrac{dx_\nu}{d\lambda}. \end{cases}$$

Hieraus folgt wegen der freien Wählbarkeit der δx_σ das Verschwinden der $\varkappa_\sigma$.

(20c) Also sind $\qquad \varkappa_\sigma = 0$

die Gleichungen der geodätischen Linie. Ist auf der betrachteten geodätischen Linie nicht $ds = 0$, so können wir als Parameter λ die auf der geodätischen Linie gemessene „Bogenlänge" s wählen. Dann wird $w=1$, und man erhält an Stelle von (20c)

$$g_{\mu\nu}\frac{d^2 x_\mu}{ds^2} + \frac{\partial g_{\mu\nu}}{\partial x_\sigma}\frac{dx_\sigma}{ds}\frac{dx_\mu}{ds} - \frac{1}{2}\frac{\partial g_{\mu\nu}}{\partial x_\sigma}\frac{dx_\mu}{ds}\frac{dx_\nu}{ds} = 0,$$

oder durch bloße Änderung der Bezeichnungsweise

(20d) $$g_{\alpha\sigma}\frac{d^2 x_\alpha}{ds^2} + \left[\begin{matrix}\mu\nu\\\sigma\end{matrix}\right]\frac{dx_\mu}{ds}\frac{dx_\nu}{ds} = 0,$$

wobei nach Christoffel gesetzt ist

(21) $$\left[\begin{matrix}\mu\nu\\\sigma\end{matrix}\right] = \frac{1}{2}\left(\frac{\partial g_{\mu\sigma}}{\partial x_\nu} + \frac{\partial g_{\nu\sigma}}{\partial x_\mu} - \frac{\partial g_{\mu\nu}}{\partial x_\sigma}\right).$$

Multipliziert man endlich (20d) mit $g^{\sigma\tau}$ (äußere Multiplikation bezüglich τ, innere bezüglich σ), so erhält man schließlich als endgültige Form der Gleichung der geodätischen Linie

(22) $$\frac{d^2 x_\tau}{ds^2} + \left\{\begin{matrix}\mu\nu\\\tau\end{matrix}\right\}\frac{dx_\mu}{ds}\frac{dx_\nu}{ds} = 0.$$

Hierbei ist nach Christoffel gesetzt

(23) $$\left\{\begin{matrix}\mu\nu\\\tau\end{matrix}\right\} = g^{\tau\alpha}\left[\begin{matrix}\mu\nu\\\alpha\end{matrix}\right].$$

§ 10. Die Bildung von Tensoren durch Differentiation.

Gestützt auf die Gleichung der geodätischen Linie können wir nun leicht die Gesetze ableiten, nach welchen durch Differentiation aus Tensoren neue Tensoren gebildet werden können. Dadurch werden wir erst in den Stand gesetzt, allgemein kovariante Differentialgleichungen aufzustellen. Wir erreichen dies Ziel durch wiederholte Anwendung des folgenden einfachen Satzes.

Ist in unserem Kontinuum eine Kurve gegeben, deren Punkte durch die Bogendistanz s von einem Fixpunkt auf der Kurve charakterisiert sind, ist ferner φ eine invariante Raumfunktion, so ist auch $d\varphi/ds$ eine Invariante. Der Beweis liegt darin, daß sowohl $d\varphi$ als auch ds Invariante sind.

Da $$\frac{d\varphi}{ds} = \frac{\partial \varphi}{\partial x_\mu}\frac{dx_\mu}{ds},$$

so ist auch $$\psi = \frac{\partial \varphi}{\partial x_\mu}\frac{dx_\mu}{ds}$$

eine Invariante, und zwar für alle Kurven, die von einem Punkte des Kontinuums ausgehen, d. h. für beliebige Wahl des Vektors der dx_μ. Daraus folgt unmittelbar, daß

(24) $$A_\mu = \frac{\partial \varphi}{\partial x_\mu}$$

ein kovarianter Vierervektor ist (*Gradient* von φ).

Nach unserem Satze ist ebenso der auf einer Kurve genommene Differentialquotient
$$\chi = \frac{d\psi}{ds}$$
eine Invariante. Durch Einsetzen von ψ erhalten wir zunächst
$$\chi = \frac{\partial^2 \varphi}{\partial x_\mu \partial x_\nu}\frac{dx_\mu}{ds}\frac{dx_\nu}{ds} + \frac{\partial \varphi}{\partial x_\mu}\frac{d^2 x_\mu}{ds^2}.$$

Hieraus läßt sich zunächst die Existenz eines Tensors nicht ableiten. Setzen wir nun aber fest, daß die Kurve, auf welcher wir differenziert haben, eine geodätische Kurve sei, so erhalten wir nach (22) durch Ersetzen von $d^2 x_\nu/ds^2$:
$$\chi = \left\{\frac{\partial^2 \varphi}{\partial x_\mu \partial x_\nu} - \begin{Bmatrix} \mu\,\nu \\ \tau \end{Bmatrix} \frac{\partial \varphi}{\partial x_\tau}\right\} \frac{dx_\mu}{ds}\frac{dx_\nu}{ds}.$$

Aus der Vertauschbarkeit der Differentiationen nach μ und ν und daraus, daß gemäß (23) und (21) die Klammer $\begin{Bmatrix} \mu\,\nu \\ \tau \end{Bmatrix}$ bezüglich μ und ν symmetrisch ist, folgt, daß der Klammerausdruck in μ und ν symmetrisch ist. Da man von einem Punkt des Kontinuums aus in beliebiger Richtung eine geodätische Linie ziehen kann, dx_μ/ds also ein Vierervektor mit frei wählbarem Verhältnis der Komponenten ist, folgt nach den Ergebnissen des § 7, daß

(25) $$A_{\mu\nu} = \frac{\partial^2 \varphi}{\partial x_\mu \partial x_\nu} - \begin{Bmatrix} \mu\,\nu \\ \tau \end{Bmatrix} \frac{\partial \varphi}{\partial x_\tau}$$

ein kovarianter Tensor zweiten Ranges ist. Wir haben also das Ergebnis gewonnen: Aus dem kovarianten Tensor ersten Ranges
$$A_\mu = \frac{\partial \varphi}{\partial x_\mu}$$
können wir durch Differentiation einen kovarianten Tensor zweiten Ranges

(26) $$A_{\mu\nu} = \frac{\partial A_\mu}{\partial x_\nu} - \begin{Bmatrix} \mu\,\nu \\ \tau \end{Bmatrix} A_\tau$$

bilden. Wir nennen den Tensor $A_{\mu\nu}$ die „*Erweiterung*" des Tensors A_μ. Zunächst können wir leicht zeigen, daß diese Bildung auch dann auf einen Tensor führt, wenn der Vektor A_μ nicht als ein Gradient darstellbar ist. Um dies einzusehen, bemerken wir zunächst, daß
$$\psi \frac{\partial \varphi}{\partial x_\mu}$$
ein kovarianter Vierervektor ist, wenn ψ und φ Skalare sind. Dies ist auch der Fall für eine aus vier solchen Gliedern bestehende Summe
$$S_\mu = \psi^{(1)} \frac{\partial \varphi^{(1)}}{\partial x_\mu} + \cdot + \cdot + \psi^{(4)} \frac{\partial \varphi^{(4)}}{\partial x_\mu},$$
falls $\psi^{(1)} \varphi^{(1)} \ldots \psi^{(4)} \varphi^{(4)}$ Skalare sind. Nun ist aber klar, daß sich jeder kovariante Vierervektor in der Form S_μ darstellen läßt. Ist nämlich A_μ ein

Vierervektor, dessen Komponenten beliebig gegebene Funktionen der x_ν sind, so hat man nur (bezüglich des gewählten Koordinatensystems) zu setzen

$$\begin{aligned}\psi^{(1)} &= A_1, & \varphi^{(1)} &= x_1, \\ \psi^{(2)} &= A_2, & \varphi^{(2)} &= x_2, \\ \psi^{(3)} &= A_3, & \varphi^{(3)} &= x_3, \\ \psi^{(4)} &= A_4, & \varphi^{(4)} &= x_4,\end{aligned}$$

um zu erreichen, daß S_μ gleich A_μ wird.

Um daher zu beweisen, daß $A_{\mu\nu}$ ein Tensor ist, wenn auf der rechten Seite für A_μ ein beliebiger kovarianter Vierervektor eingesetzt wird, brauchen wir nur zu zeigen, daß dies für den Vierervektor S_μ zutrifft. Für letzteres ist es aber, wie ein Blick auf die rechte Seite von (26) lehrt, hinreichend, den Nachweis für den Fall

$$A_\mu = \psi \frac{\partial \varphi}{\partial x_\mu}$$

zu führen. Es hat nun die mit ψ multiplizierte rechte Seite von (25)

$$\psi \frac{\partial^2 \varphi}{\partial x_\mu \partial x_\nu} - \begin{Bmatrix}\mu\,\nu\\ \tau\end{Bmatrix} \psi \frac{\partial \varphi}{\partial x_\tau} \qquad \text{Tensorcharakter.}$$

Ebenso ist

$$\frac{\partial \psi}{\partial x_\mu} \frac{\partial \varphi}{\partial x_\nu}$$

ein Tensor (äußeres Produkt zweier Vierervektoren). Durch Addition folgt der Tensorcharakter von

$$\frac{\partial}{\partial x_\nu}\left(\psi \frac{\partial \varphi}{\partial x_\mu}\right) - \begin{Bmatrix}\mu\,\nu\\ \tau\end{Bmatrix}\left(\psi \frac{\partial \varphi}{\partial x_\tau}\right).$$

Damit ist, wie ein Blick auf (26) lehrt, der verlangte Nachweis für den Vierervektor

$$\psi \frac{\partial \varphi}{\partial x_\mu},$$

und daher nach dem vorhin Bewiesenen für jeden beliebigen Vierervektor A_μ geführt. —

Mit Hilfe der Erweiterung des Vierervektors kann man leicht die „Erweiterung" eines kovarianten Tensors beliebigen Ranges definieren; diese Bildung ist eine Verallgemeinerung der Erweiterung des Vierervektors. Wir beschränken uns auf die Aufstellung der Erweiterung des Tensors zweiten Ranges, da dieser das Bildungsgesetz bereits klar übersehen läßt.

Wie bereits bemerkt, läßt sich jeder kovariante Tensor zweiten Ranges darstellen[1]) als eine Summe von Tensoren vom Typus $A_\mu B_\nu$. Es wird des-

---

[1]) Durch äußere Multiplikation der Vektoren mit den (beliebig gegebenen) Komponenten $A_{11}, A_{12}, A_{13}, A_{14}$ bzw. 1, 0, 0, 0 entsteht ein Tensor mit den Komponenten

$$\begin{matrix}A_{11} & A_{12} & A_{13} & A_{14} \\ 0 & 0 & 0 & 0 \\ 0 & 0 & 0 & 0 \\ 0 & 0 & 0 & 0\end{matrix}$$

Durch Addition von vier Tensoren von diesem Typus erhält man den Tensor $A_{\mu\nu}$ mit beliebig vorgeschriebenen Komponenten.

halb genügen, den Ausdruck der Erweiterung für einen solchen speziellen Tensor abzuleiten. Nach (26) haben die Ausdrücke

$$\frac{\partial A_\mu}{\partial x_\sigma} - \begin{Bmatrix} \sigma\mu \\ \tau \end{Bmatrix} A_\tau,$$

$$\frac{\partial B_\nu}{\partial x_\sigma} - \begin{Bmatrix} \sigma\nu \\ \tau \end{Bmatrix} B_\tau$$

Tensorcharakter. Durch äußere Multiplikation des ersten mit B_ν, des zweiten mit A_μ erhält man je einen Tensor dritten Ranges; deren Addition ergibt den Tensor dritten Ranges

(27) $$A_{\mu\nu\sigma} = \frac{\partial A_{\mu\nu}}{\partial x_\sigma} - \begin{Bmatrix} \sigma\mu \\ \tau \end{Bmatrix} A_{\tau\nu} - \begin{Bmatrix} \sigma\nu \\ \tau \end{Bmatrix} A_{\mu\tau},$$

wobei $A_{\mu\nu} = A_\mu B_\nu$ gesetzt ist. Da die rechte Seite von (27) linear und homogen ist bezüglich der $A_{\mu\nu}$ und deren erster Ableitungen, führt dieses Bildungsgesetz nicht nur bei einem Tensor vom Typus $A_\mu B_\nu$, sondern auch bei einer Summe solcher Tensoren, d. h. bei einem beliebigen kovarianten Tensor zweiten Ranges, zu einem Tensor. Wir nennen $A_{\mu\nu\sigma}$ die Erweiterung des Tensors $A_{\mu\nu}$.

Es ist klar, daß (26) und (24) nur spezielle Fälle von Erweiterung betreffen (Erweiterung des Tensors ersten bzw. nullten Ranges). Überhaupt lassen sich alle speziellen Bildungsgesetze von Tensoren auf (27) in Verbindung mit Tensormultiplikationen auffassen.

§ 11. Einige Spezialfälle von besonderer Bedeutung.

Einige den Fundamentaltensor betreffende Hilfssätze. Wir leiten zunächst einige im folgenden viel gebrauchte Hilfsgleichungen ab. Nach der Regel von der Differentiation der Determinanten ist

(28) $$dg = g^{\mu\nu} g \, dg_{\mu\nu} = - g_{\mu\nu} g \, dg^{\mu\nu}.$$

Die letzte Form rechtfertigt sich durch die vorletzte, wenn man bedenkt, daß $g_{\mu\nu} g^{\mu'\nu} = \delta_\mu^{\mu'}$, daß also $g_{\mu\nu} g^{\mu\nu} = 4$, folglich

$$g_{\mu\nu} dg^{\mu\nu} + g^{\mu\nu} dg_{\mu\nu} = 0.$$

Aus (28) folgt

(29) $$\frac{1}{\sqrt{-g}} \frac{\partial \sqrt{-g}}{\partial x_\sigma} = \frac{1}{2} \frac{\partial \lg(-g)}{\partial x_\sigma} = \frac{1}{2} g^{\mu\nu} \frac{\partial g_{\mu\nu}}{\partial x_\sigma} = -\frac{1}{2} g_{\mu\nu} \frac{\partial g^{\mu\nu}}{\partial x_\sigma}.$$

Aus $$g_{\mu\sigma} g^{\nu\sigma} = \delta_\mu^\nu$$

folgt ferner durch Differentiation

(30) $$\begin{cases} g_{\mu\sigma} dg^{\nu\sigma} = - g^{\nu\sigma} dg_{\mu\sigma} \\ \text{bzw.} \quad g_{\mu\sigma} \frac{\partial g^{\nu\sigma}}{\partial x_\lambda} = - g^{\nu\sigma} \frac{\partial g_{\mu\sigma}}{\partial x_\lambda}. \end{cases}$$

Durch gemischte Multiplikation mit $g^{\sigma\tau}$ bzw. $g_{\nu\lambda}$ erhält man hieraus (bei geänderter Bezeichnungsweise der Indizes)

(31)
$$dg^{\mu\nu} = -g^{\mu\alpha}g^{\nu\beta}dg_{\alpha\beta},$$
$$\frac{\partial g^{\mu\nu}}{\partial x_\sigma} = -g^{\mu\alpha}g^{\nu\beta}\frac{\partial g_{\alpha\beta}}{\partial x_\sigma}.$$

bzw.

(32)
$$dg_{\mu\nu} = -g_{\mu\alpha}g_{\nu\beta}dg^{\alpha\beta}$$
$$\frac{\partial g_{\mu\nu}}{\partial x_\sigma} = -g_{\mu\alpha}g_{\nu\beta}\frac{\partial g^{\alpha\beta}}{\partial x_\sigma}.$$

Die Beziehung (31) erlaubt eine Umformung, von der wir ebenfalls öfter Gebrauch zu machen haben. Gemäß (21) ist

(33)
$$\frac{\partial g_{\alpha\beta}}{\partial x_\sigma} = \begin{bmatrix}\alpha\sigma\\\beta\end{bmatrix} + \begin{bmatrix}\beta\sigma\\\alpha\end{bmatrix}.$$

Setzt man dies in die zweite der Formeln (31) ein, so erhält man mit Rücksicht auf (23)

(34)
$$\frac{\partial g^{\mu\nu}}{\partial x_\sigma} = -\left(g^{\mu\tau}\begin{Bmatrix}\tau\sigma\\\nu\end{Bmatrix} + g^{\nu\tau}\begin{Bmatrix}\tau\sigma\\\mu\end{Bmatrix}\right).$$

Durch Substitution der rechten Seite von (34) in (29) ergibt sich

(29a)
$$\frac{1}{\sqrt{-g}}\frac{\partial\sqrt{-g}}{\partial x_\sigma} = \begin{Bmatrix}\mu\sigma\\\mu\end{Bmatrix}.$$

„*Divergenz*" *des kontravarianten Vierervektors.* Multipliziert man (26) mit dem kontravarianten Fundamentaltensor $g^{\mu\nu}$ (innere Multiplikation), so nimmt die rechte Seite nach Umformung des ersten Gliedes zunächst die Form an

$$\frac{\partial}{\partial x_\nu}(g^{\mu\nu}A_\mu) - A_\mu\frac{\partial g^{\mu\nu}}{\partial x_\nu} - \frac{1}{2}g^{\tau\alpha}\left(\frac{\partial g_{\mu\alpha}}{\partial x_\nu} + \frac{\partial g_{\nu\alpha}}{\partial x_\mu} - \frac{\partial g_{\mu\nu}}{\partial x_\alpha}\right)g^{\mu\nu}A_\tau.$$

Das letzte Glied dieses Ausdruckes kann gemäß (31) und (29) in die Form

$$\frac{1}{2}\frac{\partial g^{\tau\nu}}{\partial x_\nu}A_\tau + \frac{1}{2}\frac{\partial g^{\tau\mu}}{\partial x_\mu}A_\tau + \frac{1}{\sqrt{-g}}\frac{\partial\sqrt{-g}}{\partial x_\alpha}g^{\mu\nu}A_\tau$$

gebracht werden. Da es auf die Benennung der Summationsindizes nicht ankommt, heben sich die beiden ersten Glieder dieses Ausdruckes gegen das zweite des obigen weg; das letzte läßt sich mit dem ersten des obigen Ausdruckes vereinigen. Setzt man noch

$$g^{\mu\nu}A_\mu = A^\nu,$$

wobei A^ν ebenso wie A_μ ein frei wählbarer Vektor ist, so erhält man endlich

(35)
$$\Phi = \frac{1}{\sqrt{-g}}\frac{\partial}{\partial x_\nu}(\sqrt{-g}\,A^\nu).$$

Dieser Skalar ist die *Divergenz* des kontravarianten Vierervektors A^ν

„Rotation" des (kovarianten) Vierervektors. Das zweite Glied in (26) ist in den Indizes μ und ν symmetrisch. Es ist deshalb $A_{\mu\nu} - A_{\nu\mu}$ ein besonders einfach gebauter (antisymmetrischer) Tensor. Man erhält

$$(36) \qquad B_{\mu\nu} = \frac{\partial A_\mu}{\partial x_\nu} - \frac{\partial A_\nu}{\partial x_\mu}.$$

Antisymmetrische Erweiterung eines Sechservektors. Wendet man (27) auf einen antisymmetrischen Tensor zweiten Ranges $A_{\mu\nu}$ an, bildet hierzu die beiden durch zyklische Vertauschung der Indizes μ, ν, σ entstehenden Gleichungen und addiert diese drei Gleichungen, so erhält man den Tensor dritten Ranges.

$$(37) \qquad B_{\mu\nu\sigma} = A_{\mu\nu\sigma} + A_{\nu\sigma\mu} + A_{\sigma\mu\nu} = \frac{\partial A_{\mu\nu}}{\partial x_\sigma} + \frac{\partial A_{\nu\sigma}}{\partial x_\mu} + \frac{\partial A_{\sigma\mu}}{\partial x_\nu},$$

von welchem leicht zu beweisen ist, daß er antisymmetrisch ist.

Divergenz des Sechservektors. Multipliziert man (27) mit $g^{\mu\alpha} g^{\nu\beta}$ (gemischte Multiplikation), so erhält man ebenfalls einen Tensor. Das erste Glied der rechten Seite von (27) kann man in der Form

$$\frac{\partial}{\partial x_\sigma} (g^{\mu\alpha} g^{\nu\beta} A_{\mu\nu}) - g^{\mu\alpha} \frac{\partial g^{\nu\beta}}{\partial x_\sigma} A_{\mu\nu} - g^{\nu\beta} \frac{\partial g^{\mu\alpha}}{\partial x_\sigma} A_{\mu\nu}$$

schreiben. Ersetzt man $g^{\mu\alpha} g^{\nu\beta} A_{\mu\nu\sigma}$ durch $A^{\alpha\beta}_\sigma$, $g^{\mu\alpha} g^{\nu\beta} A_{\mu\nu}$ durch $A^{\alpha\beta}$ und ersetzt man in dem umgeformten ersten Gliede

$$\frac{\partial g^{\nu\beta}}{\partial x_\sigma} \quad \text{und} \quad \frac{\partial g^{\mu\alpha}}{\partial x_\sigma}$$

vermittelst (34), so entsteht aus der rechten Seite von (27) ein siebengliedriger Ausdruck, von dem sich vier Glieder wegheben. Es bleibt übrig

$$(38) \qquad A^{\alpha\beta}_\sigma = \frac{\partial A^{\alpha\beta}}{\partial x_\sigma} + \left\{ {\sigma\, \varkappa \atop \alpha} \right\} A^{\varkappa\beta} + \left\{ {\sigma\, \varkappa \atop \beta} \right\} A^{\alpha\varkappa}.$$

Es ist dies der Ausdruck für die Erweiterung eines kontravarianten Tensors zweiten Ranges, der sich entsprechend auch für kontravariante Tensoren höheren und niedrigeren Ranges bilden läßt.

Wir merken an, daß sich auf analogem Wege auch die Erweiterung eines gemischten Tensors A^α_μ bilden läßt:

$$(39) \qquad A^\alpha_{\mu\sigma} = \frac{\partial A^\alpha_\mu}{\partial x_\sigma} - \left\{ {\sigma\, \mu \atop \tau} \right\} A^\alpha_\tau + \left\{ {\sigma\, \tau \atop \alpha} \right\} A^\tau_\mu.$$

Durch Verjüngung von (38) bezüglich der Indizes β und σ (innere Multiplikation mit δ^σ_β) erhält man den kontravarianten Vierervektor

$$A^\alpha = \frac{\partial A^{\alpha\beta}}{\partial x_\beta} + \left\{ {\beta\, \varkappa \atop \beta} \right\} A^{\alpha\varkappa} + \left\{ {\beta\, \varkappa \atop \alpha} \right\} A^{\varkappa\beta}.$$

Wegen der Symmetrie von $\left\{ {\beta\, \varkappa \atop \alpha} \right\}$ bezüglich der Indizes β und $\varkappa$ verschwindet das dritte Glied der rechten Seite, falls $A^{\alpha\beta}$ ein antisymmetrischer Tensor ist, was wir annehmen wollen; das zweite Glied läßt sich gemäß (29a) umformen. Man erhält also

$$(40) \qquad A^\alpha = \frac{1}{\sqrt{-g}} \frac{\partial(\sqrt{-g}\, A^{\alpha\beta})}{\partial x_\beta}.$$

Dies ist der Ausdruck der Divergenz eines kontravarianten Sechservektors.

Divergenz des gemischten Tensors zweiten Ranges. Bilden wir die Verjüngung von (39) bezüglich der Indizes α und σ, so erhalten wir mit Rücksicht auf (29a)

$$(41) \qquad \sqrt{-g}\, A_\mu = \frac{\partial(\sqrt{-g}\, A_\mu^\sigma)}{\partial x_\sigma} - \begin{Bmatrix} \sigma\mu \\ \tau \end{Bmatrix} \sqrt{-g}\, A_\tau^\sigma.$$

Führt man im letzten Gliede den kontravarianten Tensor $A^{\varrho\sigma} = g^{\varrho\tau} A_\tau^\sigma$ ein, so nimmt es die Form an

$$- \begin{bmatrix} \sigma\mu \\ \varrho \end{bmatrix} \sqrt{-g}\, A^{\varrho\sigma}.$$

Ist ferner der Tensor $A^{\varrho\sigma}$ ein symmetrischer, so reduziert sich dies auf

$$-\tfrac{1}{2} \sqrt{-g}\, \frac{\partial g_{\varrho\sigma}}{\partial x_\mu} A^{\varrho\sigma}.$$

Hätte man statt $A^{\varrho\sigma}$ den ebenfalls symmetrischen kovarianten Tensor $A_{\varrho\sigma} = g_{\varrho\alpha} g_{\sigma\beta} A^{\alpha\beta}$ eingeführt, so würde das letzte Glied vermöge (31) die Form

$$\tfrac{1}{2} \sqrt{-g}\, \frac{\partial g^{\varrho\sigma}}{\partial x_\mu} A_{\varrho\sigma}$$

annehmen. In dem betrachteten Symmetriefalle kann also (41) auch durch die beiden Formen

$$(41\mathrm{a}) \qquad \sqrt{-g}\, A_\mu = \frac{\partial(\sqrt{-g}\, A_\mu^\sigma)}{\partial x_\sigma} - \tfrac{1}{2} \frac{\partial g_{\varrho\sigma}}{\partial x_\mu} \sqrt{-g}\, A^{\varrho\sigma} \qquad \text{und}$$

$$(41\mathrm{b}) \qquad \sqrt{-g}\, A_\mu = \frac{\partial(\sqrt{-g}\, A_\mu^\sigma)}{\partial x_\sigma} + \tfrac{1}{2} \frac{\partial g^{\varrho\sigma}}{\partial x_\mu} \sqrt{-g}\, A_{\varrho\sigma}$$

ersetzt werden, von denen wir im folgenden Gebrauch zu machen haben.

§ 12. Der Riemann-Christoffelsche Tensor.

Wir fragen nun nach denjenigen Tensoren, welche aus dem Fundamentaltensor der $g_{\mu\nu}$ *allein* durch Differentiation gewonnen werden können. Die Antwort scheint zunächst auf der Hand zu liegen. Man setzt in (27) statt des beliebig gegebenen Tensors $A_{\mu\nu}$ den Fundamentaltensor der $g_{\mu\nu}$ ein und erhält dadurch einen neuen Tensor, nämlich die Erweiterung des Fundamentaltensors. Man überzeugt sich jedoch leicht, daß diese letztere identisch verschwindet. Man gelangt jedoch auf folgendem Wege zum Ziel. **Man** setze in (27)

$$A_{\mu\nu} = \frac{\partial A_\mu}{\partial x_\nu} - \begin{Bmatrix} \mu\nu \\ \varrho \end{Bmatrix} A_\varrho,$$

d. h. die Erweiterung des Vierervektors A_μ ein. Dann erhält man (bei etwas geänderter Benennung der Indizes) den Tensor dritten Ranges

$$A_{\mu\sigma\tau} = \frac{\partial^2 A_\mu}{\partial x_\sigma \partial x_\tau}$$

$$- \left\{\begin{matrix}\mu\,\sigma\\ \varrho\end{matrix}\right\} \frac{\partial A_\varrho}{\partial x_\tau} - \left\{\begin{matrix}\mu\,\tau\\ \varrho\end{matrix}\right\} \frac{\partial A_\varrho}{\partial x_\sigma} - \left\{\begin{matrix}\sigma\,\tau\\ \varrho\end{matrix}\right\} \frac{\partial A_\mu}{\partial x_\varrho}$$

$$+ \left[-\frac{\partial}{\partial x_\tau}\left\{\begin{matrix}\mu\,\sigma\\ \varrho\end{matrix}\right\} + \left\{\begin{matrix}\mu\,\tau\\ \alpha\end{matrix}\right\}\left\{\begin{matrix}\alpha\,\sigma\\ \varrho\end{matrix}\right\} + \left\{\begin{matrix}\sigma\,\tau\\ \alpha\end{matrix}\right\}\left\{\begin{matrix}\alpha\,\mu\\ \varrho\end{matrix}\right\}\right] A_\varrho.$$

Dieser Ausdruck ladet zur Bildung des Tensors $A_{\mu\sigma\tau} - A_{\mu\tau\sigma}$ ein. Denn dabei heben sich folgende Terme des Ausdruckes für $A_{\mu\sigma\tau}$ gegen solche von $A_{\mu\tau\sigma}$ weg: das erste Glied, das vierte Glied, sowie das dem letzten Term in der eckigen Klammer entsprechende Glied; denn alle diese sind in σ und τ symmetrisch. Gleiches gilt von der Summe des zweiten und dritten Gliedes. Wir erhalten also

(42) $$A_{\mu\sigma\tau} - A_{\mu\tau\sigma} = B^\varrho_{\mu\sigma\tau} A_\varrho,$$

(43) $$\begin{cases} B^\varrho_{\mu\sigma\tau} = -\frac{\partial}{\partial x_\tau}\left\{\begin{matrix}\mu\,\sigma\\ \varrho\end{matrix}\right\} + \frac{\partial}{\partial x_\sigma}\left\{\begin{matrix}\mu\,\tau\\ \varrho\end{matrix}\right\} \\ \quad - \left\{\begin{matrix}\mu\,\sigma\\ \alpha\end{matrix}\right\}\left\{\begin{matrix}\alpha\,\tau\\ \varrho\end{matrix}\right\} + \left\{\begin{matrix}\mu\,\tau\\ \alpha\end{matrix}\right\}\left\{\begin{matrix}\alpha\,\sigma\\ \varrho\end{matrix}\right\}. \end{cases}$$

Wesentlich ist an diesem Resultat, daß auf der rechten Seite von (42) nur die A_ϱ, aber nicht mehr ihre Ableitungen auftreten. Aus dem Tensorcharakter von $A_{\mu\sigma\tau} - A_{\mu\tau\sigma}$ in Verbindung damit, daß A_ϱ ein frei wählbarer Vierervektor ist, folgt, vermöge der Resultate des § 7, daß $B^\varrho_{\mu\sigma\tau}$ ein Tensor ist (Riemann-Christoffelscher Tensor).

Die mathematische Bedeutung dieses Tensors liegt im folgenden. Wenn das Kontinuum so beschaffen ist, daß es ein Koordinatensystem gibt, bezüglich dessen die $g_{\mu\nu}$ Konstanten sind, so verschwinden alle $R^\varrho_{\mu\sigma\tau}$. Wählt man statt des ursprünglichen Koordinatensystems ein beliebiges neues, so werden die auf letzteres bezogenen $g_{\mu\nu}$ nicht Konstanten sein. Der Tensorcharakter von $R^\varrho_{\mu\sigma\tau}$ bringt es aber mit sich, daß diese Komponenten auch in dem beliebig gewählten Bezugssystem sämtlich verschwinden. Das Verschwinden des Riemannschen Tensors ist also eine notwendige Bedingung dafür, daß durch geeignete Wahl des Bezugssystems die Konstanz der $g_{\mu\nu}$ herbeigeführt werden kann.[1]) In unserem Problem entspricht dies dem Falle, daß bei passender Wahl des Koordinatensystems in endlichen Gebieten die spezielle Relativitätstheorie gilt.

---

1) Die Mathematiker haben bewiesen, daß diese Bedingung auch eine *hinreichende* ist.

Durch Verjüngung von (43) bezüglich der Indizes τ und ϱ erhält man den kovarianten Tensor zweiten Ranges

(44)
$$\begin{cases} B_{\mu\nu} = R_{\mu\nu} + S_{\mu\nu} \\ R_{\mu\nu} = -\dfrac{\partial}{\partial x_\alpha}\begin{Bmatrix}\mu\nu\\\alpha\end{Bmatrix} + \begin{Bmatrix}\mu\alpha\\\beta\end{Bmatrix}\begin{Bmatrix}\nu\beta\\\alpha\end{Bmatrix} \\ S_{\mu\nu} = \dfrac{\partial \lg\sqrt{-g}}{\partial x_\mu \, \partial x_\nu} - \begin{Bmatrix}\mu\nu\\\alpha\end{Bmatrix}\dfrac{\partial \lg\sqrt{-g}}{\partial x_\alpha}. \end{cases}$$

Bemerkung über die Koordinatenwahl. Es ist schon in § 8 im Anschluß an Gleichung (18a) bemerkt worden, daß die Koordinatenwahl mit Vorteil so getroffen werden kann, daß $\sqrt{-g} = 1$ wird. Ein Blick auf die in den beiden letzten Paragraphen erlangten Gleichungen zeigt, daß durch eine solche Wahl die Bildungsgesetze der Tensoren eine bedeutende Vereinfachung erfahren. Besonders gilt dies für den soeben entwickelten Tensor $B_{\mu\nu}$, welcher in der darzulegenden Theorie eine fundamentale Rolle spielt. Die ins Auge gefaßte Spezialisierung der Koordinatenwahl bringt nämlich das Verschwinden von $S_{\mu\nu}$ mit sich, so daß sich der Tensor $B_{\mu\nu}$ auf $R_{\mu\nu}$ reduziert.

Ich will deshalb im folgenden alle Beziehungen in der vereinfachten Form angeben, welche die genannte Spezialisierung der Koordinatenwahl mit sich bringt. Es ist dann ein Leichtes, auf die *allgemein* kovarianten Gleichungen zurückzugreifen, falls dies in einem speziellen Falle erwünscht erscheint.

C. Theorie des Gravitationsfeldes.

§ 13. Bewegungsgleichung des materiellen Punktes im Gravitationsfeld. Ausdruck für die Feldkomponenten der Gravitation.

Ein frei beweglicher, äußeren Kräften nicht unterworfener Körper bewegt sich nach der speziellen Relativitätstheorie geradlinig und gleichförmig. Dies gilt auch nach der allgemeinen Relativitätstheorie für einen Teil des vierdimensionalen Raumes, in welchem das Koordinatensystem K_0 so wählbar und so gewählt ist, daß die $g_{\mu\nu}$ die in (4) gegebenen speziellen konstanten Werte haben.

Betrachten wir eben diese Bewegung von einem beliebig gewählten Koordinatensystem K_1 aus, so bewegt er sich von K_1 aus beurteilt nach den Überlegungen des § 2 in einem Gravitationsfelde. Das Bewegungsgesetz mit Bezug auf K_1 ergibt sich leicht aus folgender Überlegung. Mit Bezug auf K_0 ist das Bewegungsgesetz eine vierdimensionale Gerade, also eine geodätische Linie. Da nun die geodätische Linie unabhängig vom Bezugssystem definiert ist, wird ihre Gleichung auch die Bewegungsgleichung des materiellen Punktes in Bezug auf K_1 sein. Setzen wir

(45) $$\Gamma^{\tau}_{\mu\nu} = -\begin{Bmatrix}\mu\nu\\\tau\end{Bmatrix},$$

so lautet also die Gleichung der Punktbewegung in Bezug auf K_1

(46) $$\frac{d^2 x_\tau}{ds^2} = \Gamma^\tau_{\mu\nu} \frac{dx_\mu}{ds} \frac{dx_\nu}{ds}.$$

Wir machen nun die sehr naheliegende Annahme, daß dieses allgemein kovariante Gleichungssystem die Bewegung des Punktes im Gravitationsfeld auch in dem Falle bestimmt, daß kein Bezugssystem K_0 existiert, bezüglich dessen in endlichen Räumen die spezielle Relativitätstheorie gilt. Zn dieser Annahme sind wir um so berechtigter, als (46) nur *erste* Ableitungen der $g_{\mu\nu}$ enthält, zwischen denen auch im Spezialfalle der Existenz von K_0 keine Beziehungen bestehen.[1])

Verschwinden die $\Gamma^\tau_{\mu\nu}$, so bewegt sich der Punkt geradlinig und gleichförmig; diese Größen bedingen also die Abweichung der Bewegung von der Gleichförmigkeit. Sie sind die Komponenten des Gravitationsfeldes.

§ 14. Die Feldgleichungen der Gravitation bei Abwesenheit von Materie.

Wir unterscheiden im folgenden zwischen „Gravitationsfeld" und „Materie" in dem Sinne, daß alles außer dem Gravitationsfeld als „Materie" bezeichnet wird, also nicht nur die „Materie" im üblichen Sinne, sondern auch das elektromagnetische Feld.

Unsere nächste Aufgabe ist es, die Feldgleichungen der Gravitation bei Abwesenheit von Materie aufzusuchen. Dabei verwenden wir wieder dieselbe Methode wie im vorigen Paragraphen bei der Aufstellung der Bewegungsgleichung des materiellen Punktes. Ein Spezialfall, in welchem die gesuchten Feldgleichungen jedenfalls erfüllt sein müssen, ist der der ursprünglichen Relativitätstheorie, in dem die $g_{\mu\nu}$ gewisse konstante Werte haben. Dies sei der Fall in einem gewissen endlichen Gebiete in Bezug auf ein bestimmtes Koordinatensystem K_0. In Bezug auf dies System verschwinden sämtliche Komponenten $B^\varrho_{\mu\sigma\tau}$ des Riemannschen Tensors [Gleichung (43)]. Diese verschwinden dann für das betrachtete Gebiet auch bezüglich jedes anderen Koordinatensystems.

Die gesuchten Gleichungen des materiefreien Gravitationsfeldes müssen also jedenfalls erfüllt sein, wenn alle $B^\varrho_{\mu\sigma\tau}$ verschwinden. Aber diese Bedingung ist jedenfalls eine zu weitgehende. Denn es ist klar, daß z. B. das von einem Massenpunkte in seiner Umgebung erzeugte Gravitationsfeld sicherlich durch keine Wahl des Koordinatensystems „wegtransformiert", d. h. auf den Fall konstanter $g_{\mu\nu}$ transformiert werden kann.

---

[1]) Erst zwischen den zweiten (und ersten) Ableitungen bestehen gemäß § 12 die Beziehungen $B^\varrho_{\mu\sigma\tau} = 0$.

Deshalb liegt es nahe, für das materiefreie Gravitationsfeld das Verschwinden des aus dem Tensor $B^\varrho_{\mu\sigma\tau}$ abgeleiteten symmetrischen Tensors $B_{\mu\nu}$ zu verlangen. Man erhält so 10 Gleichungen für die 10 Größen $g_{\mu\nu}$, welche im speziellen erfüllt sind, wenn sämtliche $B^\varrho_{\mu\sigma\tau}$ verschwinden. Diese Gleichungen lauten mit Rücksicht auf (44) bei der von uns getroffenen Wahl für das Koordinatensystem für das materiefreie Feld

(47) $$\left\{ \begin{array}{l} \dfrac{\partial \Gamma^\alpha_{\mu\nu}}{\partial x_\alpha} + \Gamma^\alpha_{\mu\beta}\Gamma^\beta_{\nu\alpha} = 0 \\ \sqrt{-g} = 1. \end{array} \right.$$

Es muß darauf hingewiesen werden, daß der Wahl dieser Gleichungen ein Minimum von Willkür anhaftet. Denn es gibt außer $B_{\mu\nu}$ keinen Tensor zweiten Ranges, der aus den $g_{\mu\nu}$ und deren Ableitungen gebildet ist, keine höheren als zweite Ableitungen enthält und in letzteren linear ist.[1])

Daß diese aus der Forderung der allgemeinen Relativität auf rein mathematischem Wege fließenden Gleichungen in Verbindung mit den Bewegungsgleichungen (46) in erster Näherung das Newtonsche Attraktionsgesetz, in zweiter Näherung die Erklärung der von Leverrier entdeckten (nach Anbringung der Störungskorrektionen übrigbleibenden) Perihelbewegung des Merkur liefern, muß nach meiner Ansicht von der physikalischen Richtigkeit der Theorie überzeugen.

§ 15. Hamiltonsche Funktion für das Gravitationsfeld. Impulsenergiesatz.

Um zu zeigen, daß die Feldgleichungen dem Impulsenergiesatz entsprechen, ist es am bequemsten, sie in folgender Hamiltonscher Form zu schreiben:

(47a) $$\left\{ \begin{array}{l} \delta\left\{\int H d\tau\right\} = 0 \\ H = g^{\mu\nu}\Gamma^\alpha_{\mu\beta}\Gamma^\beta_{\nu\alpha} \\ \sqrt{-g} = 1. \end{array} \right.$$

Dabei verschwinden die Variationen an den Grenzen des betrachteten begrenzten vierdimensionalen Integrationsraumes.

Es ist zunächst zu zeigen, daß die Form (47a) den Gleichungen (47) äquivalent ist. Zu diesem Zweck betrachten wir H als Funktion der $g^{\mu\nu}$ und der

$$g^{\mu\nu}_\sigma \left(= \frac{\partial g^{\mu\nu}}{\partial x_\sigma}\right).$$

---

[1]) Eigentlich läßt sich dies nur von dem Tensor $B_{\mu\nu} + \lambda g_{\mu\nu}(g^{\alpha\beta}B_{\alpha\beta})$ behaupten, wobei λ eine Konstante ist. Setzt man jedoch diesen $= 0$, so kommt man wieder zu den Gleichungen $B_{\mu\nu} = 0$.

Dann ist zunächst $\delta H = \Gamma^\alpha_{\mu\beta} \Gamma^\beta_{\nu\alpha} \delta g^{\mu\nu} + 2 g^{\mu\nu} \Gamma^\alpha_{\mu\beta} \delta \Gamma^\beta_{\nu\alpha}$
$$= -\Gamma^\alpha_{\mu\beta} \Gamma^\beta_{\nu\alpha} \delta g^{\mu\nu} + 2 \Gamma^\alpha_{\mu\beta} \delta(g^{\mu\nu} \Gamma^\beta_{\nu\alpha}).$$

Nun ist aber $\delta(g^{\mu\nu} \Gamma^\beta_{\nu\alpha}) = -\frac{1}{2} \delta \left[g^{\mu\nu} g^{\beta\lambda} \left(\frac{\partial g_{\nu\lambda}}{\partial x_\alpha} + \frac{\partial g_{\alpha\lambda}}{\partial x_\nu} - \frac{\partial g_{\alpha\nu}}{\partial x_\lambda} \right) \right].$

Die aus den beiden letzten Termen der runden Klammer hervorgehenden Terme sind von verschiedenem Vorzeichen und gehen auseinander (da die Benennung der Summationsindizes belanglos ist) durch Vertauschung der Indizes μ und β hervor. Sie heben einander im Ausdruck für δH weg, weil sie mit der bezüglich der Indizes μ und β symmetrischen Größe $\Gamma^\alpha_{\mu\beta}$ multipliziert werden. Es bleibt also nur das erste Glied der runden Klammer zu berücksichtigen, so daß man mit Rücksicht auf (31) erhält

$$\delta H = -\Gamma^\alpha_{\mu\beta} \Gamma^\beta_{\nu\alpha} \delta g^{\mu\nu} - \Gamma^\alpha_{\mu\beta} \delta g^{\mu\beta}_\alpha.$$

Es ist also

(48) $\quad \begin{cases} \dfrac{\partial H}{\partial g^{\mu\nu}} = -\Gamma^\alpha_{\mu\beta} \Gamma^\beta_{\nu\alpha} \\ \dfrac{\partial H}{\partial g^{\mu\nu}_\sigma} = \Gamma^\sigma_{\mu\nu}. \end{cases}$

Die Ausführung der Variation in (47a) ergibt zunächst das Gleichungssystem

(47b) $\quad \dfrac{\partial}{\partial x_\alpha} \left(\dfrac{\partial H}{\partial g^{\mu\nu}_\alpha} \right) - \dfrac{\partial H}{\partial g^{\mu\nu}} = 0,$

welches wegen (48) mit (47) übereinstimmt, was zu beweisen war. — Multipliziert man (47b) mit $g^{\mu\nu}_\sigma$, so erhält man, weil

$$\frac{\partial g^{\mu\nu}_\sigma}{\partial x_\alpha} = \frac{\partial g^{\mu\nu}_\alpha}{\partial x_\sigma}$$

und folglich $\quad g^{\mu\nu}_\sigma \dfrac{\partial}{\partial x_\alpha} \left(\dfrac{\partial H}{\partial g^{\mu\nu}_\alpha} \right) = \dfrac{\partial}{\partial x_\alpha} \left(g^{\mu\nu}_\sigma \dfrac{\partial H}{\partial g^{\mu\nu}_\alpha} \right) - \dfrac{\partial H}{\partial g^{\mu\nu}_\alpha} \dfrac{\partial g^{\mu\nu}_\alpha}{\partial x_\sigma},$

die Gleichung $\quad \dfrac{\partial}{\partial x_\alpha} \left(g^{\mu\nu}_\sigma \dfrac{\partial H}{\partial g^{\mu\nu}_\alpha} \right) - \dfrac{\partial H}{\partial x_\sigma} = 0 \qquad$ oder[1]

(49) $\quad \begin{cases} \dfrac{\partial t^\alpha_\sigma}{\partial x_\alpha} = 0 \\ -2\varkappa t^\alpha_\sigma = g^{\mu\nu}_\sigma \dfrac{\partial H}{\partial g^{\mu\nu}_\alpha} - \delta^\alpha_\sigma H, \end{cases}$

wobei, wegen (48), der zweiten Gleichung (47) und (34),

(50) $\quad \varkappa t^\alpha_\sigma = \frac{1}{2} \delta^\alpha_\sigma g^{\mu\nu} \Gamma^\lambda_{\mu\beta} \Gamma^\beta_{\nu\lambda} - g^{\mu\nu} \Gamma^\alpha_{\mu\beta} \Gamma^\beta_{\nu\sigma}.$

Es ist zu beachten, daß t^α_σ kein Tensor ist; dagegen gilt (49) für alle Koordinatensysteme, für welche $\sqrt{-g} = 1$ ist. Diese Gleichung drückt den

---

[1] Der Grund der Einführung des Faktors $-2\varkappa$ wird später deutlich werden.

Erhaltungssatz des Impulses und der Energie für das Gravitationsfeld aus. In der Tat liefert die Integration dieser Gleichung über ein *dreidimensionales* Volumen V die vier Gleichungen

(49a) $$\frac{d}{dx_4}\left\{\int t_\sigma^4 dV\right\} = \int (t_\sigma^1 a_1 + t_\sigma^2 a_2 + t_\sigma^3 a_3) dS,$$

wobei a_1, a_2, a_3 der Richtungskosinus der nach innen gerichteten Normale eines Flächenelementes der Begrenzung von der Größe dS (im Sinne der euklidischen Geometrie) bedeuten. Man erkennt hierin den Ausdruck der Erhaltungssätze in üblicher Fassung. Die Größen t_σ^α bezeichnen wir als die „Energiekomponenten" des Gravitationsfeldes.

Ich will nun die Gleichungen (47) noch in einer dritten Form angeben, die einer lebendigen Erfassung unseres Gegenstandes besonders dienlich ist. Durch Multiplikation der Feldgleichungen (47) mit $g^{\nu\sigma}$ ergeben sich diese in der „gemischten" Form. Man beachte, daß

$$g^{\nu\sigma}\frac{\partial \Gamma_{\mu\nu}^\alpha}{\partial x_\alpha} = \frac{\partial}{\partial x_\alpha}\left(g^{\nu\sigma}\Gamma_{\mu\nu}^\alpha\right) - \frac{\partial g^{\nu\sigma}}{\partial x_\alpha}\Gamma_{\mu\nu}^\alpha,$$

welche Größe wegen (34) gleich

$$\frac{\partial}{\partial x_\alpha}(g^{\nu\sigma}\Gamma_{\mu\nu}^\alpha) - g^{\nu\beta}\Gamma_{\alpha\beta}^\sigma\Gamma_{\mu\nu}^\alpha - g^{\sigma\beta}\Gamma_{\beta\alpha}^\nu\Gamma_{\mu\nu}^\alpha,$$

oder (nach geänderter Benennung der Summationsindizes) gleich

$$\frac{\partial}{\partial x_\alpha}(g^{\sigma\beta}\Gamma_{\mu\beta}^\alpha) - g^{mn}\Gamma_{m\beta}^\sigma\Gamma_{n\mu}^\beta - g^{\nu\sigma}\Gamma_{\mu\beta}^\alpha\Gamma_{\nu\alpha}^\beta.$$

Das dritte Glied dieses Ausdrucks hebt sich weg gegen das aus dem zweiten Gliede der Feldgleichungen (47) entstehende; an Stelle des zweiten Gliedes dieses Ausdruckes läßt sich nach Beziehung (50)

$$\varkappa(t_\mu^\sigma - \tfrac{1}{2}\delta_\mu^\sigma t)$$

setzen ($t = t_\alpha^\alpha$). Man erhält also an Stelle der Gleichungen (47)

(51) $$\begin{cases} \dfrac{\partial}{\partial x_\alpha}(g^{\sigma\beta}\Gamma_{\mu\beta}^\alpha) = -\varkappa(t_\mu^\sigma - \tfrac{1}{2}\delta_\mu^\sigma t) \\ \sqrt{-g} = 1. \end{cases}$$

§ 16. Allgemeine Fassung der Feldgleichungen der Gravitation.

Die im vorigen Paragraphen aufgestellten Feldgleichungen für materiefreie Räume sind mit der Feldgleichung

$$\Delta\varphi = 0$$

der Newtonschen Theorie zu vergleichen. Wir haben die Gleichung aufzusuchen, welche der Poissonschen Gleichung

$$\Delta\varphi = 4\pi\varkappa\varrho$$

entspricht, wobei ϱ die Dichte der Materie bedeutet.

Die spezielle Relativitätstheorie hat zu dem Ergebnis geführt, daß die träge Masse nichts anderes ist als Energie, welche ihren vollständigen mathematischen Ausdruck in einem symmetrischen Tensor zweiten Ranges, dem Energietensor, findet. Wir werden daher auch in der allgemeinen Relativitätstheorie einen Energietensor der Materie T_σ^α einzuführen haben, der wie die Energiekomponenten t_σ^α [Gleichungen (49) und (50)] des Gravitationsfeldes gemischten Charakter haben wird, aber zu einem symmetrischen kovarianten Tensor gehören wird.[1])

Wie dieser Energietensor (entsprechend der Dichte ϱ in der Poissonschen Gleichung) in die Feldgleichungen der Gravitation einzuführen ist, lehrt das Gleichungssystem (51). Betrachtet man nämlich ein vollständiges System (z. B. das Sonnensystem), so wird die Gesamtmasse des Systems, also auch seine gesamte gravitierende Wirkung, von der Gesamtenergie des Systems, also von der ponderablen und Gravitationsenergie zusammen, abhängen. Dies wird sich dadurch ausdrücken lassen, daß man in (51) an Stelle der Energiekomponenten t_μ^σ des Gravitationsfeldes allein die Summen $t_\mu^\sigma + T_\mu^\sigma$ der Energiekomponenten von Materie und Gravitationsfeld einführt. Man erhält so statt (51) die Tensorgleichung

(52) $$\left\{ \begin{array}{c} \dfrac{\partial}{\partial x_\alpha}(g^{\sigma\beta}\Gamma_{\mu\beta}^\alpha) = -\varkappa[(t_\mu^\sigma + T_\mu^\sigma) - \tfrac{1}{2}\delta_\mu^\sigma(t+T)] \\ \sqrt{-g} = 1, \end{array} \right.$$

wobei $T = T_\mu^\mu$ gesetzt ist (Lauescher Skalar). Dies sind die gesuchten allgemeinen Feldgleichungen der Gravitation in gemischter Form. An Stelle von (47) ergibt sich daraus rückwärts das System

(53) $$\left\{ \begin{array}{c} \dfrac{\partial \Gamma_{\mu\nu}^\alpha}{\partial x_\alpha} + \Gamma_{\mu\beta}^\alpha \Gamma_{\nu\alpha}^\beta = -\varkappa(T_{\mu\nu} - \tfrac{1}{2}g_{\mu\nu}T), \\ \sqrt{-g} = 1. \end{array} \right.$$

Es muß zugegeben werden, daß diese Einführung des Energietensors der Materie durch das Relativitätspostulat allein nicht gerechtfertigt wird; deshalb haben wir sie im vorigen aus der Forderung abgeleitet, daß die Energie des Gravitationfeldes in gleicher Weise gravitierend wirken soll wie jegliche Energie anderer Art. Der stärkste Grund für die Wahl der vorstehenden Gleichungen liegt aber darin, daß sie zur Folge haben, daß für die Komponenten der Totalenergie Erhaltungsgleichungen (des Impulses und der Energie) gelten, welche den Gleichungen (49) und (49a) genau entsprechen. Dies soll im folgenden dargetan werden.

§ 17. Die Erhaltungssätze im allgemeinen Falle.

Die Gleichung (52) ist leicht so umzuformen, daß auf der rechten Seite das zweite Glied wegfällt. Man verjünge (52) nach den Indizes μ und σ

---

[1]) $g_{\sigma\tau} T_\sigma^\alpha = T_{\sigma\tau}$ und $g^{\sigma\beta} T_\sigma^\alpha = T^{\alpha\beta}$ sollen symmetrische Tensoren sein.

und subtrahiere die so erhaltene, mit $\frac{1}{2}\delta_\mu^\sigma$ multiplizierte Gleichung von Gleichung (52). Es ergibt sich

(52a) $$\frac{\partial}{\partial x_\alpha}(g^{\sigma\beta}\Gamma^\alpha_{\mu\beta} - \tfrac{1}{2}\delta_\mu^\sigma g^{\lambda\beta}\Gamma^\alpha_{\lambda\beta}) = -\varkappa(t_\mu^\sigma + T_\mu^\sigma).$$

An dieser Gleichung bilden wir die Operation $\partial/\partial x_\sigma$. Es ist

$$\frac{\partial^2}{\partial x_\alpha \partial x_\sigma}(g^{\sigma\beta}\Gamma^\alpha_{\mu\beta}) = -\frac{1}{2}\frac{\partial^2}{\partial x_\alpha \partial x_\sigma}\left[g^{\sigma\beta}g^{\alpha\lambda}\left(\frac{\partial g_{\mu\lambda}}{\partial x_\beta} + \frac{\partial g_{\beta\lambda}}{\partial x_\mu} - \frac{\partial g_{\mu\beta}}{\partial x_\lambda}\right)\right].$$

Das erste und das dritte Glied der runden Klammer liefern Beiträge, die einander wegheben, wie man erkennt, wenn man im Beitrage des dritten Gliedes die Summationsindizes α und σ einerseits, β und λ andererseits vertauscht. Das zweite Glied läßt sich nach (31) umformen, so daß man erhält

(54) $$\frac{\partial^2}{\partial x_\alpha \partial x_\sigma}(g^{\sigma\beta}\Gamma^\alpha_{\mu\beta}) = \frac{1}{2}\frac{\partial^3 g^{\alpha\beta}}{\partial x_\alpha \partial x_\beta \partial x_\mu}.$$

Das zweite Glied der linken Seite von (52a) liefert zunächst

$$-\frac{1}{2}\frac{\partial^2}{\partial x_\alpha \partial x_\mu}(g^{\lambda\beta}\Gamma^\alpha_{\lambda\beta})$$

oder $$\frac{1}{4}\frac{\partial^2}{\partial x_\alpha \partial x_\mu}\left[g^{\lambda\beta}g^{\alpha\delta}\left(\frac{\partial g_{\delta\lambda}}{\partial x_\beta} + \frac{\partial g_{\delta\beta}}{\partial x_\lambda} - \frac{\partial g_{\lambda\beta}}{\partial x_\delta}\right)\right].$$

Das vom letzten Glied der runden Klammer herrührende Glied verschwindet wegen (29) bei der von uns getroffenen Koordinatenwahl. Die beiden anderen lassen sich zusammenfassen und liefern wegen (31) zusammen

$$-\frac{1}{2}\frac{\partial^3 g^{\alpha\beta}}{\partial x_\alpha \partial x_\beta \partial x_\mu},$$

so daß mit Rücksicht auf (54) die Identität

(55) $$\frac{\partial^2}{\partial x_\alpha \partial x_\sigma}(g^{\varrho\beta}\Gamma^\alpha_{\mu\beta} - \tfrac{1}{2}\delta_\mu^\sigma g^{\lambda\beta}\Gamma^\alpha_{\lambda\beta}) \equiv 0$$

besteht. Aus (55) und (52a) folgt

(56) $$\frac{\partial(t_\mu^\sigma + T_\mu^\sigma)}{\partial x_\sigma} = 0.$$

Aus unseren Feldgleichungen der Gravitation geht also hervor, daß den Erhaltungssätzen des Impulses und der Energie Genüge geleistet ist. Man sieht dies am einfachsten nach der Betrachtung ein, die zu Gleichung (49a) führt; nur hat man hier an Stelle der Energiekomponenten t_μ^σ des Gravitationsfeldes die Gesamtenergiekomponenten von Materie und Gravitationsfeld einzuführen.

§ 18. Der Impulsenergiesatz für die Materie als Folge der Feldgleichungen.

Multipliziert man (53) mit $\partial g^{\mu\nu}/\partial x_\sigma$, so erhält man auf dem in § 15 eingeschlagenen Wege mit Rücksicht auf das Verschwinden von

$$g_{\mu\nu}\frac{\partial g^{\mu\nu}}{\partial x_\sigma}$$

die Gleichung
$$\frac{\partial t_\sigma^\alpha}{\partial x_\alpha} + \frac{1}{2} \frac{\partial g^{\mu\nu}}{\partial x_\sigma} T_{\mu\nu} = 0,$$

oder mit Rücksicht auf (56)

(57) $$\frac{\partial T_\sigma^\alpha}{\partial x_\alpha} + \frac{1}{2} \frac{\partial g^{\mu\nu}}{\partial x_\sigma} T_{\mu\nu} = 0.$$

Ein Vergleich mit (41 b) zeigt, daß diese Gleichung bei der getroffenen Wahl für das Koordinatensystem nichts anderes aussagt als das Verschwinden der Divergenz des Tensors der Energiekomponenten der Materie. Physikalisch zeigt das Auftreten des zweiten Gliedes der linken Seite, daß für die Materie allein Erhaltungssätze des Impulses und der Energie im eigentlichen Sinne nicht, bzw. nur dann gelten, wenn die $g^{\mu\nu}$ konstant sind, d. h. wenn die Feldstärken der Gravitation verschwinden. Dies zweite Glied ist ein Ausdruck für Impuls bzw. Energie, welche pro Volumen und Zeiteinheit vom Gravitationsfelde auf die Materie übertragen werden. Dies tritt noch klarer hervor, wenn man statt (57) im Sinne von (41) schreibt

(57a) $$\frac{\partial T_\sigma^\alpha}{\partial x_\alpha} = -\Gamma_{\sigma\beta}^\alpha T_\beta^\alpha.$$

Die rechte Seite drückt die energetische Einwirkung des Gravitationsfeldes auf die Materie aus.

Die Feldgleichungen der Gravitation enthalten also gleichzeitig vier Bedingungen, welchen der materielle Vorgang zu genügen hat. Sie liefern die Gleichungen des materiellen Vorganges vollständig, wenn letzterer durch vier voneinander unabhängige Differentialgleichungen charakterisierbar ist.[1])

D. Die „materiellen" Vorgänge.

Die unter B entwickelten mathematischen Hilfsmittel setzen uns ohne weiteres in den Stand, die physikalischen Gesetz der Materie (Hydrodynamik, Maxwellsche Elektrodynamik), wie sie in der speziellen Relativitätstheorie formuliert vorliegen, so zu verallgemeinern, daß sie in die allgemeine Relativitätstheorie hineinpassen. Dabei ergibt das allgemeine Relativitätsprinzip zwar keine weitere Einschränkung der Möglichkeiten; aber es lehrt den Einfluß des Gravitationsfeldes auf alle Prozesse exakt kennen, ohne daß irgendwelche neue Hypothese eingeführt werden müßte.

Diese Sachlage bringt es mit sich, daß über die physikalische Natur der Materie (im engeren Sinne) nicht notwendig bestimmte Voraussetzungen eingeführt werden müssen. Insbesondere kann die Frage offen bleiben, ob die Theorie des elektromagnetischen Feldes und des Gravitationsfeldes zu-

---

1) Vgl. hierüber D. Hilbert, Nachr. d. K. Gesellsch. d. Wiss. zu Göttingen, Math.-phys. Klasse, 1915, S. 3.

sammen eine hinreichende Basis für die Theorie der Materie liefern oder nicht. Das allgemeine Relativitätspostulat kann uns hierüber im Prinzip nichts lehren. Es muß sich bei dem Ausbau der Theorie zeigen, ob Elektromagnetik und Gravitationslehre zusammen leisten können, was ersterer allein nicht gelingen will.

§ 19. Eulersche Gleichungen für reibungslose adiabatische Flüssigkeiten.

Es seien p und ϱ zwei Skalare, von denen wir ersteren als den „Druck", letzteren als die „Dichte" einer Flüssigkeit bezeichnen; zwischen ihnen bestehe eine Gleichung. Der kontravariante symmetrische Tensor

$$(58) \qquad T^{\alpha\beta} = -g^{\alpha\beta}p + \varrho \frac{dx_\alpha}{ds}\frac{dx_\beta}{ds}$$

sei der kontravariante Energietensor der Flüssigkeit. Zu ihm gehört der kovariante Tensor

$$(58a) \qquad T_{\mu\nu} = -g_{\mu\nu}p + g_{\mu\alpha}\frac{dx_\alpha}{ds} g_{\mu\beta}\frac{dx_\beta}{ds} \varrho,$$

sowie der gemischte Tensor[1])

$$(58b) \qquad T^\alpha_\sigma = -\delta^\alpha_\sigma p + g_{\sigma\beta}\frac{dx_\beta}{ds}\frac{dx_\alpha}{ds}\varrho.$$

Setzt man die rechte Seite von (58b) in (57a) ein, so erhält man die Eulerschen hydrodynamischen Gleichungen der allgemeinen Relativitätstheorie. Diese lösen das Bewegungsproblem im Prinzip vollständig; denn die vier Gleichungen (57a) zusammen mit der gegebenen Gleichung zwischen p und ϱ und die Gleichung

$$g_{\alpha\beta}\frac{dx_\alpha}{ds}\frac{dx_\beta}{ds} = 1$$

genügen bei gegebenen $g_{\alpha\beta}$ zur Bestimmung der 6 Unbekannten

$$p, \varrho, \frac{dx_1}{ds}, \frac{dx_2}{ds}, \frac{dx_3}{ds}, \frac{dx_4}{ds}.$$

Sind auch die $g_{\mu\nu}$ unbekannt, so kommen hierzu noch die Gleichungen (53). Dies sind 11 Gleichungen zur Bestimmung der 10 Funktionen $g_{\mu\nu}$, so daß diese überbestimmt scheinen. Es ist indessen zu beachten, daß die Gleichungen (57a) in den Gleichungen (53) bereits enthalten sind, so daß letztere nur mehr 7 unabhängige Gleichungen repräsentieren. Diese Unbestimmtheit hat ihren guten Grund darin, daß die weitgehende Freiheit in der Wahl der

---

[1]) Für einen mitbewegten Beobachter, der im unendlich Kleinen ein Bezugssystem im Sinne der speziellen Relativitätstheorie benutzt, ist die Energiedichte T^4_4 gleich $\varrho - p$. Hierin liegt die Definition von ϱ. Es ist also ϱ nicht konstant für eine inkompressible Flüssigkeit.

Koordinaten es mit sich bringt, daß das Problem mathematisch in solchem Grade unbestimmt bleibt, daß drei der Raumfunktionen beliebig gewählt werden können.[1])

§ 20. Maxwellsche elektromagnetische Feldgleichungen für das Vakuum.

Es seien φ_ν die Komponenten eines kovarianten Vierervektors, des Vierervektors des elektromagnetischen Potentials. Aus ihnen bilden wir gemäß (36) die Komponenten $F_{\varrho\sigma}$ des kovarianten Sechservektors des elektromagnetischen Feldes gemäß dem Gleichungssystem

$$(59) \qquad F_{\varrho\sigma} = \frac{\partial \varphi_\varrho}{\partial x_\sigma} - \frac{\partial \varphi_\sigma}{\partial x_\varrho}.$$

Aus (59) folgt, daß das Gleichungssystem

$$(60) \qquad \frac{\partial F_{\varrho\sigma}}{\partial x_\tau} + \frac{\partial F_{\sigma\tau}}{\partial x_\varrho} + \frac{\partial F_{\tau\varrho}}{\partial x_\varrho} = 0$$

erfüllt ist, dessen linke Seite gemäß (37) ein antisymmetrischer Tensor dritten Ranges ist. Das System (60) enthält also im wesentlichen 4 Gleichungen, die ausgeschrieben wie folgt lauten:

$$(60\,\mathrm{a}) \qquad \begin{cases} \dfrac{\partial F_{23}}{\partial x_4} + \dfrac{\partial F_{34}}{\partial x_2} + \dfrac{\partial F_{42}}{\partial x_3} = 0 \\[4pt] \dfrac{\partial F_{34}}{\partial x_1} + \dfrac{\partial F_{41}}{\partial x_3} + \dfrac{\partial F_{13}}{\partial x_4} = 0 \\[4pt] \dfrac{\partial F_{41}}{\partial x_2} + \dfrac{\partial F_{12}}{\partial x_4} + \dfrac{\partial F_{24}}{\partial x_1} = 0 \\[4pt] \dfrac{\partial F_{12}}{\partial x_3} + \dfrac{\partial F_{23}}{\partial x_1} + \dfrac{\partial F_{31}}{\partial x_2} = 0. \end{cases}$$

Dieses Gleichungssystem entspricht dem zweiten Gleichungssystem Maxwells. Man erkennt dies sofort, indem man setzt

$$(61) \qquad \begin{cases} F_{23} = \mathfrak{h}_x & F_{14} = \mathfrak{e}_x \\ F_{31} = \mathfrak{h}_y & F_{24} = \mathfrak{e}_y \\ F_{12} = \mathfrak{h}_z & F_{34} = \mathfrak{e}_z. \end{cases}$$

Dann kann man statt (60a) in üblicher Schreibweise der dreidimensionalen Vektoranalyse setzen

$$(60\,\mathrm{b}) \qquad \begin{cases} \dfrac{\partial \mathfrak{h}}{\partial t} + \operatorname{rot} \mathfrak{e} = 0 \\ \operatorname{div} \mathfrak{h} = 0. \end{cases}$$

---

[1] Bei Verzicht auf die Koordinatenwahl gemäß $g = -1$ blieben *vier* Raumfunktionen frei wählbar, entsprechend den vier willkürlichen Funktionen, über die man bei der Koordinatenwahl frei verfügen kann.

Das erste **Maxwell**sche System erhalten wir durch Verallgemeinerung der von **Minkowski** angegebenen Form. Wir führen den zu $F_{\alpha\beta}$ gehörigen kontravarianten Sechservektor

(62) $$F^{\mu\nu} = g^{\mu\alpha} g^{\nu\beta} F_{\alpha\beta}$$

ein sowie den kontravarianten Vierervektor J^μ der elektrischen Vakuumstromdichte; dann kann man das mit Rücksicht auf (40) gegenüber beliebigen Substitutionen von der Determinante 1 (gemäß der von uns getroffenen Koordinatenwahl) invariante Gleichungssystem ansetzen:

(63) $$\frac{\partial F^{\mu\nu}}{\partial x_\nu} = J^\mu.$$

Setzt man nämlich

(64) $$\begin{cases} F^{23} = \mathfrak{h}'_x & F^{14} = -\mathfrak{e}'_x \\ F^{31} = \mathfrak{h}'_y & F^{24} = -\mathfrak{e}'_y \\ F^{12} = \mathfrak{h}'_z & F^{34} = -\mathfrak{e}'_z, \end{cases}$$

welche Größen im Spezialfall der speziellen Relativitätstheorie den Größen $\mathfrak{h}_x \ldots \mathfrak{e}_z$ gleich sind, und außerdem

$$J^1 = \mathfrak{i}_x, \quad J^2 = \mathfrak{i}_y, \quad J^3 = \mathfrak{i}_z, \quad J^4 = \varrho,$$

so erhält man an Stelle von (63)

(63a) $$\begin{cases} \operatorname{rot} \mathfrak{h}' - \dfrac{\partial \mathfrak{e}'}{\partial t} = \mathfrak{i} \\ \operatorname{div} \mathfrak{e}' = \varrho. \end{cases}$$

Die Gleichungen (60), (62) und (63) bilden also die Verallgemeinerung der **Maxwell**schen Feldgleichungen des Vakuums bei der von uns bezüglich der Koordinatenwahl getroffenen Festsetzung.

Die Energiekomponenten des elektromagnetischen Feldes. Wir bilden das innere Produkt

(65) $$\varkappa_\sigma = F_{\sigma\mu} J^\mu.$$

Seine Komponenten lauten gemäß (61) in dreidimensionler Schreibweise

(65a) $$\begin{cases} \varkappa_1 = \varrho \mathfrak{e}_x + [\mathfrak{i}, \mathfrak{h}]_x \\ \cdots\cdots\cdots \\ \cdots\cdots\cdots \\ \varkappa_4 = -(\mathfrak{i}, \mathfrak{e}). \end{cases}$$

Es ist $\varkappa_\sigma$ ein kovarianter Vierervektor, dessen Komponenten gleich sind dem negativen Impuls bzw. der Energie, welche pro Zeit- und Volumeinheit auf das elektromagnetische Feld von den elektrischen Massen übertragen werden. Sind die elektrischen Massen frei, d. h. unter dem alleinigen Einfluß des elektromagnetischen Feldes, so wird der kovariante Vierervektor $\varkappa_\sigma$ verschwinden.

Um die Energiekomponenten T_σ^ν des elektromagnetischen Feldes zu erhalten, brauchen wir nur der Gleichung $\varkappa_\sigma = 0$ die Gestalt der Gleichung (57) zu geben. Aus (63) und (65) ergibt sich zunächst

$$\varkappa_\sigma = F_{\sigma\mu}\frac{\partial F^{\mu\nu}}{\partial x_\nu} = \frac{\partial}{\partial x_\nu}(F_{\sigma\mu}F^{\mu\nu}) - F^{\mu\varrho}\frac{\partial F_{\sigma\mu}}{\partial x_\nu}.$$

Das zweite Glied der rechten Seite gestattet vermöge (60) die Umformung

$$F^{\mu\nu}\frac{\partial F_{\sigma\mu}}{\partial x_\nu} = -\frac{1}{2}F^{\mu\nu}\frac{\partial F_{\mu\nu}}{\partial x_\sigma} = -\frac{1}{2}g^{\mu\alpha}g^{\nu\beta}F_{\alpha\beta}\frac{\partial F_{\mu\nu}}{\partial x_\sigma},$$

welch letzterer Ausdruck aus Symmetriegründen auch in der Form

$$-\frac{1}{4}\left[g^{\mu\alpha}g^{\nu\beta}F_{\alpha\beta}\frac{\partial F_{\mu\nu}}{\partial x_\sigma} + g^{\mu\alpha}g^{\nu\beta}\frac{\partial F_{\alpha\beta}}{\partial x_\sigma}F_{\mu\nu}\right]$$

geschrieben werden kann. Dafür aber läßt sich setzen

$$-\frac{1}{4}\frac{\partial}{\partial x_\sigma}(g^{\mu\alpha}g^{\nu\beta}F_{\alpha\beta}F_{\mu\nu}) + \frac{1}{4}F_{\alpha\beta}F_{\mu\nu}\frac{\partial}{\partial x_\sigma}(g^{\mu\alpha}g^{\nu\beta}).$$

Das erste dieser Glieder lautet in kürzerer Schreibweise

$$-\frac{1}{4}\frac{\partial}{\partial x_\sigma}(F^{\mu\nu}F_{\mu\nu}),$$

das zweite ergibt nach Ausführung der Differentiation nach einiger Umformung

$$-\frac{1}{2}F^{\mu\tau}F_{\mu\nu}g^{\nu\varrho}\frac{\partial g_{\sigma\tau}}{\partial x_\sigma}.$$

Nimmt man alle drei berechneten Glieder zusammen, so erhält man die Relation

(66) $$\varkappa_\sigma = \frac{\partial T_\sigma^\nu}{\partial x_\nu} - \frac{1}{2}g^{\tau\mu}\frac{\partial g_{\mu\nu}}{\partial x_\sigma}T_\tau^\nu,$$ wobei

(66a) $$T_\sigma^\nu = -F_{\sigma\alpha}F^{\nu\alpha} + \frac{1}{4}\delta_\sigma^\nu F_{\alpha\beta}F^{\alpha\beta}.$$

Die Gleichung (66) ist für verschwindendes $\varkappa_\sigma$ wegen (30) mit (57) bzw. (57a) gleichwertig. Es sind also die T_σ^ν die Energiekomponenten des elektromagnetischen Feldes. Mit Hilfe von (61) und (64) zeigt man leicht, daß diese Energiekomponenten des elektromagnetischen Feldes im Falle der speziellen Relativitätstheorie die wohlbekannten Maxwell-Pointingschen Ausdrücke ergeben.

Wir haben nun die allgemeinsten Gesetze abgeleitet, welchen das Gravitationsfeld und die Materie genügen, indem wir uns konsequent eines Koordinatensystems bedienten, für welches $\sqrt{-g} = 1$ wird. Wir erzielten dadurch eine erhebliche Vereinfachung der Formeln und Rechnungen, ohne daß wir auf die Forderung der allgemeinen Kovarianz verzichtet hätten: denn wir fanden unsere Gleichungen durch Spezialisierung des Koordinatensystems aus allgemein kovarianten Gleichungen.

Immerhin ist die Frage nicht ohne formales Interesse, ob bei entsprechend verallgemeinerter Definition der Energiekomponenten des Gravitationsfeldes und der Materie auch ohne Spezialisierung des Koordinatensystems Erhaltungssätze von der Gestalt der Gleichung (56) sowie Feldgleichungen der Gravitation von der Art der Gleichungen (52) bzw. (52a) gelten, derart, daß links eine Divergenz (im gewöhnlichen Sinne), rechts die Summe der Energiekomponenten der Materie und der Gravitation steht. Ich habe gefunden, daß beides in der Tat der Fall ist. Doch glaube ich, daß sich eine Mitteilung meiner ziemlich umfangreichen Betrachtungen über diesen Gegenstand nicht lohnen würde, da doch etwas sachlich Neues dabei nicht herauskommt.

E. § 21. Newtons Theorie als erste Näherung.

Wie schon mehrfach erwähnt, ist die spezielle Relativitätstheorie als Spezialfall der allgemeinen dadurch charakterisiert, daß die $g_{\mu\nu}$ die konstanten Werte (4) haben. Dies bedeutet nach dem Vorherigen eine völlige Vernachlässigung der Gravitationswirkungen. Eine der Wirklichkeit näher liegende Approximation erhalten wir, indem wir den Fall betrachten, daß die $g_{\mu\nu}$ von den Werten (4) nur um (gegen 1) kleine Größen abweichen, wobei wir kleine Größen zweiten und höheren Grades vernachlässigen. (Erster Gesichtspunkt der Approximation.)

Ferner soll angenommen werden, daß in dem betrachteten zeiträumlichen Gebiete die $g_{\mu\nu}$ im räumlich Unendlichen bei passender Wahl der Koordinaten den Werten (4) zustreben; d. h. wir betrachten Gravitationsfelder, welche als ausschließlich durch im Endlichen befindliche Materie erzeugt betrachtet werden können.

Man könnte annehmen, daß diese Vernachlässigungen auf Newtons Theorie hinführen müßten. Indessen bedarf es hierfür noch der approximativen Behandlung der Grundgleichungen nach einem zweiten Gesichtspunkte. Wir fassen die Bewegung eines Massenpunktes gemäß den Gleichungen (46) ins Auge. Im Falle der speziellen Relativitätstheorie können die Komponenten

$$\frac{dx_1}{ds}, \frac{dx_2}{ds}, \frac{dx_3}{ds}$$

beliebige Werte annehmen; dies bedeutet, daß beliebige Geschwindigkeiten

$$v = \sqrt{\left(\frac{dx_1}{dx_4}\right)^2 + \left(\frac{dx_2}{dx_4}\right)^2 + \left(\frac{dx_3}{dx_4}\right)^2}$$

auftreten können, die kleiner sind als die Vakuumlichtgeschwindigkeit ($v<1$). Will man sich auf den fast ausschließlich der Erfahrung sich darbietenden Fall beschränken, daß v gegen die Lichtgeschwindigkeit klein ist, so bedeutet dies, daß die Komponenten

$$\frac{dx_1}{ds}, \frac{dx_2}{ds}, \frac{dx_3}{ds}$$

als kleine Größen zu behandeln sind, während dx_4/ds bis auf Größen zweiter Ordnung gleich 1 ist. (Zweiter Gesichtspunkt der Approximation.)

Nun beachten wir, daß nach dem ersten Gesichtspunkte der Approximation die Größen $\Gamma^\tau_{\mu\nu}$ alle kleine Größen mindestens erster Ordnung sind. Ein Blick auf (46) lehrt also, daß in dieser Gleichung nach dem zweiten Gesichtspunkt der Approximation nur Glieder zu berücksichtigen sind, für welche $\mu = \nu = 4$ ist. Bei Beschränkung auf Glieder niedrigster Ordnung erhält man an Stelle von (46) zunächst die Gleichungen

$$\frac{d^2 x_\tau}{dt^2} = \Gamma^\tau_{44},$$

wobei $ds = dx_4 = dt$ gesetzt ist, oder unter Beschränkung auf Glieder, die nach dem ersten Gesichtspunkte der Approximation erster Ordnung sind:

$$\frac{d^2 x_\tau}{dt^2} = \begin{bmatrix} 44 \\ \tau \end{bmatrix} \quad (\tau = 1, 2, 3)$$

$$\frac{d^2 x_4}{dt^2} = -\begin{bmatrix} 44 \\ 4 \end{bmatrix}.$$

Setzt man außerdem voraus, daß das Gravitationsfeld ein quasi-statisches sei, indem man sich auf den Fall beschränkt, daß die das Gravitationsfeld erzeugende Materie nur langsam (im Vergleich mit der Fortpflanzungsgeschwindigkeit des Lichtes) bewegt ist, so kann man auf der rechten Seite Ableitungen nach der Zeit neben solchen nach den örtlichen Koordinaten vernachlässigen, so daß man erhält

(67) $$\frac{d^2 x_\tau}{dt^2} = -\frac{1}{2} \frac{\partial g_{44}}{\partial x_\tau} \quad (\tau = 1, 2, 3).$$

Dies ist die Bewegungsgleichung des materiellen Punktes nach Newtons Theorie, wobei $g_{44}/2$ die Rolle des Gravitationspotentials spielt. Das Merkwürdige an diesem Resultat ist, daß nur die Komponente g_{44} des Fundamentaltensors allein in erster Näherung die Bewegung des materiellen Punktes bestimmt.

Wir wenden uns nun zu den Feldgleichungen (53). Dabei ist zu berücksichtigen, daß der Energietensor der „Materie" fast ausschließlich durch die Dichte ϱ der Materie im engeren Sinne bestimmt wird, d. h. durch das zweite Glied der rechten Seite von (58) [bzw. (58a) oder (58b)]. Bildet man die uns interessierende Näherung, so verschwinden alle Komponenten bis auf die Komponente $T_{44} = \varrho = T$. Auf der linken Seite von (53) ist das zweite Glied klein von zweiter Ordnung; das erste liefert in der uns interessierenden Näherung

$$+ \frac{\partial}{\partial x_1}\begin{bmatrix}\mu\nu\\1\end{bmatrix} + \frac{\partial}{\partial x_2}\begin{bmatrix}\mu\nu\\2\end{bmatrix} + \frac{\partial}{\partial x_3}\begin{bmatrix}\mu\nu\\3\end{bmatrix} - \frac{\partial}{\partial x_4}\begin{bmatrix}\mu\nu\\4\end{bmatrix}.$$

Dies gibt für $\mu = \nu = 4$ bei Weglassung von nach der Zeit differenzierten Gliedern
$$-\frac{1}{2}\left(\frac{\partial^2 g_{44}}{\partial x_1^2} + \frac{\partial^2 g_{44}}{\partial x_2^2} + \frac{\partial^2 g_{44}}{\partial x_3^2}\right) = -\frac{1}{2}\varDelta g_{44}.$$
Die letzte der Gleichungen (53) liefert also
(68) $$\varDelta g_{44} = \varkappa \varrho.$$
Die Gleichungen (67) und (68) zusammen sind äquivalent dem Newtonschen Gravitationsgesetz.

Für das Gravitationspotential ergibt sich nach (67) und (68) der Ausdruck
(68a) $$-\frac{\varkappa}{8\pi}\int\frac{\varrho d\tau}{r},$$
während Newtons Theorie bei der von uns gewählten Zeiteinheit
$$-\frac{K}{c^2}\int\frac{\varrho d\tau}{r}$$
ergibt, wobei K die gewöhnlich als Gravitationskonstante bezeichnete Konstante $6{,}7 \cdot 10^{-8}$ bedeutet. Durch Vergleich ergibt sich
(69) $$\varkappa = \frac{8\pi K}{c^2} = 1{,}87 \cdot 10^{-27}.$$

§ 22. Verhalten von Maßstäben und Uhren im statischen Gravitationsfelde. Krümmung der Lichtstrahlen. Perihelbewegung der Planetenbahnen.

Um die Newtonsche Theorie als erste Näherung zu erhalten, brauchten wir von den 10 Komponenten des Gravitationspotentials $g_{\mu\nu}$ nur g_{44} zu berechnen, da nur diese Komponente in die erste Näherung (67) der Bewegungsgleichung des materiellen Punktes im Gravitationsfelde eingeht. Man sieht indessen schon daraus, daß noch andere Komponenten der $g_{\mu\nu}$ von den in (4) angegebenen Werten in erster Näherung abweichen müssen, daß letzteres durch die Bedingung $g = -1$ verlangt wird.

Für einen im Anfangspunkt des Koordinatensystems befindlichen felderzeugenden Massenpunkt erhält man in erster Näherung die radialsymmetrische Lösung
(70) $$\begin{cases} g_{\varrho\sigma} = -\delta_{\varrho\sigma} - \alpha\dfrac{x_\varrho x_\sigma}{r^3} & (\varrho \text{ und } \sigma \text{ zwischen } 1 \text{ und } 3) \\ g_{\varrho 4} = g_{4\varrho} = 0 & (\varrho \text{ zwischen } 1 \text{ und } 3) \\ g_{44} = 1 - \dfrac{\alpha}{r}. \end{cases}$$
$\delta_{\varrho\sigma}$ ist dabei 1 bzw. 0, je nachdem $\varrho = \sigma$ oder $\varrho \neq \sigma$, r ist die Größe
$$+\sqrt{x_1^2 + x_2^2 + x_3^2}.$$
Dabei ist wegen (68a)
(70a) $$\alpha = \frac{\varkappa M}{4\pi},$$

wenn mit M die felderzeugende Masse bezeichnet wird. Daß durch diese Lösung die Feldgleichungen (außerhalb der Masse) in erster Näherung erfüllt werden, ist leicht zu verifizieren.

Wir untersuchen nun die Beeinflussung, welche die metrischen Eigenschaften des Raumes durch das Feld der Masse M erfahren. Stets gilt zwischen den „lokal" (§ 4) gemessenen Längen und Zeiten ds einerseits und den Koordinatendifferenzen dx_ν andererseits die Beziehung

$$ds^2 = g_{\mu\nu} dx_\mu dx_\nu.$$

Für einen „parallel" der x-Achse gelegten Einheitsmaßstab wäre beispielsweise zu setzen $\quad ds^2 = -1; \quad dx_2 = dx_3 = dx_4 = 0,$
also $\quad\quad\quad\quad\quad -1 = g_{11} dx_1^2.$

Liegt der Einheitsmaßstab außerdem auf der x-Achse, so ergibt die erste der Gleichungen (70) $\quad\quad g_{11} = -\left(1 + \frac{\alpha}{r}\right).$

Aus beiden Relationen folgt in erster Näherung genau

(71) $$dx = 1 - \frac{\alpha}{2r}.$$

Der Einheitsmaßstab erscheint also mit Bezug auf das Koordinatensystem in dem gefundenen Betrage durch das Vorhandensein des Gravitationsfeldes verkürzt, wenn er radial angelegt wird.

Analog erhält man seine Koordinatenlänge in tangentialer Richtung, indem man beispielsweise setzt

$$ds^2 = -1; \quad dx_1 = dx_3 = dx_4 = 0; \quad x_1 = r, \; x_2 = x_3 = 0.$$

Es ergibt sich

(71a) $$-1 = g_{22} dx_2^2 = -dx_2^2.$$

Bei tangentialer Stellung hat also das Gravitationsfeld des Massenpunktes keinen Einfluß auf die Stablänge.

Es gilt also die Euklidische Geometrie im Gravitationsfelde nicht einmal in erster Näherung, falls man einen und denselben Stab unabhängig von seinem Ort und seiner Orientierung als Realisierung derselben Strecke auffassen will. Allerdings zeigt ein Blick auf (70a) und (69), daß die zu erwartenden Abweichungen viel zu gering sind, um sich bei der Vermessung der Erdoberfläche bemerkbar machen zu können.

Es werde ferner die Ganggeschwindigkeit einer Einheitsuhr untersucht, welche in einem statischen Gravitationsfelde ruhend angeordnet ist. Hier gilt für eine Uhrperiode

$$ds = 1; \quad dx_1 = dx_2 = dx_3 = 0.$$

Also ist $\quad\quad\quad\quad 1 = g_{44} dx_4^2;$

$$dx_4 = \frac{1}{\sqrt{g_{44}}} = \frac{1}{\sqrt{1 + (g_{44}-1)}} = 1 - \frac{g_{44}-1}{2} \quad\quad \text{oder}$$

(72) $$dx_4 = 1 + \frac{\varkappa}{8\pi} \int \frac{\varrho\, d\tau}{r}.$$

Die Uhr läuft also langsamer, wenn sie in der Nähe ponderabler Massen aufgestellt ist. Es folgt daraus, daß die Spektrallinien von der Oberfläche großer Sterne zu uns gelangenden Lichtes nach dem roten Spektralende verschoben erscheinen müssen.[1])

Wir untersuchen ferner den Gang der Lichtstrahlen im statischen Gravitationsfeld. Gemäß der speziellen Relativitätstheorie ist die Lichtgeschwindigkeit durch die Gleichung

$$-dx_1^2 - dx_2^2 - dx_3^2 + dx_4^2 = 0$$

gegeben, also gemäß der allgemeinen Relativitätstheorie durch die Gleichung
(73)
$$ds^2 = g_{\mu\nu} dx_\mu dx_\nu = 0.$$

Ist die Richtung, d. h. das Verhältnis $dx_1 : dx_2 : dx_3$ gegeben, so liefert die Gleichung (73) die Größen

$$\frac{dx_1}{dx_4}, \quad \frac{dx_2}{dx_4}, \quad \frac{dx_3}{dx_4},$$

und somit die Geschwindigkeit

$$\sqrt{\left(\frac{dx_1}{dx_4}\right)^2 + \left(\frac{dx_2}{dx_4}\right)^2 + \left(\frac{dx_3}{dx_4}\right)^2} = \gamma,$$

im Sinne der Euklidischen Geometrie definiert. Man erkennt leicht, daß die Lichtstrahlen gekrümmt verlaufen müssen mit Bezug auf das Koordinatensystem, falls die $g_{\mu\nu}$ nicht konstant sind. Ist n eine Richtung senkrecht zur Lichtfortpflanzung, so ergibt das Huyghenssche Prinzip, daß der Lichtstrahl [in der Ebene (γ, n) betrachtet] die Krümmung $-\partial\gamma/\partial n$ besitzt.

Wir untersuchen die Krümmung, welche ein Lichtstrahl erleidet, der im Abstand $\varDelta$ an einer Masse M vorbeigeht. Wählt man das Koordinatensystem gemäß der vorstehenden Skizze, so ist die gesamte Biegung B des Lichtstrahles (positiv gerechnet, wenn

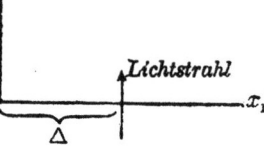

sie nach dem Ursprung hin konkav ist) in genügender Näherung gegeben durch

$$B = \int_{-\infty}^{+\infty} \frac{\partial \gamma}{\partial x_1} dx_2,$$

während (73) und (70) ergeben

$$\gamma = \sqrt{-\frac{g_{44}}{g_{22}}} = 1 - \frac{\alpha}{2r}\left(1 + \frac{x_2^2}{r^2}\right).$$

Die Ausrechnung ergibt
(74)
$$B = \frac{2\alpha}{\varDelta} = \frac{\varkappa M}{2\pi\varDelta}.$$

---

1) Für das Bestehen eines derartigen Effektes sprechen nach E. Freundlich spektrale Beobachtungen an Fixsternen bestimmter Typen. Eine endgültige Prüfung dieser Konsequenz steht indes noch aus.

Ein an der Sonne vorbeigehender Lichtstrahl erfährt demnach eine Biegung von 1,7", ein am Planeten Jupiter vorbeigehender eine solche von etwa 0,02"

Berechnet man das Gravitationsfeld um eine Größenordnung genauer, und ebenso mit entsprechender Genauigkeit die Bahnbewegung eines materiellen Punktes von relativ unendlich kleiner Masse, so erhält man gegenüber den Kepler-Newtonschen Gesetzen der Planetenbewegung eine Abweichung von folgender Art. Die Bahnellipse eines Planeten erfährt in Richtung der Bahnbewegung eine langsame Drehung vom Betrage

$$\varepsilon = 24\,\pi^3 \frac{a^2}{T^2 c^2 (1-e^2)} \tag{75}$$

pro Umlauf. In dieser Formel bedeutet a die große Halbachse, c die Lichtgeschwindigkeit in üblichem Maße, e die Exzentrizität, T die Umlaufszeit in Sekunden.[1]

Die Rechnung ergibt für den Planeten Merkur eine Drehung der Bahn um 43" pro Jahrhundert, genau entsprechend der Konstatierung der Astronomen (Leverrier); diese fanden nämlich einen durch Störungen der übrigen Planeten nicht erklärbaren Rest der Perihelbewegung dieses Planeten von der angegebenen Größe.

---

[1] Bezüglich der Rechnung verweise ich auf die Originalabhandlungen: A. Einstein, Sitzungsber. d. Preuß. Akad. d. Wiss. 1915, S. 831; K. Schwarzschild, Sitzungsber. d. Preuß. Akad. d. Wiss. 1916, S. 189.

Hamiltonsches Prinzip und allgemeine Relativitätstheorie.

Von A. Einstein.[1])

In letzter Zeit ist es H. A. Lorentz und D. Hilbert gelungen[2]), der allgemeinen Relativitätstheorie dadurch eine besonders übersichtliche Gestalt zu geben, daß sie deren Gleichungen aus einem einzigen Variationsprinzipe ableiteten. Dies soll auch in der nachfolgenden Abhandlung geschehen. Dabei ist es mein Ziel, die fundamentalen Zusammenhänge möglichst durchsichtig und so allgemein darzustellen, als es der Gesichtspunkt der allgemeinen Relativität zuläßt. Insbesondere sollen über die Konstitution der Materie möglichst wenig spezialisierende Annahmen gemacht werden, im Gegensatz besonders zur Hilbertschen Darstellung. Anderseits soll im Gegensatz zu meiner eigenen letzten Behandlung des Gegenstandes die Wahl des Koordinatensystems vollkommen freibleiben.

§ 1. Das Variationsprinzip und die Feldgleichungen der Gravitation und der Materie.

Das Gravitationsfeld werde wie üblich durch den Tensor[3]) der $g_{\mu\nu}$ (bzw. $g^{\mu\nu}$) beschrieben, die Materie (inklusive elektromagnetisches Feld) durch eine beliebige Zahl von Raum-Zeitfunktionen $q_{(\varrho)}$, deren invariantentheoretischer Charakter für uns gleichgültig ist. Es sei ferner $\mathfrak{H}$ eine Funktion der

$$g^{\mu\nu}, \; g^{\mu\nu}_\sigma \left(= \frac{\partial g^{\mu\nu}}{\partial x_\sigma} \right) \text{ und } g^{\mu\nu}_{\sigma\tau} \left(= \frac{\partial^2 g^{\mu\nu}}{\partial x_\sigma \partial x_\tau} \right), \text{ der } q_{(\varrho)} \text{ und } q_{(\varrho)\alpha} \left(= \frac{\partial q_{(\varrho)}}{\partial x_\alpha} \right).$$

Dann liefert uns das Variationsprinzip

(1) $$\delta \left\{ \int \mathfrak{H} d\tau \right\} = 0$$

so viele Differentialgleichungen, wie zu bestimmende Funktionen $g_{\mu\nu}$ und $q_{(\varrho)}$ vorhanden sind, wenn wir festsetzen, daß die $g^{\mu\nu}$ und $q_{(\varrho)}$ unabhängig voneinander zu variieren sind, und zwar derart, daß an den Integrationsgrenzen die $\delta q_{(\varrho)}$, $\delta g^{\mu\nu}$ und $\dfrac{\partial \delta g_{\mu\nu}}{\partial x_\sigma}$ alle verschwinden.

---

1) Abgedruckt aus den Sitzungsberichten der Preußischen Akad. d. Wissenschaften 1916.

2) Vier Abhandlungen von H. A. Lorentz in den Jahrgängen 1915 und 1916 d. Publikationen d. Koninkl. Akad. van Wetensch. te Amsterdam; D. Hilbert, Gött. Nachr. 1915. Heft 3.

3) Von dem Tensorcharakter der $g_{\mu\nu}$ wird vorläufig kein Gebrauch gemacht.

Wir wollen nun annehmen, daß $\mathfrak{H}$ in den $g^{\mu\nu}_{\sigma\tau}$ linear sei, und zwar derart, daß die Koeffizienten der $g^{\mu\nu}_{\sigma\tau}$ nur von den $g^{\mu\nu}$ abhängen. Dann kann man das Variationsprinzip (1) durch ein für uns bequemeres ersetzen. Durch geeignete partielle Integration erhält man nämlich

(2) $$\int \mathfrak{H} d\tau = \int \mathfrak{H}^* d\tau + F,$$

wobei F ein Integral über die Begrenzung des betrachteten Gebietes bedeutet, die Größe $\mathfrak{H}^*$ aber nur mehr von den $g^{\mu\nu}$, $g^{\mu\nu}_\sigma$, $q_{(\varrho)}$, $q_{(\varrho)\alpha}$, aber nicht mehr von den $g^{\mu\nu}_{\sigma\tau}$ abhängt. Aus (2) ergibt sich für solche Variationen, wie sie uns interessieren

(3) $$\delta \left\{ \int \mathfrak{H} d\tau \right\} = \delta \left\{ \int \mathfrak{H}^* d\tau \right\},$$

so daß wir unser Variationsprinzip (1) ersetzen dürfen durch das bequeme

(1a) $$\delta \left\{ \int \mathfrak{H}^* d\tau \right\} = 0.$$

Durch Ausführung der Variation nach den $g^{\mu\nu}$ und nach den $q_{(\varrho)}$ erhält man als die Feldgleichungen der Gravitation und der Materie die Gleichungen

(4) $$\frac{\partial}{\partial x_\alpha} \left(\frac{\partial \mathfrak{H}^*}{\partial g^{\mu\nu}_\alpha} \right) - \frac{\partial \mathfrak{H}^*}{\partial g^{\mu\nu}} = 0$$

(5) $$\frac{\partial}{\partial x_\alpha} \left(\frac{\partial \mathfrak{H}^*}{\partial q_{(\varrho)\alpha}} \right) - \frac{\partial \mathfrak{H}^*}{\partial q_{(\varrho)}} = 0.$$

§ 2. Sonderexistenz des Gravitationsfeldes.

Wenn man über die Art und Weise, wie $\mathfrak{H}$ von den $g^{\mu\nu}$, $g^{\mu\nu}_\sigma$, $g^{\mu\nu}_{\sigma\tau}$, $q_{(\varrho)}$, $q_{(\varrho)\alpha}$ abhängt, keine spezialisierende Voraussetzung macht, können die Energiekomponenten nicht in zwei Teile gespalten werden, von denen der eine zum Gravitationsfelde, der andere zu der Materie gehört. Um diese Eigenschaft der Theorie herbeizuführen, machen wir folgende Annahme

(6) $$\mathfrak{H} = \mathfrak{G} + \mathfrak{M},$$

wobei $\mathfrak{G}$ nur von den $g^{\mu\nu}$, $g^{\mu\nu}_\sigma$, $g^{\mu\nu}_{\sigma\tau}$, $\mathfrak{M}$ nur von $g^{\mu\nu}$, $q_{(\varrho)}$, $q_{(\varrho)\alpha}$ abhänge. Die Gleichungen (4), (4a) nehmen dann die Form an

(7) $$\frac{\partial}{\partial x_\alpha} \left(\frac{\partial \mathfrak{G}^*}{\partial g^{\mu\nu}_\alpha} \right) - \frac{\partial \mathfrak{G}^*}{\partial g^{\mu\nu}} = \frac{\partial \mathfrak{M}}{\partial g^{\mu\nu}}$$

(8) $$\frac{\partial}{\partial x_\alpha} \left(\frac{\partial \mathfrak{M}}{\partial q_{(\varrho)\alpha}} \right) - \frac{\partial \mathfrak{M}}{\partial q_{(\varrho)}} = 0.$$

Dabei steht $\mathfrak{G}^*$ zu $\mathfrak{G}$ in derselben Beziehung wie $\mathfrak{H}^*$ zu $\mathfrak{H}$.

---

1) Zur Abkürzung sind in den Formeln die Summenzeichen weggelassen. Es ist über diejenigen Indizes stets summiert zu denken, welche in einem Gliede zweimal vorkommen. In (4) bedeutet also z. B. $\frac{\partial}{\partial x_\alpha} \left(\frac{\partial \mathfrak{H}^*}{\partial g^{\mu\nu}_\alpha} \right)$ den Term $\sum_\alpha \frac{\partial}{\partial x_\alpha} \left(\frac{\partial \mathfrak{H}^*}{\partial g^{\mu\nu}_\alpha} \right)$.

Es ist wohl zu beachten, daß die Gleichungen (8) bzw. (5) durch andere zu ersetzen wären, wenn wir annehmen würden, daß $\mathfrak{M}$ bzw. $\mathfrak{H}$ noch von höheren als den ersten Ableitungen der $q_{(\varrho)}$ abhängig wären. Ebenso wäre es denkbar, daß die $q_{(\varrho)}$ nicht als voneinander unabhängig, sondern als durch Bedingungsgleichungen miteinander. verknüpft aufzufassen wären. All dies ist für die folgenden Entwicklungen ohne Bedeutung, da letztere allein auf die Gleichungen (7) gegründet sind, welche durch Variieren unseres Integrals nach den $g^{\mu\nu}$ gewonnen sind.

§ 3. Invariantentheoretisch bedingte Eigenschaften der Feldgleichungen der Gravitation.

Wir führen nun die Voraussetzung ein, daß

(9) $$ds^2 = g_{\mu\nu} dx_\mu dx_\nu$$

eine Invariante sei. Damit ist der Transformationscharakter der $g_{\mu\nu}$ festgelegt. Über den Transformationscharakter der die Materie beschreibenden $q_{(\varrho)}$ machen wir keine Voraussetzung. Hingegen seien die Funktionen $H = \dfrac{\mathfrak{H}}{\sqrt{-g}}$ sowie $G = \dfrac{\mathfrak{G}}{\sqrt{-g}}$ und $M = \dfrac{\mathfrak{M}}{\sqrt{-g}}$ Invarianten bezüglich beliebiger Substitutionen der Raum-Zeitkoordinaten. Aus diesen Voraussetzungen folgt die allgemeine Kovarianz der aus (1) gefolgerten Gleichungen (7) und (8). Ferner folgt, daß G (bis auf einen konstanten Faktor) gleich dem Skalar des Riemannschen Tensors der Krümmung sein muß; denn es gibt keine andere Invariante von den für G geforderten Eigenschaften[1]). Damit ist auch $\mathfrak{G}^*$ und damit die linke Seite der Feldgleichung (7) vollkommen festgelegt[2]).

Aus dem allgemeinen Relativitätspostulat folgen gewisse Eigenschaften der Funktion $\mathfrak{G}^*$, die wir nun ableiten wollen. Zu diesem Zweck führen wir eine infinitesimale Transformation der Koordinaten durch, indem wir setzen

(10) $$x'_\nu = x_\nu + \Delta x_\nu;$$

die Δx_ν sind beliebig wählbare, unendlich kleine Funktionen der Koordinaten. x'_ν sind die Koordinaten des Weltpunktes im neuen System, dessen Koordinaten im ursprünglichen System x_ν sind. Wie für die Koordinaten gilt für jede andere Größe ψ ein Transformationsgesetz vom Typus

$$\psi' = \psi + \Delta\psi,$$

---

[1]) Hierin liegt es begründet, daß die allgemeine Relativitätsforderung zu einer ganz bestimmten Gravitationstheorie führt.

[2]) Man erhält durch Ausführung der partiellen Integration
$$\mathfrak{G}^* = \sqrt{-g}\, g^{\mu\nu} \left[\begin{Bmatrix} \mu\alpha \\ \beta \end{Bmatrix} \begin{Bmatrix} \nu\beta \\ \alpha \end{Bmatrix} - \begin{Bmatrix} \mu\nu \\ \alpha \end{Bmatrix} \begin{Bmatrix} \alpha\beta \\ \beta \end{Bmatrix} \right].$$

wobei sich $\Delta \psi$ stets durch die Δx_ν ausdrücken lassen muß. Aus der Kovarianteneigenschaft der $g^{\mu\nu}$ leitet man leicht für die $g^{\mu\nu}$ und $g^{\mu\nu}_\sigma$ die Transformationsgesetze ab

(11) $$\Delta g^{\mu\nu} = g^{\mu\alpha}\frac{\partial \Delta x_\nu}{\partial x_\alpha} + g^{\nu\alpha}\frac{\partial \Delta x_\mu}{\partial x_\alpha}$$

(12) $$\Delta g^{\mu\nu}_\sigma = \frac{\partial (\Delta g^{\mu\nu})}{\partial x_\sigma} - g^{\mu\nu}_\alpha \frac{\partial \Delta x_\alpha}{\partial x_\sigma}.$$

Da $\mathfrak{G}^*$ nur von den $g^{\mu\nu}$ und $g^{\mu\nu}_\sigma$ abhängt, ist es mit Hilfe von (13) und (14) möglich, $\Delta \mathfrak{G}^*$ zu berechnen. Man erhält so die Gleichung

(13) $$\sqrt{-g}\,\Delta\left(\frac{\mathfrak{G}^*}{\sqrt{-g}}\right) = S^\nu_\sigma \frac{\partial \Delta x_\sigma}{\partial x_\nu} + 2\frac{\partial \mathfrak{G}^*}{\partial g^{\mu\sigma}_\alpha} g^{\mu\nu} \frac{\partial^2 \Delta x_\sigma}{\partial x_\nu \partial x_\alpha},$$

wobei zur Abkürzung gesetzt ist

(14) $$S^\nu_\sigma = 2\frac{\partial \mathfrak{G}^*}{\partial g^{\mu\sigma}} g^{\mu\nu} + 2\frac{\partial \mathfrak{G}^*}{\partial g^{\mu\sigma}_\alpha} g^{\mu\nu}_\alpha + \mathfrak{G}^* \delta^\nu_\sigma - \frac{\partial \mathfrak{G}^*}{\partial g^{\mu\alpha}_\nu} g^{\mu\alpha}_\sigma.$$

Aus diesen beiden Gleichungen ziehen wir zwei für das Folgende wichtige Folgerungen. Wir wissen, daß $\dfrac{\mathfrak{G}}{\sqrt{-g}}$ eine Invariante ist bezüglich beliebiger Substitutionen, nicht aber $\dfrac{\mathfrak{G}^*}{\sqrt{-g}}$. Wohl aber ist es leicht, von letzterer Größe zu beweisen, daß sie bezüglich *linearer* Substitutionen der Koordinaten eine Invariante ist. Hieraus folgt, daß die rechte Seite von (13) stets verschwinden muß, wenn sämtliche $\dfrac{\partial^2 \Delta x_\sigma}{\partial x_\nu \partial x_\alpha}$ verschwinden. Es folgt daraus, daß $\mathfrak{G}^*$ der Identität

(15) $$S^\nu_\sigma \equiv 0 \qquad \text{genügen muß.}$$

Wählen wir ferner die Δx_ν so, daß sie nur im Innern eines betrachteten Gebietes von null verschieden sind, in infinitesimaler Nähe der Begrenzung aber verschwinden, so ändert sich der Wert des in Gleichung (2) auftretenden, über die Begrenzung erstreckten Integrales nicht bei der ins Auge gefaßten Transformation: es ist also
$$\Delta(F) = 0$$
und somit[1]
$$\Delta\left\{\int \mathfrak{G}\,d\tau\right\} = \Delta\left\{\int \mathfrak{G}^*\,d\tau\right\}.$$

Die linke Seite der Gleichung muß aber verschwinden, da sowohl $\dfrac{\mathfrak{G}}{\sqrt{-g}}$ wie $\sqrt{-g}\,d\tau$ Invarianten sind. Folglich verschwindet auch die rechte Seite. Wir erhalten also mit Rücksicht auf (14), (15) und (16) zunächst die Gleichung

(16) $$\int \frac{\partial \mathfrak{G}^*}{\partial g^{\mu\sigma}_\alpha} g^{\mu\nu} \frac{\partial^2 \Delta x_\sigma}{\partial x_\nu \partial x_\alpha} d\tau = 0.$$

---

[1] Indem wir statt $\mathfrak{H}$ und $\mathfrak{H}^*$ die Größen $\mathfrak{G}$ und $\mathfrak{G}^*$ einführen.

Formt man diese durch zweimalige partielle Integration um, so erhält man mit Rücksicht auf die freie Wählbarkeit der Δx_σ die Identität

(17) $$\frac{\partial^2}{\partial x_\nu \partial x_\alpha}\left(\frac{\partial \mathfrak{G}^*}{\partial g_\alpha^{\mu\sigma}} g^{\mu\nu}\right) \equiv 0.$$

Aus den beiden Identitäten (16) und (17), welche aus der Invarianz von $\frac{\mathfrak{G}}{\sqrt{-g}}$, also aus dem Postulat der allgemeinen Relativität hervorgehen, haben wir nun Folgerungen zu ziehen.

Die Feldgleichungen (7) der Gravitation formen wir zunächst durch gemischte Multiplikation mit $g^{\mu\sigma}$ um. Man erhält dann (unter Vertauschung der Indizes σ und ν) die den Feldgleichungen (7) äquivalenten Gleichungen

(18) $$\frac{\partial}{\partial x_\alpha}\left(\frac{\partial \mathfrak{G}^*}{\partial g_\alpha^{\mu\sigma}} g^{\mu\nu}\right) = -(\mathfrak{T}_\sigma^\nu + \mathfrak{t}_\sigma^\nu),$$

wobei gesetzt ist

(19) $$\mathfrak{T}_\sigma^\nu = -\frac{\partial \mathfrak{M}}{\partial g^{\mu\sigma}} g^{\mu\nu}$$

(20) $$\mathfrak{t}_\sigma^\nu = -\left(\frac{\partial \mathfrak{G}^*}{\partial g_\alpha^{\mu\sigma}} g_\alpha^{\mu\nu} + \frac{\partial \mathfrak{G}^*}{\partial g^{\mu\sigma}} g^{\mu\nu}\right) = \frac{1}{2}\left(\mathfrak{G}^* \delta_\sigma^\nu - \frac{\partial \mathfrak{G}^*}{\partial g_\nu^{\mu\alpha}} g_\sigma^{\mu\alpha}\right).$$

Der letzte Ausdruck für $\mathfrak{t}_\sigma^\nu$ rechtfertigt sich aus (14) und (15). Durch Differenzieren von (18) nach x_ν und Summation über ν folgt mit Rücksicht auf (17)

(21) $$\frac{\partial}{\partial x_\nu}(\mathfrak{T}_\sigma^\nu + \mathfrak{t}_\sigma^\nu) = 0.$$

Die Gleichung (21) drückt die Erhaltung des Impulses und der Energie aus. Wir nennen $\mathfrak{T}_\sigma^\nu$ die Komponenten der Energie der Materie, $\mathfrak{t}_\sigma^\nu$ die Komponenten der Energie des Gravitationsfeldes.

Aus den Feldgleichungen (7) der Gravitation folgt durch Multiplizieren mit $g_\sigma^{\mu\nu}$ und Summieren über μ und ν mit Rücksicht auf (20)

$$\frac{\partial \mathfrak{t}_\sigma^\nu}{\partial x_\nu} + \frac{1}{2} g_\sigma^{\mu\nu} \frac{\partial \mathfrak{M}}{\partial g^{\mu\nu}} = 0$$

oder mit Rücksicht auf (19) und (21)

(22) $$\frac{\partial \mathfrak{T}_\sigma^\nu}{\partial x_\nu} + \frac{1}{2} g_\sigma^{\mu\nu} \mathfrak{T}_{\mu\nu} = 0,$$

wobei $\mathfrak{T}_{\mu\nu}$ die Größen $g_{\nu\sigma}\mathfrak{T}_\mu^\sigma$ bedeuten. Es sind dies 4 Gleichungen, welchen die Energie-Komponenten der Materie zu genügen haben.

Es ist hervorzuheben, daß die (allgemein kovarianten) Erhaltungssätze (21) und (22) aus den Feldgleichungen (7) der Gravitation in Verbindung mit dem Postulat der allgemeinen Kovarianz (Relativität) *allein* gefolgert sind, ohne Benutzung der Feldgleichungen (8) für die materiellen Vorgänge.

Kosmologische Betrachtungen zur allgemeinen Relativitätstheorie.

Von A. Einstein.[1])

Es ist wohlbekannt, daß die Poissonsche Differentialgleichung

(1) $$\Delta\varphi = 4\pi K\varrho$$

in Verbindung mit der Bewegungsgleichung des materiellen Punktes die Newtonsche Fernwirkungstheorie noch nicht vollständig ersetzt. Es muß noch die Bedingung hinzutreten, daß im räumlich Unendlichen das Potential φ einem festen Grenzwerte zustrebt. Analog verhält es sich bei der Gravitationstheorie der allgemeinen Relativität; auch hier müssen zu den Differentialgleichungen Grenzbedingungen hinzutreten für das räumlich Unendliche, falls man die Welt wirklich als räumlich unendlich ausgedehnt anzusehen hat.

Bei der Behandlung des Planetenproblems habe ich diese Grenzbedingungen in Gestalt folgender Annahme gewählt: Es ist möglich, ein Bezugssystem so zu wählen, daß sämtliche Gravitationspotentiale $g_{\mu\nu}$ im räumlich Unendlichen konstant werden. Es ist aber a priori durchaus nicht evident, daß man dieselben Grenzbedingungen ansetzen darf, wenn man größere Partien der Körperwelt ins Auge fassen will. Im folgenden sollen die Überlegungen angegeben werden, welche ich bisher über diese prinzipiell wichtige Frage angestellt habe.

§ 1. Die Newtonsche Theorie.

Es ist wohlbekannt, daß die Newtonsche Grenzbedingung des konstanten Limes für φ im räumlich Unendlichen zu der Auffassung hinführt, daß die Dichte der Materie im Unendlichen zu null wird. Wir denken uns nämlich, es lasse sich ein Ort im Weltraum finden, um den herum das Gravitationsfeld der Materie, im großen betrachtet, Kugelsymmetrie besitzt (Mittelpunkt). Dann folgt aus der Poissonschen Gleichung, daß die mittlere Dichte ϱ rascher als $\frac{1}{r^2}$ mit wachsender Entfernung r vom Mittelpunkt zu null herabsinken muß, damit φ im Unendlichen einem Limes zustrebe[2]). In diesem

---

1) Abgedruckt aus den Sitzungsberichten der Preußischen Akad. d. Wissenschaften 1917.

2) ϱ ist die mittlere Dichte der Materie, gebildet für einen Raum, der groß ist gegenüber der Distanz benachbarter Fixsterne, aber klein gegenüber den Abmessungen des ganzen Sternsystems.

Sinne ist also die Welt nach Newton endlich, wenn sie auch unendlich große Gesamtmasse besitzen kann.

Hieraus folgt zunächst, daß die von den Himmelskörpern emittierte Strahlung das Newtonsche Weltsystem auf dem Wege radial nach außen zum Teil verlassen wird, um sich dann wirkungslos im Unendlichen zu verlieren. Kann es nicht ganzen Himmelskörpern ebenso ergehen? Es ist kaum möglich, diese Frage zu verneinen. Denn aus der Voraussetzung eines endlichen Limes für φ im räumlich Unendlichen folgt, daß ein mit endlicher kinetischer Energie begabter Himmelskörper das räumlich Unendliche unter Überwindung der Newtonschen Anziehungskräfte erreichen kann. Dieser Fall muß nach der statistischen Mechanik solange immer wieder eintreten, als die gesamte Energie des Sternsystems genügend groß ist, um — auf einen einzigen Himmelskörper übertragen — diesem die Reise ins Unendliche zu gestatten, von welcher er nie wieder zurückkehren kann.

Man könnte dieser eigentümlichen Schwierigkeit durch die Annahme zu entrinnen versuchen, daß jenes Grenzpotential im Unendlichen einen sehr hohen Wert habe. Dies wäre ein gangbarer Weg, wenn nicht der Verlauf des Gravitationspotentials durch die Himmelskörper selbst bedingt sein müßte. In Wahrheit werden wir mit Notwendigkeit zu der Auffassung gedrängt, daß das Auftreten bedeutender Potentialdifferenzen des Gravitationsfeldes mit den Tatsachen im Widerspruch ist. Dieselben müssen vielmehr von so geringer Größenordnung sein, daß die durch sie erzeugbaren Sterngeschwindigkeiten die tatsächlich beobachteten nicht übersteigen.

Wendet man das Boltzmannsche Verteilungsgesetz für Gasmoleküle auf die Sterne an, indem man das Sternsystem mit einem Gase von stationärer Wärmebewegung vergleicht, so folgt, daß das Newtonsche Sternsystem überhaupt nicht existieren könne. Denn der endlichen Potentialdifferenz zwischen dem Mittelpunkt und dem räumlich Unendlichen entspricht ein endliches Verhältnis der Dichten. Ein Verschwinden der Dichte im Unendlichen zieht also ein Verschwinden der Dichte im Mittelpunkt nach sich.

Diese Schwierigkeiten lassen sich auf dem Boden der Newtonschen Theorie wohl kaum überwinden. Man kann sich die Frage vorlegen, ob sich dieselben durch eine Modifikation der Newtonschen Theorie beseitigen lassen. Wir geben hierfür zunächst einen Weg an, der an sich nicht beansprucht, ernst genommen zu werden; er dient nur dazu, das Folgende besser hervortreten zu lassen. An die Stelle der Poissonschen Gleichung setzen wir

(2) $$\Delta\varphi - \lambda\varphi = 4\pi K\varrho,$$

wobei λ eine universelle Konstante bedeutet. Ist ϱ_0 die (gleichmäßige) Dichte einer Massenverteilung, so ist

(3) $$\varphi = -\frac{4\pi K}{\lambda}\varrho_0$$

eine Lösung der Gleichung (2). Diese Lösung entspräche dem Falle, daß die Materie der Fixsterne gleichmäßig über den Raum verteilt wäre, wobei die Dichte ϱ_0 gleich der tatsächlichen mittleren Dichte der Materie des Weltraumes sein möge. Die Lösung entspricht einer unendlichen Ausdehnung des im Mittel gleichmäßig mit Materie erfüllten Raumes. Denkt man sich, ohne an der mittleren Verteilungsdichte etwas zu ändern, die Materie örtlich ungleichmäßig verteilt, so wird sich über den konstanten φ-Wert der Gleichung (3) ein zusätzliches φ überlagern, welches in der Nähe dichterer Massen einem Newtonschen Felde um so ähnlicher ist, je kleiner $\lambda\varphi$ gegenüber $4\pi K\varrho$ ist.

Eine so beschaffene Welt hätte bezüglich des Gravitationsfeldes keinen Mittelpunkt. Ein Abnehmen der Dichte im räumlich Unendlichen müßte nicht angenommen werden, sondern es wäre sowohl das mittlere Potential als auch die mittlere Dichte bis ins Unendliche konstant. Der bei der Newtonschen Theorie konstatierte Konflikt mit der statistischen Mechanik ist hier nicht vorhanden. Die Materie ist bei einer bestimmten (äußerst kleinen) Dichte im Gleichgewicht, ohne daß für dies Gleichgewicht innere Kräfte der Materie (Druck) nötig wären.

§ 2. Die Grenzbedingungen gemäß der allgemeinen Relativitätstheorie.

Im folgenden führe ich den Leser auf dem von mir selbst zurückgelegten, etwas indirekten und holperigen Wege, weil ich nur so hoffen kann, daß er dem Endergebnis Interesse entgegenbringe. Ich komme nämlich zu der Meinung, daß die von mir bisher vertretenen Feldgleichungen der Gravitation noch einer kleinen Modifikation bedürfen, um auf der Basis der allgemeinen Relativitätstheorie jene prinzipiellen Schwierigkeiten zu vermeiden, die wir im vorigen Paragraphen für die Newtonsche Theorie dargelegt haben. Diese Modifikation entspricht vollkommen dem Übergang von der Poissonschen Gleichung (1) zur Gleichung (2) des vorigen Paragraphen. Es ergibt sich dann schließlich, daß Grenzbedingungen im räumlich Unendlichen überhaupt entfallen, da das Weltkontinuum bezüglich seiner räumlichen Erstreckungen als ein in sich geschlossenes von endlichem, räumlichem (dreidimensionalem) Volumen aufzufassen ist.

Meine bis vor kurzem gehegte Meinung über die im räumlich Unendlichen zu setzenden Grenzbedingungen fußte auf folgenden Überlegungen. In einer konsequenten Relativitätstheorie kann es keine Trägheit *gegenüber dem „Raume"* geben, sondern nur eine Trägheit der Massen *gegeneinander*. Wenn ich daher eine Masse von allen anderen Massen der Welt räumlich genügend entferne, so muß ihre Trägheit zu Null herabsinken. Wir suchen diese Bedingung mathematisch zu formulieren.

Nach der allgemeinen Relativitätstheorie ist der (negative) Impuls durch die drei ersten Komponenten, die Energie durch die letzte Komponente des mit $\sqrt{-g}$ multiplizierten kovarianten Tensors

(4) $$m\sqrt{-g}\,g_{\mu\alpha}\frac{dx_\alpha}{ds} \quad \text{gegeben,}$$

(5) wobei wie stets $$ds^2 = g_{\mu\nu}dx_\mu dx_\nu$$

gesetzt ist. In dem besonders übersichtlichen Falle, daß das Koordinatensystem so gewählt werden kann, daß das Gravitationsfeld in jedem Punkte räumlich isotrop ist, hat man einfacher

$$ds^2 = -A(dx_1^2 + dx_2^2 + dx_3^2) + B\,dx_4^2.$$

Ist gleichzeitig noch $\sqrt{-g} = 1 = \sqrt{A^3 B}$,

so erhält man für kleine Geschwindigkeiten in erster Näherung aus (4) für die Impulskomponenten

$$m\frac{A}{\sqrt{B}}\frac{dx_1}{dx_4} \qquad m\frac{A}{\sqrt{B}}\frac{dx_2}{dx_4} \qquad m\frac{A}{\sqrt{B}}\frac{dx_3}{dx_4}$$

und für die Energie (im Fall der Ruhe)

$$m\sqrt{B}.$$

Aus den Ausdrücken des Impulses folgt, daß $m\dfrac{A}{\sqrt{B}}$ die Rolle der trägen Masse spielt. Da m eine dem Massenpunkt unabhängig von seiner Lage eigentümliche Konstante ist, so kann dieser Ausdruck unter Wahrung der Determinantenbedingung im räumlich Unendlichen nur dann verschwinden, wenn A zu Null herabsinkt, während B ins Unendliche anwächst. Ein solches Ausarten der Koeffizienten $g_{\mu\nu}$ scheint also durch das Postulat von der Relativität aller Trägheit gefordert zu werden. Diese Forderung bringt es auch mit sich, daß die potentielle Energie $m\sqrt{B}$ des Punktes im Unendlichen unendlich groß wird. Es kann also ein Massenpunkt niemals das System verlassen; eine eingehendere Untersuchung zeigt, daß gleiches auch von den Lichtstrahlen gelten würde. Ein Weltsystem mit solchem Verhalten der Gravitationspotentiale im Unendlichen wäre also nicht der Gefahr der Verödung ausgesetzt, wie sie vorhin für die Newtonsche Theorie besprochen wurde.

Ich bemerke, daß die vereinfachenden Annahmen über die Gravitationspotentiale, welche wir dieser Betrachtung zugrunde legten, nur der Übersichtlichkeit wegen eingeführt sind. Man kann allgemeine Formulierungen für das Verhalten der $g_{\mu\nu}$ im Unendlichen finden, die das Wesentliche der Sache ohne weitere beschränkende Annahmen ausdrücken.

Nun untersuchte ich der mit freundlichen Hilfe des Mathematikers J. Grommer zentrisch symmetrische, statische Gravitationsfelder, welche im Unendlichen in der angedeuteten Weise degenerierten. Die Gravitationspotentiale $g_{\mu\nu}$ wurden angesetzt und aus denselben auf Grund der Feldgleichungen der Gravitation der Energietensor $T_{\mu\nu}$ der Materie berechnet. Dabei zeigte sich aber, daß für das Fixsternsystem derartige Grenzbedingungen durchaus nicht in Betracht kommen können, wie neulich auch mit Recht von dem Astronomen de Sitter hervorgehoben wurde.

Der kontravariante Energietensor $T^{\mu\nu}$ der ponderablen Materie ist nämlich gegeben durch
$$T^{\mu\nu} = \varrho \frac{dx_\mu}{ds} \frac{dx_\nu}{ds},$$
wobei ϱ die natürlich gemessene Dichte der Materie bedeutet. Bei geeignet gewähltem Koordinatensystem sind die Sterngeschwindigkeiten sehr klein gegenüber der Lichtgeschwindigkeit. Man kann daher ds durch $\sqrt{g_{44}}dx_4$ ersetzen. Daran erkennt man, daß alle Komponenten von $T^{\mu\nu}$ gegenüber der letzten Komponente T^{44} sehr klein sein müssen. Diese Bedingung aber ließ sich mit den gewählten Grenzbedingungen durchaus nicht vereinigen. Nachträglich erscheint dies Resultat nicht verwunderlich. Die Tatsache der geringen Sterngeschwindigkeiten läßt den Schluß zu, daß nirgends, wo es Fixsterne gibt, das Gravitationspotential (in unserem Falle $\sqrt{B}$) erheblich größer sein kann als bei uns; es folgt dies aus statistischen Überlegungen, genau wie im Falle der Newtonschen Theorie. Jedenfalls haben mich unsere Rechnungen zu der Überzeugung geführt, daß derartige Degenerationsbedingungen für die $g_{\mu\nu}$ im Räumlich-Unendlichen nicht postuliert werden dürfen.

Nach dem Fehlschlagen dieses Versuches bieten sich zunächst zwei Möglichkeiten dar.

a) Man fordert, wie beim Planetenproblem, daß im räumlich Unendlichen die $g_{\mu\nu}$ sich bei passend gewähltem Bezugssystem den Werten nähern:

$$\begin{matrix} -1 & 0 & 0 & 0 \\ 0 & -1 & 0 & 0 \\ 0 & 0 & -1 & 0 \\ 0 & 0 & 0 & 1. \end{matrix}$$

b) Man stellt überhaupt keine allgemeine Gültigkeit beanspruchenden Grenzbedingungen auf für das räumlich Unendliche; man hat die $g_{\mu\nu}$ an der räumlichen Begrenzung des betrachteten Gebietes in jedem einzelnen Falle besonders zu geben, wie man bisher die zeitlichen Anfangsbedingungen besonders zu geben gewohnt war.

Die Möglichkeit b) entspricht keiner Lösung des Problems, sondern dem Verzicht auf die Lösung desselben. Dies ist ein unanfechtbarer Standpunkt, der gegenwärtig von de Sitter eingenommen wird.[1]) Ich muß aber gestehen, daß es mir schwer fällt, so weit zu resignieren in dieser prinzipiellen Ange-

---

1) de Sitter, Akad. van Wetensch. te Amsterdam, 8. November 1916.

legenheit. Dazu würde ich mich erst entschließen, wenn alle Mühe, zur befriedigenden Auffassung vorzudringen, sich als nutzlos erweisen würde.

Die Möglichkeit a) ist in mehrfacher Beziehung unbefriedigend. Erstens setzen diese Grenzbedingungen eine bestimmte Wahl des Bezugssystems voraus, was dem Geiste des Relativitätsprinzips widerstrebt. Zweitens verzichtet man bei dieser Auffassung darauf, der Forderung von der Relativität der Trägheit gerecht zu werden. Die Trägheit eines Massenpunktes von der natürlich gemessenen Masse m ist nämlich von den $g_{\mu\nu}$ abhängig; diese aber unterscheiden sich nur wenig von den angegebenen postulierten Werten für das räumlich Unendliche. Somit würde die Trägheit durch die (im Endlichen vorhandene) Materie zwar *beeinflußt* aber nicht *bedingt*. Wenn nur ein einziger Massenpunkt vorhanden wäre, so besäße er nach dieser Auffassungsweise Trägheit, und zwar eine beinahe gleich große wie in dem Falle, daß er von den übrigen Massen unserer tatsächlichen Welt umgeben ist. Endlich sind gegen diese Auffassung jene statistischen Bedenken geltend zu machen, welche oben für die Newtonsche Theorie angegeben worden sind.

Es geht aus dem bisher Gesagten hervor, daß mir das Aufstellen von Grenzbedingungen für das räumlich Unendliche nicht gelungen ist. Trotzdem existiert noch eine Möglichkeit, ohne den unter b) angegebenen Verzicht auszukommen. Wenn es nämlich möglich wäre, die Welt als ein *nach seinen räumlichen Erstreckungen geschlossenes* Kontinuum anzusehen, dann hätte man überhaupt keine derartigen Grenzbedingungen nötig. Im folgenden wird sich zeigen, daß sowohl die allgemeine Relativitätsforderung als auch die Tatsache der geringen Sterngeschwindigkeiten mit der Hypothese von der räumlichen Geschlossenheit des Weltganzen vereinbar ist; allerdings bedarf es für die Durchführung dieses Gedankens einer verallgemeinernden Modifikation der Feldgleichungen der Gravitation.

§ 3. Die räumlich geschlossene Welt mit gleichmäßig verteilter Materie.

Der metrische Charakter (Krümmung) des vierdimensionalen raumzeitlichen Kontinuums wird nach der allgemeinen Relativitätstheorie in jedem Punkte durch die daselbst befindliche Materie und deren Zustand bestimmt. Die metrische Struktur dieses Kontinuums muß daher wegen der Ungleichmäßigkeit der Verteilung der Materie notwendig eine äußerst verwickelte sein. Wenn es uns aber nur auf die Struktur im großen ankommt, dürfen wir uns die Materie als über ungeheure Räume gleichmäßig ausgebreitet vorstellen, so daß deren Verteilungsdichte eine ungeheuer langsam veränderliche Funktion wird. Wir gehen damit ähnlich vor wie etwa die Geodäten, welche die im kleinen äußerst kompliziert gestaltete Erdoberfläche durch ein Ellipsoid approximieren.

Das Wichtigste, was wir über die Verteilung der Materie aus der Erfahrung wissen, ist dies, daß die Relativgeschwindigkeiten der Sterne sehr klein sind gegenüber der Lichtgeschwindigkeit. Ich glaube deshalb, daß wir fürs erste folgende approximierende Annahme unserer Betrachtung zugrunde legen dürfen: Es gibt ein Koordinatensystem, relativ zu welchem die Materie als dauernd ruhend angesehen werden darf. Relativ zu diesem ist also der kontravariante Energietensor $T^{\mu\nu}$ der Materie gemäß (5) von der einfachen Form:

$$(6) \quad \begin{cases} 0 & 0 & 0 & 0 \\ 0 & 0 & 0 & 0 \\ 0 & 0 & 0 & 0 \\ 0 & 0 & 0 & \varrho \end{cases}$$

Der Skalar ϱ der (mittleren) Verteilungsdichte kann a priori eine Funktion der räumlichen Koordinaten sein. Wenn wir aber die Welt als räumlich in sich geschlossen annehmen, so liegt die Hypothese nahe, daß ϱ unabhängig vom Orte sei; diese legen wir dem Folgenden zugrunde.

Was das Gravitationsfeld anlangt, so folgt aus der Bewegungsgleichung des materiellen Punktes

$$\frac{d^2 x_\nu}{ds^2} + \begin{Bmatrix} \alpha\beta \\ \nu \end{Bmatrix} \frac{dx_\alpha}{ds} \frac{dx_\beta}{ds} = 0,$$

daß ein materieller Punkt in einem statischen Gravitationsfelde nur dann in Ruhe verharren kann, wenn g_{44} vom Orte unabhängig ist. Da wir ferner Unabhängigkeit von der Zeitkoordinate x_4 für alle Größen voraussetzen, so können wir für die gesuchte Lösung verlangen, daß für alle x_ν

$$(7) \qquad g_{44} = 1$$

sei. Wie stets bei statischen Problemen wird ferner

$$(8) \qquad g_{14} = g_{24} = g_{34} = 0$$

zu setzen sein. Es handelt sich nun noch um die Festlegung derjenigen Komponenten des Gravitationspotentials, welche das rein räumlich-geometrische Verhalten unseres Kontinuums bestimmen ($g_{11}, g_{12}, \ldots, g_{33}$). Aus unserer Annahme über die Gleichmäßigkeit der Verteilung der das Feld erzeugenden Massen folgt, daß auch die Krümmung des gesuchten Meßraumes eine konstante sein muß. Für diese Massenverteilung wird also das gesuchte geschlossene Kontinuum der x_1, x_2, x_3 bei konstantem x_4 ein sphärischer Raum sein.

Zu einem solchen gelangen wir z. B. in folgender Weise. Wir gehen aus von einem Euklidischen Raume der $\xi_1, \xi_2, \xi_3, \xi_4$ von vier Dimensionen mit dem Linienelement $d\sigma$; es sei also

$$(9) \qquad d\sigma^2 = d\xi_1^2 + d\xi_2^2 + d\xi_3^2 + d\xi_4^2.$$

In diesem Raume betrachten wir die Hyperfläche
$$(10) \qquad R^2 = \xi_1^2 + \xi_2^2 + \xi_3^2 + \xi_4^2,$$
wobei R eine Konstante bedeutet. Diese Punkte dieser Hyperfläche bilden ein dreidimensionales Kontinuum, einen sphärischen Raum vom Krümmungsradius R.

Der vierdimensionale Euklidische Raum, von dem wir ausgingen, dient nur zur bequemen Definition unserer Hyperfläche. Uns interessieren nur die Punkte der letzteren, deren metrische Eigenschaften mit denen des physikalischen Raumes bei gleichmäßiger Verteilung der Materie übereinstimmen sollen. Für die Beschreibung dieses dreidimensionalen Kontinuums können wir uns der Koordinaten ξ_1, ξ_2, ξ_3 bedienen (Projektion auf die Hyperebene $\xi_4 = 0$), da sich vermöge (10) ξ_4 durch ξ_1, ξ_2, ξ_3 ausdrücken läßt. Eliminiert man ξ_4 aus (9), so erhält man für das Linienelement des sphärischen Raumes den Ausdruck

$$(11) \qquad \begin{cases} d\sigma^2 = \gamma_{\mu\nu} d\xi_\mu d\xi_\nu, \\ \gamma_{\mu\nu} = \delta_{\mu\nu} + \dfrac{\xi_\mu \xi_\nu}{R^2 - \varrho^2}, \end{cases}$$

wobei $\delta_{\mu\nu} = 1$, wenn $\mu = \nu$, $\delta_{\mu\nu} = 0$, wenn $\mu \neq \nu$, und $\varrho^2 = \xi_1^2 + \xi_2^2 + \xi_3^2$ gesetzt wird. Die gewählten Koordinaten sind bequem, wenn es sich um die Untersuchung der Umgebung eines der beiden Punkte $\xi_1 = \xi_2 = \xi_3 = 0$ handelt.

Nun ist uns auch das Linienelement der gesuchten raum-zeitlichen vierdimensionalen Welt gegeben. Wir haben offenbar für die Potentiale $g_{\mu\nu}$, deren beide Indizes von 4 abweichen, zu setzen

$$(12) \qquad g_{\mu\nu} = -\left(\delta_{\mu\nu} + \frac{x_\mu x_\nu}{R^2 - (x_1^2 + x_2^2 + x_3^2)}\right),$$

welche Gleichung in Verbindung mit (7) und (8) das Verhalten von Maßstäben, Uhren und Lichtstrahlen in der betrachteten vierdimensionalen Welt vollständig bestimmt.

§ 4. Über ein an den Feldgleichungen der Gravitation anzubringendes Zusatzglied.

Die von mir vorgeschlagenen Feldgleichungen der Gravitation lauten für ein beliebig gewähltes Koordinatensystem

$$(13) \qquad \begin{cases} G_{\mu\nu} = -\varkappa \left(T_{\mu\nu} - \tfrac{1}{2} g_{\mu\nu} T\right) \\ G_{\mu\nu} = -\dfrac{\partial}{\partial x_\alpha} \begin{Bmatrix} \mu\nu \\ \alpha \end{Bmatrix} + \begin{Bmatrix} \mu\alpha \\ \beta \end{Bmatrix} \begin{Bmatrix} \nu\beta \\ \alpha \end{Bmatrix} \\ \qquad + \dfrac{\partial^2 \lg \sqrt{-g}}{\partial x_\mu \partial x_\nu} - \begin{Bmatrix} \mu\nu \\ \alpha \end{Bmatrix} \dfrac{\partial \lg \sqrt{-g}}{\partial x_\alpha}. \end{cases}$$

Das Gleichungssystem (13) ist keineswegs erfüllt, wenn man für die $g_{\mu\nu}$ die in (7), (8) und (12) gegebenen Werte und für den (kontravarianten) Tensor der Energie der Materie die in (6) angegebenen Werte einsetzt. Wie diese Rechnung bequem auszuführen ist, wird im nächsten Paragraphen gezeigt werden. Wenn es also sicher wäre, daß die von mir bisher benutzten Feldgleichungen (13) die einzigen mit dem Postulat der allgemeinen Relativität vereinbaren wären, so müßten wir wohl schließen, daß die Relativitätstheorie die Hypothese von einer räumlichen Geschlossenheit der Welt nicht zulasse.

Das Gleichungssystem (14) erlaubt jedoch eine naheliegende, mit dem Relativitätspostulat vereinbare Erweiterung, welche der durch Gleichung (2) gegebenen Erweiterung der Poissonschen Gleichung vollkommen analog ist. Wir können nämlich auf der linken Seite der Feldgleichung (13) den mit einer vorläufig unbekannten universellen Konstante $-\lambda$ multiplizierten Fundamentaltensor $g_{\mu\nu}$ hinzufügen, ohne daß dadurch die allgemeine Kovarianz zerstört wird; wir setzen an die Stelle der Feldgleichung (13)

(13a) $$G_{\mu\nu} - \lambda g_{\mu\nu} = -\varkappa\left(T_{\mu\nu} - \frac{1}{2} g_{\mu\nu} T\right).$$

Auch diese Feldgleichung ist bei genügend kleinem λ mit den am Sonnensystem erlangten Erfahrungstatsachen jedenfalls vereinbar. Sie befriedigt auch Erhaltungssätze des Impulses und der Energie, denn man gelangt zu (13a) an Stelle von (13), wenn man statt des Skalars des Riemannschen Tensors diesen Skalar, vermehrt um eine universelle Konstante, in das Hamiltonsche Prinzip einführt, welches Prinzip ja die Gültigkeit von Erhaltungssätzen gewährleistet. Daß die Feldgleichung (13a) mit unseren Ansätzen über Feld und Materie vereinbar ist, wird im folgenden gezeigt.

§ 5. Durchführung der Rechnung. Ergebnis.

Da alle Punkte unseres Kontinuums gleichwertig sind, genügt es, die Rechnung für *einen* Punkt durchzuführen, z. B. für einen der beiden Punkte mit den Koordinaten $x_1 = x_2 = x_3 = x_4 = 0$. Dann sind für die $g_{\mu\nu}$ in (13a) die Werte

$$\begin{array}{cccc} -1 & 0 & 0 & 0 \\ 0 & -1 & 0 & 0 \\ 0 & 0 & -1 & 0 \\ 0 & 0 & 0 & 1 \end{array}$$

überall da einzusetzen, wo sie nur einmal oder gar nicht differenziert erscheinen. Man erhält also zunächst

$$G_{\mu\nu} = \frac{\partial}{\partial x_1}\begin{bmatrix}\mu\nu\\1\end{bmatrix} + \frac{\partial}{\partial x_2}\begin{bmatrix}\mu\nu\\2\end{bmatrix} + \frac{\partial}{\partial x_3}\begin{bmatrix}\mu\nu\\3\end{bmatrix} + \frac{\partial^2 \lg\sqrt{-g}}{\partial x_\mu \partial x_\nu}.$$

Mit Rücksicht auf (7), (8) und (13) findet man hieraus leicht, daß sämtlichen Gleichungen (13a) Genüge geleistet ist, wenn die beiden Relationen erfüllt sind

$$-\frac{2}{R^2} + \lambda = -\frac{\varkappa\varrho}{2}, \quad -\lambda = -\frac{\varkappa\varrho}{2}$$

oder

(14)
$$\lambda = \frac{\varkappa\varrho}{2} = \frac{1}{R^2}.$$

Die neu eingeführte universelle Konstante λ bestimmt also sowohl die mittlere Verteilungsdichte ϱ, welche im Gleichgewichte verharren kann, als auch den Radius R des sphärischen Raumes und dessen Volumen $2\pi^2 R^3$. Die Gesamtmasse M der Welt ist nach unserer Auffassung endlich, und zwar gleich

(15)
$$M = \varrho \cdot 2\pi^2 R^3 = 4\pi^2 \frac{R}{\varkappa} = \frac{\sqrt{32\pi^2}}{\sqrt{\varkappa^3 \varrho}}.$$

Die theoretische Auffassung der tatsächlichen Welt wäre also, falls dieselbe unserer Betrachtung entspricht, die folgende. Der Krümmungscharakter des Raumes ist nach Maßgabe der Verteilung der Materie zeitlich und örtlich variabel, läßt sich aber im großen durch einen sphärischen Raum approximieren. Jedenfalls ist diese Auffassung logisch widerspruchsfrei und vom Standpunkte der allgemeinen Relativitätstheorie die naheliegendste; ob sie, vom Standpunkt des heutigen astronomischen Wissens aus betrachtet, haltbar ist, soll hier nicht untersucht werden. Um zu dieser widerspruchsfreien Auffassung zu gelangen, mußten wir allerdings eine neue, durch unser tatsächliches Wissen von der Gravitation nicht gerechtfertigte Erweiterung der Feldgleichungen der Gravitation einführen. Es ist jedoch hervorzuheben, daß eine positive Krümmung des Raumes durch die in demselben befindliche Materie auch dann resultiert, wenn jenes Zusatzglied nicht eingeführt wird; das letztere haben wir nur nötig, um eine quasistatische Verteilung der Materie zu ermöglichen, wie es der Tatsache der kleinen Sterngeschwindigkeiten entspricht.

Spielen Gravitationsfelder im Aufbau der materiellen Elementarteilchen eine wesentliche Rolle?

Von A. Einstein.[1]

Weder die Newtonsche noch die relativistische Gravitationstheorie hat bisher der Theorie von der Konstitution der Materie einen Fortschritt gebracht. Demgegenüber soll im folgenden gezeigt werden, daß Anhaltspunkte für die Auffassung vorhanden sind, daß die die Bausteine der Atome bildenden elektrischen Elementargebilde durch Gravitationskräfte zusammengehalten werden.

§ 1. Mängel der gegenwärtigen Auffassung.

Die Theoretiker haben sich viel bemüht, eine Theorie zu ersinnen, welche von dem Gleichgewicht der das Elektron konstituierenden Elektrizität Rechenschaft gibt. Insbesondere G. Mie hat dieser Frage tiefgehende Untersuchungen gewidmet. Seine Theorie, welche bei den Fachgenossen vielfach Zustimmung gefunden hat, beruht im wesentlichen darauf, daß außer den Energietermen der Maxwell-Lorentzschen Theorie des elektromagnetischen Feldes von den Komponenten des elektrodynamischen Potentials abhängige Zusatzglieder in den Energie-Tensor eingeführt werden, welche sich im Vakuum nicht wesentlich bemerkbar machen, im Innern der elektrischen Elementarteilchen aber bewirken, daß den elektrischen Abstoßungskräften das Gleichgewicht geleistet wird. So schön diese Theorie, ihrem formalen Aufbau nach, von Mie, Hilbert und Weyl gestaltet worden ist, so wenig befriedigend sind ihre physikalischen Ergebnisse bisher gewesen. Einerseits ist die Mannigfaltigkeit der Möglichkeiten entmutigend, andererseits ließen sich bisher jene Zusatzglieder nicht so einfach gestalten, daß die Lösung hätte befriedigen können.

Die allgemeine Relativitätstheorie änderte an diesem Stande der Frage bisher nichts. Sehen wir zunächst von den kosmologischen Zusatzgliede ab, so lauten deren Feldgleichungen

$$(1) \qquad R_{ik} - \tfrac{1}{2} g_{ik} R = - \varkappa T_{ik},$$

wobei (R_{ik}) den einmal verjüngten Riemannschen Krümmungstensor, (R) den durch nochmalige Verjüngung gebildeten Skalar der Krümmung, (T_{ik}) den Energietensor der „Materie" bedeutet. Hierbei entspricht der historischen Entwicklung die Annahme, daß die T_{ik} von den Ableitungen der $g_{\mu\nu}$ *nicht*

---

[1] Abgedruckt aus den Sitzungsberichten der Preußischen Akad. d. Wissenschaften 1919.

abhängen. Denn diese Größen sind ja die Energiekomponenten im Sinne der speziellen Relativitätstheorie, in welcher variable $g_{\mu\nu}$ nicht auftreten. Das zweite Glied der linken Seite der Gleichung ist so gewählt, daß die Divergenz der linken Seite von (1) identisch verschwindet, so daß aus (1) durch Divergenz-Bildung die Gleichung

$$(2) \qquad \frac{\partial \mathfrak{T}_i^\sigma}{\partial x_\sigma} + \frac{1}{2} g_i^{\sigma\tau} \mathfrak{T}_{\sigma\tau} = 0$$

gewonnen wird, welche im Grenzfalle der speziellen Relativitätstheorie in die vollständigen Erhaltungsgleichungen

$$\frac{\partial T_{ik}}{\partial x_k} = 0$$

übergeht. Hierin liegt die physikalische Begründung für das zweite Glied auf der linken Seite von (1). Daß ein solcher Grenzübergang zu konstanten $g_{\mu\nu}$ sinnvoll möglich sei, ist a priori gar nicht ausgemacht. Wären nämlich Gravitationsfelder beim Aufbau der materiellen Teilchen wesentlich beteiligt, so verlöre für diese der Grenzübergang zu konstanten $g_{\mu\nu}$ seine Berechtigung; es gäbe dann eben bei konstanten $g_{\mu\nu}$ keine materielle Teilchen. Wenn wir daher die Möglichkeit ins Auge fassen wollen, daß die Gravitation am Aufbau der die Korpuskeln konstituierenden Felder beteiligt sei, so können wir die Gleichung (1) nicht als gesichert betrachten.

Setzen wir in (1) die Maxwell-Lorentzschen Energiekomponenten des elektromagnetischen Feldes $\varphi_{\mu\nu}$,

$$(3) \qquad T_{ik} = \tfrac{1}{4} g_{ik} \varphi_{\alpha\beta} \varphi^{\alpha\beta} - \varphi_{i\alpha} \varphi_{k\beta} g^{\alpha\beta},$$

so erhält man durch Divergenzbildung nach einiger Rechnung[1]) für (2)

$$(4) \qquad \varphi_{i\alpha} \mathfrak{J}^\alpha = 0,$$

(5) wobei zur Abkürzung $\dfrac{\partial \sqrt{-g}\, \varphi_{\sigma\tau} g^{\sigma\alpha} g^{\tau\beta}}{\partial x_\beta} = \dfrac{\partial \mathfrak{f}^{\alpha\beta}}{\partial x_\beta} = \mathfrak{J}^\alpha$

gesetzt ist. Bei der Rechnung ist von dem zweiten Maxwellschen Gleichungssystem

$$(6) \qquad \frac{\partial \varphi_{\mu\nu}}{\partial x_\varrho} + \frac{\partial \varphi_{\nu\varrho}}{\partial x_\mu} + \frac{\partial \varphi_{\varrho\mu}}{\partial x_\nu} = 0$$

Gebrauch gemacht. Aus (4) ersieht man, daß die Stromdichte ($\mathfrak{J}^\alpha$) überall verschwinden muß. Nach Gleichung (1) ist daher eine Theorie des Elektrons bei Beschränkung auf die elektromagnetischen Energiekomponenten der Maxwell-Lorentzschen Theorie nicht zu erhalten, wie längst bekannt ist.

---

[1]) Vgl. z. B. A. Einstein, Sitz.-Ber. Preuß. Akad. d. Wiss. 1916, S. 187, 188.

Hält man an (1) fest, so wird man daher auf den Pfad der Mieschen Theorie gedrängt.[1])

Aber nicht nur das Problem der Materie führt zu Zweifeln an Gleichung (1) sondern auch das kosmologische Problem. Wie ich in einer früheren Arbeit ausführte, verlangt die allgemeine Relativitätstheorie, daß die Welt räumlich geschlossen sei. Die Auffassung machte aber eine Erweiterung der Gleichungen (1) nötig, wobei eine neue universelle Konstante λ eingeführt werden mußte, die zu der Gesamtmasse der Welt (bzw. zu der Gleichgewichtsdichte der Materie) in fester Beziehung steht. Hierin liegt ein besonders schwerwiegender Schönheitsfehler der Theorie.

§ 2. Die skalarfreien Feldgleichungen.

Die dargelegten Schwierigkeiten werden dadurch beseitigt, daß man an die Stelle der Feldgleichungen (1) die Feldgleichungen

(1a) $$R_{ik} - \tfrac{1}{4} g_{ik} R = - \varkappa T_{ik}$$

setzt, wobei (T_{ix}) den durch (3) gegebenen Energietensor des elektromagnetischen Feldes bedeutet.

Die formale Begründung des Faktors $(-\tfrac{1}{4})$ im zweiten Gliede dieser Gleichung liegt darin, daß er bewirkt, daß der Skalar der linken Seite

$$g^{ik}(R_{ik} - \tfrac{1}{4} g_{ik} R)$$

identisch verschwindet, wie gemäß (3) der Skalar

$$g^{ik} T_{ik}$$

der rechten Seite. Hätte man statt (1a) die Gleichungen (1) zugrunde gelegt, so würde man dagegen die Bedingung $R = 0$ erhalten, welche unabhängig vom elektrischen Felde überall für die $g_{\mu\nu}$ gelten müßte. Es ist klar, daß das Gleichungssystem [(1), (3)] das Gleichungssystem [(1a), (3)] zur Folge hat, nicht aber umgekehrt.

Man könnte nun zunächst bezweifeln, ob (1a) zusammen mit (6) das gesamte Feld hinreichend bestimmen. In einer allgemeinen relativistischen Theorie braucht man zur Bestimmung von n abhängigen Variabeln $n - 4$ voneinander unabhängige Differentialgleichungen, da ja in der Lösung wegen der freien Koordinatenwählbarkeit vier ganz willkürliche Funktionen aller Koordinaten auftreten müssen. Zur Bestimmung der 16 Abhängigen $g_{\mu\nu}$ und $\varphi_{\mu\nu}$ braucht man also 12 voneinander unabhängige Gleichungen. In der Tat sind aber 9 von den Gleichungen (1a) und 3 von den Gleichungen (6) voneinander unabhängig.

---

[1] Vgl. D. Hilbert, Göttinger Nachr. 20. Nov. 1915.

Bildet man von (1a) die Divergenz, so erhält man mit Rücksicht darauf, daß die Divergenz von $R_{ik} - \frac{1}{2} g_{ik} R$ verschwindet,

(4a) $$\varphi_{\sigma\alpha} J^\alpha + \frac{1}{4\varkappa} \frac{\partial R}{\partial x_\sigma} = 0.$$

Hieraus erkennt man zunächst, daß der Krümmungsskalar R in den vierdimensionalen Gebieten, in denen die Elektrizitätsdichte verschwindet, konstant ist. Nimmt man an, daß alle diese Raumteile zusammenhängen, daß also die Elektrizitätsdichte nur in getrennten Weltfäden von null verschieden ist, so besitzt außerhalb dieser Weltfäden der Krümmungsskalar überall einen konstanten Wert R_0. Gleichung (4a) läßt aber auch einen wichtigen Schluß zu über das Verhalten von R innerhalb der Gebiete mit nicht verschwindender elektrischer Dichte. Fassen wir, wie üblich, die Elektrizität als bewegte Massendichte auf, indem wir setzen

(7) $$J^\sigma = \frac{\mathfrak{J}^\sigma}{\sqrt{-g}} = \varrho \, \frac{dx_\sigma}{ds},$$

so erhalten wir aus (4a) durch innere Multiplikation mit J^σ wegen der Antisymmetrie von $\varphi_{\mu\nu}$ die Beziehung

(8) $$\frac{\partial R}{\partial x_\sigma} \frac{dx_\sigma}{ds} = 0.$$

Der Krümmungsskalar ist also auf jeder Weltlinie der Elektrizitätsbewegung konstant. Die Gleichung (4a) kann anschaulich durch die Aussage interpretiert werden: Der Krümmungsskalar R spielt die Rolle eines negativen Druckes, der außerhalb der elektrischen Korpuskeln einen konstanten Wert R_0 hat. Innerhalb jeder Korpuskel besteht ein negativer Druck (positives $R-R_0$), dessen Gefälle der elektrodynamischen Kraft das Gleichgewicht leistet. Das Druckminimum bzw. das Maximum des Krümmungsskalars im Innern der Korpuskel ändert sich nicht mit der Zeit.

Wir schreiben nun die Feldgleichungen (1a) in der Form

(9) $$\left(R_{ik} - \frac{1}{2} g_{ik} R\right) + \frac{1}{4} g_{ik} R_0 = -\varkappa \left(T_{ik} + \frac{1}{4\varkappa} g_{ik} [R - R_0]\right).$$

Anderseits formen wir die früheren, mit kosmologischem Glied versehenen, Feldgleichungen $$R_{ik} - \lambda g_{ik} = -\varkappa \left(T_{ik} - \frac{1}{2} g_{ik} T\right)$$

um. Durch Subtraktion der mit $\frac{1}{2}$ multiplizierten Skalargleichung erhält man zunächst $$\left(R_{ik} - \frac{1}{2} g_{ik} R\right) + g_{ik} \lambda = -\varkappa T_{ik}.$$

Nun verschwindet die rechte Seite dieser Gleichung in solchen Gebieten, wo nur elektrisches Feld und Gravitationsfeld vorhanden ist. Für solche Gebiete erhält man durch Skalarbildung $-R + 4\lambda = 0.$

In solchen Gebieten ist also der Krümmungsskalar konstant, so daß man λ durch $\frac{R_0}{4}$ ersetzen kann. Wir können daher die frühere Feldgleichung (1) in der Form schreiben

(10) $$(R_{ik} - \tfrac{1}{2} g_{ik} R) + \tfrac{1}{4} g_{ik} R_0 = -\varkappa T_{ik}.$$

Vergleicht man (9) mit (10), so sieht man, daß sich die neuen Feldgleichungen von den früheren nur dadurch unterscheiden, daß als Tensor der „gravitierenden Masse" statt T_{ik} der von dem Krümmungsskalar abhängige $T_{ik} + \frac{1}{4\varkappa} g_{ik} [R - R_0]$ auftritt. Die neue Formulierung hat aber den großen Vorzug vor der früheren, daß die Größe λ als Integrationskonstante, nicht mehr als dem Grundgesetz eigene universelle Konstante, in den Grundgleichungen der Theorie auftritt.

§ 3. Zur kosmologischen Frage.

Das letzte Resultat läßt schon vermuten, daß bei unserer neuen Formulierung die Welt sich als räumlich geschlossen betrachten lassen wird, ohne daß hierfür eine Zusatzhypothese nötig wäre. Wie in der früheren Arbeit zeigen wir wieder, daß bei gleichmäßiger Verteilung der Materie eine sphärische Welt mit den Gleichungen vereinbar ist.

Wir setzen zunächst

(11) $$ds^2 = -\sum \gamma_{ik} dx_i dx_k + dx_4^2 \quad (i, k = 1, 2, 3).$$

Sind dann P_{ik} bzw. P Krümmungstensor zweiten Ranges bzw. Krümmungsskalar im dreidimensionalen Raume, so ist

$$R_{ik} = P_{ik} \quad (i, k = 1, 2, 3)$$
$$R_{i4} = R_{4i} = R_{44} = 0$$
$$R = -P$$
$$-g = \gamma.$$

Es folgt also für unsern Fall

$$R_{ik} - \tfrac{1}{2} g_{ik} R = P_{ik} - \tfrac{1}{2} \gamma_{ik} P \quad (i, k = 1, 2, 3)$$
$$R_{44} - \tfrac{1}{2} g_{44} R = \tfrac{1}{2} P.$$

Den Rest der Betrachtung führen wir auf zwei Arten durch. Zunächst stützen wir uns auf Gleichung (1a). In dieser bedeutet T_{ik} den Energietensor des elektromagnetischen Feldes, das von den die Materie konstituierenden elektrischen Teilchen geliefert wird. Für dies Feld gilt überall

$$\mathfrak{T}_1^1 + \mathfrak{T}_2^2 + \mathfrak{T}_3^3 + \mathfrak{T}_4^4 = 0.$$

Die einzelnen $\mathfrak{T}_i^k$ sind mit dem Orte rasch wechselnde Größen; für unsere

Aufgabe dürfen wir sie aber wohl durch ihre Mittelwerte ersetzen. Wir haben deshalb zu wählen

(12) $\begin{cases} \mathfrak{T}_1^1 = \mathfrak{T}_2^2 = \mathfrak{T}_3^3 = -\frac{1}{3}\mathfrak{T}_4^4 = \text{konst.} \\ \mathfrak{T}_i^k = 0 \quad (\text{für } i \neq k), \end{cases}$

also $T_{ik} = +\frac{1}{3}\frac{\mathfrak{T}_4^4}{\sqrt{\gamma}}\gamma_{ik}; \quad T_{44} = \frac{\mathfrak{T}_4^4}{\sqrt{\gamma}}.$

Mit Rücksicht auf das bisher ausgeführte erhalten wir an Stelle von (1a)

(13) $P_{ik} - \frac{1}{4}\gamma_{ik}P = -\frac{1}{3}\gamma_{ik}\frac{\varkappa \mathfrak{T}_4^4}{\sqrt{\gamma}}$

(14) $\frac{1}{4}P = -\frac{\varkappa \mathfrak{T}_4^4}{\sqrt{\gamma}}.$

Die skalare Gleichung zu (13) stimmt mit (14) überein. Hierauf beruht es, daß unsere Grundgleichungen eine sphärische Welt zulassen. Aus (13) und (14) folgt nämlich

(15) $P_{ik} + \frac{4}{3}\frac{\varkappa \mathfrak{T}_4^4}{\sqrt{\gamma}}\gamma_{ik} = 0,$

welches System bekanntlich[1]) durch eine (dreidimensional) sphärische Welt aufgelöst wird.

Wir können unsere Überlegung aber auch auf die Gleichungen (9) gründen. Auf der rechten Seite von (9) stehen diejenigen Glieder, welche bei phänomenologischer Betrachtungsweise durch den Energietensor der Materie zu ersetzen sind; sie sind also zu ersetzen durch

$$\begin{matrix} 0 & 0 & 0 & 0 \\ 0 & 0 & 0 & 0 \\ 0 & 0 & 0 & 0 \\ 0 & 0 & 0 & \varrho, \end{matrix}$$

wobei ϱ die mittlere Dichte der als ruhend angenommenen Materie bedeutet. Man erhält so die Gleichungen

(16) $P_{ik} - \frac{1}{2}\gamma_{ik}P - \frac{1}{4}\gamma_{ik}R_0 = 0$

(17) $\frac{1}{2}P + \frac{1}{4}R_0 = -\varkappa\varrho.$

Aus der skalaren Gleichung zu (16) und aus (17) erhält man

(18) $R_0 = -\frac{2}{3}P = 2\varkappa\varrho$

und somit aus (16)

(19) $P_{ik} - \varkappa\varrho\gamma_{ik} = 0,$

welche Gleichung mit (15) bis auf den Ausdruck des Koeffizienten übereinstimmt. Durch Vergleichung ergibt sich

(20) $\mathfrak{T}_4^4 = \frac{3}{4}\varrho\sqrt{\gamma}$

---

1) Vgl. H. Weyl, Raum. Zeit. Materie. § 33.

Diese Gleichung besagt, daß von der die Materie konstituierenden Energie drei Viertel auf das elektromagnetische Feld, ein Viertel auf das Gravitationsfeld entfällt.

§ 4. Schlußbemerkungen.

Die vorstehenden Überlegungen zeigen die Möglichkeit einer theoretischen Konstruktion der Materie aus Gravitationsfeld und elektromagnetischem Felde allein ohne Einführung hypothetischer Zusatzglieder im Sinne der Mieschen Theorie. Besonders aussichtsvoll erscheint die ins Auge gefaßte Möglichkeit insofern, als sie uns von der Notwendigkeit der Einführung einer besonderen Konstante λ für die Lösung des kosmologischen Problems befreit. Anderseits besteht aber eine eigentümliche Schwierigkeit. Spezialisiert man nämlich (1) auf den kugelsymmetrischen, statischen Fall, so erhält man eine Gleichung zuwenig zur Bestimmung der $g_{\mu\nu}$ und $\varphi_{\mu\nu}$, derart, daß *jede kugelsymmetrische Verteilung* der Elektrizität im Gleichgewicht verharren zu können scheint. Das Problem der Konstitution der Elementarquanta läßt sich also auf Grund der angegebenen Feldgleichungen noch nicht ohne weiteres lösen.

Gravitation und Elektrizität.

Von H. Weyl [1]).

Nach Riemann[2]) beruht die Geometrie auf den beiden folgenden Tatsachen:

1. *Der Raum ist ein dreidimensionales Kontinuum*, die Mannigfaltigkeit seiner Punkte läßt sich also in stetiger Weise durch die Wertsysteme dreier Koordinaten $x_1\ x_2\ x_3$ zur Darstellung bringen;

2. *(Pythagoreischer Lehrsatz)* Das Quadrat des Abstandes ds^2 zweier unendlich benachbarter Punkte

(1) $\qquad P = (x_1, x_2, x_3)$ und $P' = (x_1 + dx_1, x_2 + dx_2, x_3 + dx_3)$

ist (bei Benutzung beliebiger Koordinaten) eine quadratische Form der relativen Koordinaten dx_i:

(2) $\qquad\qquad ds^2 = \sum_{ik} g_{ik}\, dx_i\, dx_k \qquad\qquad (g_{ki} = g_{ik})$.

Die zweite Tatsache drücken wir kurz dadurch aus, daß wir sagen: der Raum ist ein *metrisches* Kontinuum. Ganz dem Geiste der modernen Nahewirkungsphysik gemäß setzen wir den Pythagoreischen Lehrsatz nur im Unendlichkleinen als streng gültig voraus.

Die spezielle Relativitätstheorie führte zu der Einsicht, daß *die Zeit* als vierte Koordinate (x_0) gleichberechtigt zu den drei Raumkoordinaten hinzutritt, daß der Schauplatz des materiellen Geschehens, *die Welt*, also *ein vierdimensionales, metrisches Kontinuum* ist. Die quadratische Form (2), welche die Weltmetrik festlegt, ist dabei nicht positiv-definit wie im Falle der dreidimensionalen Raumgeometrie, sondern vom Trägheitsindex 3. Schon Riemann äußerte den Gedanken, daß sie als etwas physisch Reales zu betrachten sei, da sie sich z. B. in den Zentrifugalkräften als eine auf die Materie reale Wirkungen ausübende Potenz offenbart, und daß man demgemäß anzunehmen habe, die Materie wirke auch auf sie zurück; während bis dahin

---

[1]) Abgedruckt aus den Sitzungsberichten der Preußischen Akad. d. Wissenschaften 1918. — Einige vom Verf. bei Gelegenheit dieses Abdrucks hinzugefügte Fußnoten sind durch eckige Klammern kenntlich gemacht.

[2]) Über die Hypothesen, welche der Geometrie zugrunde liegen; Math. Werke (2. Aufl., Leipzig 1892), Nr. XII, S. 282.

alle Geometer und Philosophen die Vorstellung gehabt hatten, daß die Metrik dem Raum an sich, unabhängig von dem materialen Gehalt, der ihn erfüllt, zukomme. Auf diesem Gedanken, zu dessen Durchführung Riemann durchaus noch die Möglichkeit fehlte, hat in unsern Tagen Einstein (unabhängig von Riemann) das grandiose Gebäude seiner allgemeinen Relativitätstheorie errichtet. Nach Einstein kommen auch die Erscheinungen der *Gravitation* auf Rechnung der Weltmetrik, und die Gesetze, nach denen die Materie auf die Metrik einwirkt, sind keine andern als die Gravitationsgesetze; die g_{ik} in (2) bilden die Komponenten des Gravitationspotentials. — Während so das Gravitationspotential aus einer invarianten *quadratischen* Differentialform besteht, werden *die elektromagnetischen Erscheinungen* von einem Viererpotential beherrscht, dessen Komponenten φ_i sich zu einer invarianten *linearen* Differentialform $\sum \varphi_i \, dx_i$ zusammenfügen. Beide Erscheinungsgebiete, Gravitation und Elektrizität, stehen aber bisher isoliert nebeneinander.

Aus neueren Darstellungen der HH. Levi-Civita[1]), Hessenberg[2]) und des Verf.[3]) geht mit voller Deutlichkeit hervor, daß einem naturgemäßen Aufbau der Riemannschen Geometrie als Grundbegriff der der infinitesimalen Parallelverschiebung eines Vektors zugrunde zu legen ist. Sind P und P^* irgend zwei durch eine Kurve verbundene Punkte, so kann man einen in P gegebenen Vektor parallel mit sich längs dieser Kurve von P nach P^* schieben. Diese Vektorübertragung von P nach P^* ist aber, allgemein zu reden, nicht integrabel, d. h. der Vektor in P^*, zu dem man gelangt, hängt ab von dem Wege, längs dessen die Verschiebung vollzogen wird. Integrabilität findet allein in der Euklidischen („gravitationslosen") Geometrie statt. — In der oben charakterisierten Riemannschen Geometrie hat sich nun ein letztes ferngeometrisches Element erhalten — soviel ich sehe, ohne jeden sachlichen Grund; nur die zufällige Entstehung dieser Geometrie aus der Flächentheorie scheint daran schuld zu sein. Die quadratische Form (2) ermöglicht es nämlich, nicht nur zwei Vektoren in demselben Punkte, sondern auch in irgend zwei voneinander entfernten Punkten ihrer Länge nach zu vergleichen. *Eine wahrhafte Nahe-Geometrie darf jedoch nur ein Prinzip der Übertragung einer Länge von einem Punkt zu einem unendlich benachbarten kennen*, und es ist dann von vornherein ebensowenig anzunehmen, daß das Problem der Längenübertragung von einem Punkte zu einem endlich entfernten integrabel ist, wie sich das Problem der Richtungsübertragung als integrabel herausgestellt hat. Indem man die erwähnte Inkonsequenz beseitigt, kommt eine Geometrie zustande, die überraschenderweise, auf die Welt

---

1) Nozione di parallelismo ..., Rend. del Circ. Matem. di Palermo, Bd. 42 (1917).
2) Vektorielle Begründung der Differentialgeometrie, Math. Ann. Bd. 78 (1917).
3) Raum, Zeit, Materie (1. Aufl., Berlin 1918), § 14.

angewendet, *nicht nur die Gravitationserscheinungen, sondern auch die des elektromagnetischen Feldes erklärt.* Beide entspringen nach der so entstehenden Theorie aus derselben Quelle, ja *im allgemeinen kann man Gravitation und Elektrizität gar nicht in willkürloser Weise voneinander trennen.* In dieser Theorie haben *alle physikalischen Größen eine weltgeometrische Bedeutung; die Wirkungsgröße insbesondere tritt in ihr von vornherein als reine Zahl auf. Sie führt zu einem im wesentlichen eindeutig bestimmten Weltgesetz; ja sie gestattet sogar in einem gewissen Sinne zu begreifen, warum die Welt vierdimensional ist.* — Ich will den Aufbau der korrigierten Riemannschen Geometrie hier zunächst ohne jeden physikalischen Hintergedanken skizzieren; die physikalische Anwendung ergibt sich dann von selber.

In einem bestimmten Koordinatensystem sind die relativen Koordinaten dx_i eines dem Punkte P unendlich benachbarten Punktes P' — siehe (1) — die Komponenten der *infinitesimalen Verschiebung* $\overrightarrow{PP'}$. Der Übergang von einem Koordinatensystem zu einem andern drückt sich durch stetige Transformationsformeln aus:
$$x_i = x_i(x_1^* x_2^* \cdots x_n^*) \qquad (i=1,2,\cdots,n)$$
welche den Zusammenhang zwischen den Koordinaten desselben Punktes in dem einen und andern System festlegen. Zwischen den Komponenten dx_i, bzw. dx_i^* derselben infinitesimalen Verschiebung des Punktes P bestehen dann die linearen Transformationsformeln

(3) $$dx_i = \sum_k \alpha_{ik} dx_k^*,$$

in denen α_{ik} die Werte der Ableitungen $\dfrac{\partial x_i}{\partial x_k^*}$ in dem Punkte P sind. Ein (kontravarianter) *Vektor* $\mathfrak{x}$ im Punkte P hat mit Bezug auf jedes Koordinatensystem gewisse n Zahlen ξ^i zu Komponenten, die sich beim Übergang zu einem andern Koordinatensystem genau in der gleichen Weise (3) transformieren wie die Komponenten einer infinitesimalen Verschiebung. Die Gesamtheit der Vektoren im Punkte P bezeichne ich als den *Vektorraum* in P Er ist 1. *linear oder affin*, d. h. durch Multiplikation eines Vektors in P mit einer Zahl, und durch Addition zweier solcher Vektoren entsteht immer wieder ein Vektor in P, und 2. *metrisch*: durch die zu (2) gehörige symmetrische Bilinearform ist je zwei Vektoren $\mathfrak{x}$ und $\mathfrak{y}$ mit den Komponenten ξ^i, η^i in invarianter Weise ein skalares Produkt

$$\mathfrak{x} \cdot \mathfrak{y} = \mathfrak{y} \cdot \mathfrak{x} = \sum_{ik} g_{ik} \xi^i \eta^k$$

zugeordnet. Nach unserer Auffassung *ist diese Form jedoch nur bis auf einen willkürlich bleibenden positiven Proportionalitätsfaktor bestimmt.* Wird die Mannigfaltigkeit der Raumpunkte durch Koordinaten x_i dargestellt, so sind durch die Metrik im Punkte P die g_{ik} nur ihrem Verhältnis nach festgelegt. Auch physikalisch hat allein das Verhältnis der g_{ik} eine unmittelbar anschauliche Bedeutung. Der Gleichung

$$\sum_{ik} g_{ik} dx_i dx_k = 0$$

genügen nämlich bei gegebenem Anfangspunkt P diejenigen unendlich benachbarten Weltpunkte P', in denen ein in P aufgegebenes Lichtsignal eintrifft. Zum Zwecke der analytischen Darstellung haben wir 1. ein bestimmtes Koordinatensystem zu wählen und 2. in jedem Punkte P den willkürlichen Proportionalitätsfaktor, mit welchem die g_{ik} behaftet sind, festzulegen. Die auftretenden Formeln müssen dementsprechend eine doppelte Invarianzeigenschaft besitzen: 1. sie müssen *invariant* sein *gegenüber beliebigen stetigen Koordinatentransformationen*, 2. sie müssen ungeändert bleiben, *wenn man die g_{ik} durch λg_{ik} ersetzt*, wo λ eine willkürliche stetige Ortsfunktion ist. Das Hinzutreten dieser zweiten Invarianzeigenschaft ist für unsere Theorie charakteristisch.

Sind P, P^* irgend zwei Punkte und ist jedem Vektor $\mathfrak{x}$ in P ein Vektor $\mathfrak{x}^*$ in P^* in solcher Weise zugeordnet, daß dabei allgemein $\alpha\mathfrak{x}$ in $\alpha\mathfrak{x}^*$, $\mathfrak{x} + \mathfrak{y}$ in $\mathfrak{x}^* + \mathfrak{y}^*$ übergeht (α eine beliebige Zahl) und der Vektor 0 in P der einzige ist, welchem der Vektor 0 in P^* entspricht, so ist dadurch eine *affine oder lineare Abbildung* des Vektorraumes in P auf den Vektorraum in P^* bewerkstelligt. Diese Abbildung ist insbesondere *ähnlich*, wenn das skalare Produkt der Bildvektoren $\mathfrak{x}^* \cdot \mathfrak{y}^*$ in P^* dem von $\mathfrak{x}$ und $\mathfrak{y}$ in P für alle Vektorpaare $\mathfrak{x}$, $\mathfrak{y}$ proportional ist. (Nur dieser Begriff der *ähnlichen* Abbildung hat nach unserer Auffassung einen objektiven Sinn; die bisherige Theorie ermöglichte es, den schärferen der *kongruenten* Abbildung aufzustellen.) Was unter *Parallelverschiebung eines Vektors* im Punkte P nach einem Nachbarpunkte P' zu verstehen ist, wird durch die beiden axiomatischen Forderungen festgelegt:

1. Durch Parallelverschiebung der Vektoren im Punkte P nach dem Nachbarpunkte P' wird eine ähnliche Abbildung des Vektorraumes in P auf den Vektorraum in P' vollzogen;

2. sind P_1, P_2 zwei Nachbarpunkte zu P und geht der infinitesimale Vektor $\overrightarrow{PP_2}$ in P durch Parallelverschiebung nach dem Punkte P_1 in $\overrightarrow{P_1P_{12}}$ über, $\overrightarrow{PP_1}$ aber durch Parallelverschiebung nach P_2 in $\overrightarrow{P_2P_{21}}$, so fallen P_{12}, P_{21} zusammen (Kommutativität).

Derjenige Teil der 1. Forderung, welcher besagt, daß die Parallelverschiebung eine affine Verpflanzung des Vektorraumes von P nach P' ist, drückt sich analytisch folgendermaßen aus: der Vektor ξ^i in $P = (x_1 x_2 \cdots x_n)$ geht durch Verschiebung in einen Vektor

$$\xi^i + d\xi^i \quad \text{in } P' = (x_1 + dx_1, x_2 + dx_2, \cdots, x_n + dx_n)$$

über, dessen Komponenten linear von ξ^i abhängen:

(4) $$d\xi^i = -\sum_r d\gamma_r^i \xi^r.$$

Die 2. Forderung lehrt, daß die $d\gamma_r^i$ lineare Differentialformen sind:

$$d\gamma_r^i = \sum_s \Gamma_{rs}^i dx_s,$$

deren Koeffizienten die Symmetrieeigenschaft besitzen

(5) $$\Gamma_{sr}^i = \Gamma_{rs}^i.$$

Gehen zwei Vektoren ξ^i, η^i in P durch die Parallelverschiebung nach P' in $\xi^i + d\xi^i, \eta^i + d\eta^i$ über, so besagt die unter 1. gestellte, über die Affinität hinausgehende Forderung der Ähnlichkeit, daß

$$\sum_{ik}(g_{ik} + dg_{ik})(\xi^i + d\xi^i)(\eta^k + d\eta^k) \text{ zu } \sum_{ik} g_{ik}\xi^i\eta^k$$

proportional sein muß. Nennen wir den unendlich wenig von 1 abweichenden Proportionalitätsfaktor $1 + d\varphi$ und definieren das Herunterziehen eines Index in üblicher Weise durch die Formel

$$a_i = \sum_k g_{ik} a^k,$$

so ergibt sich

(6) $$dg_{ik} - (d\gamma_{ki} + d\gamma_{ik}) = g_{ik} d\varphi.$$

Daraus geht hervor, daß $d\varphi$ eine lineare Differentialform ist:

(7) $$d\varphi = \sum_i \varphi_i dx_i.$$

Ist sie bekannt, so liefert die Gleichung (6) oder

$$\Gamma_{i,kr} + \Gamma_{k,ir} = \frac{\partial g_{ik}}{\partial x_r} - g_{ik}\varphi_r$$

zusammen mit der Symmetriebedingung (5) eindeutig die Größen Γ. *Der innere Maßzusammenhang des Raumes hängt also außer von der (nur bis auf einen willkürlichen Proportionalitätsfaktor bestimmten) quadratischen Form* (2) *noch von einer Linearform* (7) *ab*[1]). Ersetzen wir, ohne das Koordinatensystem

---

1) [Diesen Aufbau habe ich später — vgl. die endgültige Darstellung in der 4. Aufl. von Raum, Zeit, Materie, 1921, §§ 13—18 — in folgenden Punkten modifiziert. a) An Stelle der Forderungen 1. und 2., welche die Parallelverschiebung zu erfüllen hat, tritt die eine: es soll zum Punkte P ein Koordinatensystem geben, bei dessen Benutzung die Komponenten eines jeden Vektors in P durch Parallelverschiebung nach einem beliebigen zu P unendlich benachbarten Punkte nicht geändert werden. Sie kennzeichnet das Wesen der Parallelverschiebung als einer Verpflanzung, von der man mit Recht behaupten darf, daß sie die Vektoren „ungeändert" läßt. b) Zu der *Metrik* im einzelnen Punkte P, nach welcher mit jedem Vektor $\mathfrak{x} = (\xi^i)$ in P eine *Strecke* so verknüpft ist, daß zwei Vektoren dann und nur dann dieselbe Strecke be-

zu ändern, g_{ik} durch λg_{ik}, so ändern sich die Größen $d\gamma_k^i$ nicht, $d\gamma_{ik}$ nimmt den Faktor λ an, dg_{ik} geht über in $\lambda dg_{ik} + g_{ik}d\lambda$. Die Gleichung (6) lehrt dann, das $d\varphi$ übergeht in
$$d\varphi + \frac{d\lambda}{\lambda} = d\varphi + d\lg\lambda.$$

In der Linearform $\sum \varphi_i dx_i$ bleibt also nicht etwa ein Proportionalitätsfaktor unbestimmt, der durch willkürliche Wahl einer Maßeinheit festgelegt werden müßte, die ihr anhaftende Willkür besteht vielmehr in einem *additiven totalen Differential*. Für die analytische Darstellung der Geometrie sind die Formen

(8) $\qquad\qquad g_{ik}dx_i dx_k, \; \varphi_i dx_i$

gleichberechtigt mit

(9) $\qquad\qquad \lambda \cdot g_{ik}dx_i dx_k$ und $\varphi_i dx_i + d\lg\lambda$,

wo λ eine beliebige positive Ortsfunktion ist. *Invariante Bedeutung hat demnach der schiefsymmetrische Tensor mit den Komponenten*

(10) $\qquad\qquad F_{ik} = \dfrac{\partial \varphi_i}{\partial x_k} - \dfrac{\partial \varphi_k}{\partial x_i},$

d. i. die Form $\qquad F_{ik} dx_i \delta x_k = \tfrac{1}{2} F_{ik} \Delta x_{ik},$

welche von zwei willkürlichen Verschiebungen dx und δx im Punkte P bilinear — oder besser, von dem durch diese beiden Verschiebungen aufgespannten Flächenelement mit den Komponenten

$$\Delta x_{ik} = dx_i \delta x_k - dx_k \delta x_i$$

linear abhängt. Der Sonderfall der bisherigen Theorie, in welchem sich die in einem Anfangspunkt willkürlich gewählte Längeneinheit durch Parallelverschiebung in einer vom Wege unabhängigen Weise nach allen Raumpunkten übertragen läßt, liegt vor, wenn die g_{ik} sich in solcher Weise absolut festlegen lassen, daß die φ_i verschwinden. Die Γ_{rs}^i sind dann nichts anderes als die Christoffelschen Drei-Indizessymbole. Die notwendige und

---

stimmen, wenn sie dieselbe Maßzahl $l = \sum g_{ik}\xi^i\xi^k$ besitzen, tritt *der metrische Zusammenhang* von P mit den Punkten seiner Nachbarschaft: durch kongruente Verpflanzung nach dem unendlich benachbarten Punkte P' geht eine Strecke in P in eine bestimmte Strecke in P' über. Stellt man an diesen Begriff der kongruenten Verpflanzung von Strecken die analoge Forderung wie eben unter a) an den Begriff der Parallelverschiebung von Vektoren, so erkennt man, daß sich dieser Prozeß (bei welchem die Maßzahl l der Strecke den Zuwachs dl erfährt) in einer Gleichung ausdrückt
$$dl = l d\varphi; \quad d\varphi = \sum \varphi_i dx_i.$$
Die Metrik und der metrische Zusammenhang bestimmen unter diesen Umständen den „affinen" Zusammenhang (Parallelverschiebung) eindeutig — und nach meiner jetzigen Auffassung des Raumproblems ist dies sogar die fundamentalste Tatsache der Geometrie —, während nach der Darstellung des Textes die Linearform $d\varphi$ dasjenige ist, was bei gegebener Metrik an der Parallelverschiebung willkürlich bleibt.]

hinreichende invariante Bedingung dafür, daß dieser Fall vorliegt, besteht in dem identischen Verschwinden des Tensors F_{ik}.

Es ist danach sehr naheliegend, in der Weltgeometrie φ_i als *Viererpotential*, den Tensor F mithin als *elektromagnetisches Feld* zu deuten. Denn das Nichtvorhandensein eines elektromagnetischen Feldes ist die notwendige Bedingung dafür, daß die bisherige Einsteinsche Theorie, aus welcher sich nur die Gravitationserscheinungen ergeben, Gültigkeit besitzt. Akzeptiert man diese Auffassung, so sieht man, daß die elektrischen Größen von solcher Natur sind, daß ihre Charakterisierung durch Zahlen in einem bestimmten Koordinatensystem nicht von der willkürlichen Wahl einer Maßeinheit abhängt. Zur Frage der Maßeinheit und Dimension muß man sich überhaupt in dieser Theorie neu orientieren. Bisher sprach man eine Größe z. B. als einen Tensor der 2. Stufe (vom Range 2) an, wenn ein einzelner Wert derselben *nach Wahl einer willkürlichen Maßeinheit* in jedem Koordinatensystem eine Matrix von Zahlen a_{ik} bestimmt, welche die Koeffizienten einer invarianten Bilinearform zweier willkürlicher infinitesimaler Verschiebungen

(11) $$a_{ik}dx_i\delta x_k$$

bilden. Hier sprechen wir von einem Tensor, wenn bei Zugrundelegung eines Koordinatensystems und *nach bestimmter Wahl des in den g_{ik} enthaltenen Proportionalitätsfaktors* die Komponenten a_{ik} eindeutig bestimmt sind, und zwar so, daß bei Koordinatentransformation die Form (11) invariant bleibt, bei Ersetzung von g_{ik} durch λg_{ik} aber die a_{ik} übergehen in $\lambda^e a_{ik}$. Wir sagen dann, der Tensor habe das *Gewicht e*, oder auch, indem wir dem Linienelement ds die Dimension „Länge $= l$" zuschreiben, er sei von der Dimension l^{2e}. Absolut invariante Tensoren sind nur die vom Gewichte 0. Von dieser Art ist der Feldtensor mit den Komponenten F_{ik}. Er genügt nach (10) dem ersten System der Maxwellschen Gleichungen

$$\frac{\partial F_{kl}}{\partial x_i} + \frac{\partial F_{li}}{\partial x_k} + \frac{\partial F_{ik}}{\partial x_l} = 0.$$

Liegt einmal der Begriff der Parallelverschiebung fest, so läßt sich die Geometrie und Tensorrechnung mühelos begründen. *a) Geodätische Linie.* Ist ein Punkt P und in ihm ein Vektor gegeben, so entsteht die von P in Richtung dieses Vektors ausgehende geodätische Linie dadurch, daß man den Vektor beständig parallel mit sich in seiner eigenen Richtung verschiebt. Die Differentialgleichung der geodätischen Linie lautet bei Benutzung eines geeigneten Parameters τ:

$$\frac{d^2x_i}{d\tau^2} + \Gamma^i_{rs}\frac{dx_r}{d\tau}\frac{dx_s}{d\tau} = 0.$$

(Sie läßt sich hier natürlich nicht als Linie kürzester Länge charakterisieren, da der Begriff der Kurvenlänge ohne Sinn ist.) *b) Tensorkalkül.* Um z. B.

aus einem kovarianten Tensorfeld 1. Stufe vom Gewichte 0 mit den Komponenten f_i durch Differentiation ein Tensorfeld 2. Stufe herzuleiten, nehmen wir einen willkürlichen Vektor ξ^i im Punkte P zu Hilfe, bilden die Invariante $f_i \xi^i$ und ihre unendlich kleine Änderung beim Übergang vom Punkte P mit den Koordinaten x_i zum Nachbarpunkte P' mit den Koordinaten $x_i + dx_i$, indem wir bei diesem Übergang den Vektor ξ parallel mit sich verschieben. Es kommt für diese Änderung

$$\frac{\partial f_i}{\partial x_k} \xi^i dx_k + f_r d\xi^r = \left(\frac{\partial f_i}{\partial x_k} - \Gamma^r_{ik} f_r \right) \xi^i dx_k.$$

Die auf der rechten Seite eingeklammerten Größen sind also die Komponenten eines Tensorfeldes 2. Stufe vom Gewichte 0, das in völlig invarianter Weise aus dem Felde f gebildet ist. c) *Krümmung.* Um das Analogon des Riemannschen Krümmungstensors zu konstruieren, knüpfe man an die oben benutzte unendlich kleine Parallelogrammfigur an, bestehend aus den Punkten P, P_1, P_2 und $P_{12} = P_{21}$.[1]) Verschiebt man einen Vektor $\mathfrak{x} = (\xi^i)$ in P parallel mit sich nach P_1 und von da nach P_{12}, ein andermal zunächst nach P_2 und von da nach P_{21}, so hat es einen Sinn, da P_{12} und P_{21} zusammenfallen, die Differenz $\Delta \mathfrak{x}$ der beiden in diesem Punkte erhaltenen Vektoren zu bilden. Für ihre Komponenten ergibt sich

(12) $$\Delta \xi^i = \Delta R^i_j \cdot \xi^j,$$

wo die ΔR^i_j unabhängig sind von dem verschobenen Vektor $\mathfrak{x}$, hingegen linear abhängen von dem Flächenelement, das durch die beiden Verschiebungen $\overrightarrow{PP_1} = (dx_i)$, $\overrightarrow{PP_2} = (\delta x_i)$ aufgespannt wird:

$$\Delta R^i_j = R^i_{jkl} dx_k \delta x_l = \tfrac{1}{2} R^i_{jkl} \Delta x_{kl}.$$

Die nur von der Stelle P abhängigen Krümmungskomponenten R^i_{jkl} haben die beiden Symmetrieeigenschaften: 1. sie ändern ihr Vorzeichen durch Vertauschung der beiden letzten Indizes k und l; 2. nimmt man mit jkl die drei zyklischen Vertauschungen vor und addiert die zugehörigen Komponenten, so ergibt sich 0. Ziehen wir den Index i herunter, so erhalten wir in R_{ijkl} die Komponenten eines kovarianten Tensors 4. Stufe vom Gewichte 1. Noch ohne Ausrechnung ergibt sich durch eine einfache Überlegung, daß R auf natürliche invariante Weise sich in zwei Summanden spaltet:

(13) $$R^i_{jkl} = P^i_{jkl} - \tfrac{1}{2} \delta^i_j F_{kl} \qquad \delta^i_j = \begin{cases} 1 \, (i=j) \\ 0 \, (i \neq j) \end{cases},$$

von denen der erste P_{ijkl} nicht nur in den Indizes kl, sondern auch in i und j schiefsymmetrisch ist. Während die Gleichungen $F_{ik} = 0$ unsern Raum als einen solchen ohne elektromagnetisches Feld charakterisieren, d. h.

---

1) [Es ist hierbei unwesentlich, daß gegenüberliegende Seiten des unendlichkleinen „Parallelogramms" durch Parallelverschiebung auseinander hervorgehen; es kommt nur auf das Zusammenfallen der Punkte P_{12} und P_{21} an.]

als einem solchen, in welchem das Problem der Längenübertragung integrabel ist, sind $P^i_{jkl} = 0$, wie aus (13) hervorgeht, die invarianten Bedingungen dafür, daß in ihm kein Gravitationsfeld herrscht, d. h. daß das Problem der Richtungsübertragung integrabel ist. Nur der Euklidische Raum ist ein zugleich elektrizitäts- und gravitationsleerer.

Die einfachste Invariante einer linearen Abbildung wie (12), die jedem Vektor $\mathfrak{x}$ einen Vektor $\varDelta\mathfrak{x}$ zuordnet, ist ihre „Spur"

$$\frac{1}{n} R^i_i.$$

Für diese ergibt sich hier nach (13) die Form

$$-\tfrac{1}{2} F_{ik} dx_i \delta x_k,$$

welche uns schon oben begegnete. Die einfachste Invariante eines Tensors wie $-\tfrac{1}{2} F_{ik}$ ist das Quadrat seines Betrages:

$$L = \tfrac{1}{4} F_{ik} F^{ik}.$$

L ist offenbar, da der Tensor F das Gewicht 0 besitzt, eine Invariante vom Gewichte -2. Ist g die negative Determinante der g_{ik},

$$d\omega = \sqrt{g}\, dx_0 dx_1 dx_2 dx_3 = \sqrt{g}\, dx$$

das Volumen eines unendlich kleinen Volumelementes, so wird bekanntlich die Maxwellsche Theorie beherrscht von der elektrischen Wirkungsgröße, welche gleich dem über ein beliebiges Weltgebiet erstreckten Integral $\int L d\omega$ dieser einfachsten Invariante ist; und zwar in dem Sinne, daß bei beliebiger Variation der g_{ik} und φ_i, die an den Grenzen des Weltgebiets verschwindet,

$$\delta \int L d\omega = \int (S^i \delta \varphi_i + T^{ik} \delta g_{ik}) d\omega$$

gilt, wo
$$S^i = \frac{1}{\sqrt{g}} \frac{\partial(\sqrt{g}\, F^{ik})}{\partial x_k}$$

die linken Seiten der inhomogenen Maxwellschen Gleichungen sind (auf deren rechter Seite die Komponenten des Viererstroms stehen), und die T^{ik} den Energie-Impuls-Tensor des elektromagnetischen Feldes bilden. Da L eine Invariante vom Gewichte -2 ist, das Volumelement aber in der n-dimensionalen Geometrie eine solche vom Gewichte $\frac{n}{2}$, so hat das Integral $\int L d\omega$ nur einen Sinn, wenn die Dimensionszahl $n = 4$ ist. *Die Möglichkeit der Maxwellschen Theorie ist also in unserer Deutung an die Dimensionszahl 4 gebunden.* In der vierdimensionalen Welt aber wird die elektromagnetische Wirkungsgröße eine reine Zahl. Als wie groß sich dabei die Wirkungsgröße 1 in den traditionellen Maßeinheiten des CGS-Systems herausstellt, kann freilich erst ermittelt werden, wenn auf Grund unserer Theorie ein an der Beobachtung zu prüfendes physikalisches Problem, z. B. das Elektron, berechnet vorliegt.

Von der Geometrie zur Physik übergehend, haben wir nach dem Vorbild der Mieschen Theorie[1]) anzunehmen, daß die gesamte Gesetzmäßigkeit der Natur auf einer bestimmten Integralinvariante, der *Wirkungsgröße*

$$\int W d\omega = \int \mathfrak{W} dx \qquad (\mathfrak{W} = W\sqrt{g})$$

beruht, derart, daß *die wirkliche Welt unter allen möglichen vierdimensionalen metrischen Räumen dadurch ausgezeichnet ist, daß für sie die in jedem Weltgebiet enthaltene Wirkungsgröße einen extremalen Wert annimmt* gegenüber solchen Variationen der Potentiale g_{ik}, φ_i, welche an den Grenzen des betreffenden Weltgebiets verschwinden. W, die Weltdichte der Wirkung, muß eine Invariante vom Gewichte -2 sein. *Die Wirkungsgröße ist auf jeden Fall eine reine Zahl;* so gibt unsere Theorie von vornherein Rechenschaft über diejenige atomistische Struktur der Welt, der nach heutiger Auffassung die fundamentalste Bedeutung zukommt: das Wirkungsquantum. Der einfachste und natürlichste Ansatz, den wir für W machen können, lautet

(14) $\qquad W = R^i_{jkl} R_i^{jkl} = |R|^2.$

Nach (13) ergibt sich dafür auch

$$W = |P|^2 + 4L.$$

(Höchstens der Faktor 4, mit welchem der zweite [elektrische] Term L zu dem ersten hinzutritt, könnte hier noch zweifelhaft sein.) Aber ohne noch die Wirkungsgröße zu spezialisieren, können wir aus dem Wirkungsprinzip einige allgemeine Schlüsse ziehen. Wir werden nämlich zeigen: *in der gleichen Weise*, wie nach Untersuchungen von Hilbert, Lorentz, Einstein, Klein und dem Verf.[2]) *die vier Erhaltungssätze der Materie (des Energie-Impuls Tensors) mit der, vier willkürliche Funktionen enthaltenden Invarianz der Wirkungsgröße gegen Koordinatentransformationen zusammenhängen; ist mit der hier neu hinzutretenden*, eine fünfte willkürliche Funktion hereinbringenden „*Maßstab-Invarianz*" [Übergang von (8) zu (9)] *das Gesetz von der Erhaltung der Elektrizität verbunden*. Die Art und Weise, wie sich so das letztere dem Energie-Impuls Prinzip gesellt, erscheint mir als eines der stärksten allgemeinen Argumente zugunsten der hier vorgetragenen Theorie — soweit im rein Spekulativen überhaupt von einer Bestätigung die Rede sein kann.

---

1) Ann. d. Physik, 37, 39, 40 (1912—13).
2) Hilbert, Die Grundlagen der Physik, 1. Mitt., Gött. Nachr., 20. Nov. 1915; H. A. Lorentz in vier Abhandlungen in den Versl K. Ak. van Wetensch., Amsterdam 1915—16; A. Einstein, Berl. Ber. 1916, S. 1111—1116; F. Klein, Gött. Nachr., 25. Januar 1918; H. Weyl, Ann. d. Physik 54 (1917), S. 121—125.

Wir setzen für eine beliebige, an den Grenzen des betrachteten Weltgebiets verschwindende Variation

$$\delta \int \mathfrak{W} \, dx = \int (\mathfrak{W}^{ik} \delta g_{ik} + \mathfrak{w}^i \delta \varphi_i) \, dx \qquad (\mathfrak{W}^{ki} = \mathfrak{W}^{ik}). \tag{15}$$

Die Naturgesetze lauten dann

$$\mathfrak{W}^{ik} = 0, \quad \mathfrak{w}^i = 0. \tag{16}$$

Die ersten können wir als die Gesetze des Gravitationsfeldes, die zweiten als die des elektromagnetischen Feldes ansprechen. Die durch

$$\mathfrak{W}_k^i = \sqrt{g} \, W_k^i, \quad \mathfrak{w}^i = \sqrt{g} \, w^i$$

eingeführten Größen W_k^i, w^i sind die gemischten bzw. kontravarianten Komponenten eines Tensors 2. bzw. 1. Stufe vom Gewichte -2. In dem System der Gleichungen (16) sind gemäß den Invarianzeigenschaften 5 überschüssige enthalten. Das spricht sich aus in den folgenden 5 invarianten Identitäten, die zwischen ihren linken Seiten bestehen:

$$\frac{\partial \mathfrak{w}^i}{\partial x_i} \equiv \mathfrak{W}_i^i; \tag{17}$$

$$\frac{\partial \mathfrak{W}_k^i}{\partial x_i} - \Gamma_{kr}^s \mathfrak{W}_s^r \equiv \frac{1}{2} F_{ik} \mathfrak{w}^i. \tag{18}$$

Die erste resultiert aus der Maßstab-Invarianz. Nehmen wir nämlich in dem Übergang von (8) zu (9) für $\lg \lambda$ eine unendliche kleine Ortsfunktion $\delta \varrho$ an, so erhalten wir die Variation

$$\delta g_{ik} = g_{ik} \delta \varrho, \quad \delta \varphi_i = \frac{\partial (\delta \varrho)}{\partial x_i}.$$

Für sie muß (15) verschwinden. Indem man zweitens die Invarianz der Wirkungsgröße gegenüber Koordinatentransformationen durch eine unendlich kleine Deformation des Weltkontinuums ausnutzt[1]), gewinnt man die Identitäten

$$\left(\frac{\partial \mathfrak{W}_k^i}{\partial x_i} - \frac{1}{2} \frac{\partial g_{rs}}{\partial x_k} \mathfrak{W}^{rs} \right) + \frac{1}{2} \left(\frac{\partial \mathfrak{w}^i}{\partial x_i} \cdot \varphi_k - F_{ik} \mathfrak{w}^i \right) \equiv 0,$$

die sich in (18) verwandeln, wenn nach (17) $\dfrac{\partial \mathfrak{w}^i}{\partial x_i}$ durch $g_{rs} \mathfrak{W}^{rs}$ ersetzt wird. Aus den Gravitationsgesetzen allein ergibt sich also bereits, daß

$$\frac{\partial \mathfrak{w}^i}{\partial x_i} = 0 \tag{19}$$

ist, aus den elektromagnetischen Feldgesetzen allein, daß

$$\frac{\partial \mathfrak{W}_k^i}{\partial x_i} - \Gamma_{kr}^s \mathfrak{W}_s^r = 0 \tag{20}$$

sein muß. In der Maxwellschen Theorie hat $\mathfrak{w}^i$ die Form

$$\mathfrak{w}^i \equiv \frac{\partial (\sqrt{g} F^{ik})}{\partial x_k} - \mathfrak{z}^i \qquad (\mathfrak{z}^i = \sqrt{g} \cdot s^i),$$

---

[1]) Weyl, Ann. d. Physik 54 (1917), S. 121—125; F. Klein, Gött. Nachr., Sitzung v. 25. Jan. 1918.

wo s^i den Viererstrom bedeutet. Da hier der erste Teil identisch der Gleichung (19) genügt, liefert diese das Erhaltungsgesetz der Elektrizität:

$$\frac{1}{\sqrt{g}} \frac{\partial (\sqrt{g} \cdot s^i)}{\partial x_i} = 0.$$

Ebenso besteht in der Einsteinschen Gravitationstheorie $\mathfrak{W}_k^i$ aus zwei Termen, von denen der erste der Gleichung (20) identisch genügt, der zweite gleich den mit $\sqrt{g}$ multiplizierten gemischten Komponenten T_k^i des Energie-Impuls-Tensors ist. So führen die Gleichungen (20) zu den vier Erhaltungssätzen der Materie. Ganz analoge Umstände treffen in unserer Theorie zu, wenn wir für die Wirkungsgröße den Ansatz (14) wählen. Die fünf Erhaltungsprinzipe sind „Eliminanten" der Feldgesetze, d. h. folgen auf doppelte Weise aus ihnen und setzen dadurch in Evidenz, daß unter ihnen fünf überschüssige enthalten sind.

Für den Ansatz (14) lauten die Maxwellschen Gleichungen beispielsweise

(21) $$\frac{1}{\sqrt{g}} \frac{\partial (\sqrt{g} F^{ik})}{\partial x_k} = s^i, \qquad \text{und es ist der Strom}$$

$$s_i = \frac{1}{4} \left(R \varphi_i + \frac{\partial R}{\partial x_i} \right).$$

R bezeichnet diejenige Invariante vom Gewichte -1, die aus R_{jkl}^i entsteht, wenn man zunächst nach i, k, darauf nach j und l verjüngt. Die Rechnung ergibt, wenn R^* die nur aus den g_{ik} aufgebaute Riemannsche Krümmungsinvariante bedeutet:

$$R = R^* - \frac{3}{\sqrt{g}} \frac{\partial (\sqrt{g} \varphi^i)}{\partial x_i} + \frac{3}{2} (\varphi_i \varphi^i).$$

Im statischen Falle, wo die Raumkomponenten des elektromagnetischen Potentials verschwinden und alle Größen unabhängig von der Zeit x_0 sind, muß nach (21)

$$R = R^* + \tfrac{3}{2} \varphi_0 \varphi^0 = \text{const.}$$

sein. Aber man kann auch ganz allgemein in einem Weltgebiet, in welchem $R \neq 0$ ist, durch geeignete Festlegung der willkürlichen Längeneinheit $R = \text{const.} = \pm 1$ erzielen. Nur hat man bei zeitlich veränderlichen Zuständen Flächen $R = 0$ zu erwarten, die offenbar eine gewisse singuläre Rolle spielen werden. Als Wirkungsdichte (R^* tritt als solche in der Einsteinschen Gravitationstheorie auf) ist R nicht zu gebrauchen, da sie nicht das Gewicht -2 besitzt. Dies hat zur Folge, daß unsere Theorie wohl auf die Maxwellschen elektromagnetischen, nicht aber auf die Einsteinschen Gravitationsgleichungen führt; an ihre Stelle treten Differentialgleichungen 4. Ordnung. In der Tat ist es aber auch sehr unwahrscheinlich, daß die Einsteinschen Gravitationsgleichungen streng richtig sind, vor allem deshalb, weil die in ihnen vorkommende Gravitationskonstante ganz aus dem Rahmen der übrigen Naturkonstanten herausfällt, so daß der Gravitationsradius der Ladung und Masse eines Elektrons z. B. von völlig anderer Größenordnung (nämlich 10^{20} bzw. 10^{40} mal so klein) ist wie der Radius des Elektrons selber[1]).

Es war hier nur meine Absicht, die allgemeinen Grundlagen der Theorie kurz zu entwickeln. Es entsteht natürlich die Aufgabe, unter Zugrundelegung des speziellen Ansatzes (14) ihre physikalischen Konsequenzen zu ziehen[2]) und diese mit der Erfahrung zu vergleichen, insbesondere zu untersuchen, ob sich aus ihr die Existenz des Elektrons und die Besonderheiten der bisher unaufgeklärten Vorgänge im Atom herleiten lassen[3]). Die Aufgabe ist in mathematischer Hinsicht außerordentlich kompliziert, da es ausgeschlossen ist, durch Beschränkung auf die linearen Glieder Näherungslösungen zu erhalten; denn da die Vernachlässigung der Glieder höherer Ordnung im Innern des Elektrons gewiß nicht statthaft ist, so dürfen die durch eine derartige Vernachlässigung entstehenden linearen Gleichungen im wesentlichen nur die Lösung 0 besitzen. Ich behalte mir vor, an anderm Ort ausführlicher auf alle diese Dinge zurückzukommen.

---

1) Vgl. Weyl, Zur Gravitationstheorie, Ann. d. Physik 54 (1917), S. 133.

2) [Die Aufgabe, alle als Wirkungsgrößen zulässigen Invarianten W zu bestimmen, wenn gefordert ist, daß sie die Ableitungen der g_{ik} höchstens bis zur 2., die der φ_i nur bis zur 1. Ordnung enthalten dürfen, wurde von R. Weitzenböck gelöst. (Sitzungsber. d. Akad. d. Wissensch. in Wien, Abt. IIa, 129 (1920), Sitzung vom 21. und 28. Okt.; 130 (1921, 10. Febr.)). Läßt man solche Invarianten W fort, für welche die Variation $\delta \int W d\omega$ identisch verschwindet, so bleiben nach einer weiteren Rechnung von R. Bach (Math. Zeitschrift 9 (1921), S. 125 u. 189) nur 3 Möglichkeiten übrig. Das wirkliche W scheint eine lineare Kombination des Maxwellschen L und des Quadrats von R zu sein. Dieser Ansatz ist von W. Pauli (Physik. Zeitschr. 20 (1919), S. 457—467) und mir genauer durchgearbeitet worden; insbesondere gelang es, auf dieser Grundlage zur Herleitung der Bewegungsgleichungen eines materiellen Teilchens vorzudringen. Die hier zunächst aufs Geratewohl bevorzugte Invariante (14) scheint hingegen in der Natur keine Rolle zu spielen. Vgl. Raum, Zeit, Materie, 4. Aufl., §§ 35, 36 oder Weyl, Physik. Zeitschr. 22 (1921), S. 473—480.]

3) [Dieser durch die Miesche Theorie geweckten Hoffnungen habe ich mich inzwischen ganz entschlagen; das Problem der Materie, glaube ich, ist durch eine bloße Feldtheorie nicht zu lösen. Vgl. darüber meinen Artikel „Feld und Materie", Ann. d. Physik 65 (1921), S. 541—563.]

Einführende Werke in die Relativitätslehre

Raum, Zeit und Relativitätstheorie. Gemeinverständliche Vorträge von Prof. Dr. L. Schlesinger. Mit 2 Tafeln und 5 Figuren. (Abhandlungen und Vorträge aus dem Gebiete der Mathematik, Naturwissenschaften und Technik. Heft 5.) Geh. . . . . M. 8.40

Die Abhandlung, aus einem Vortrag hervorgegangen, der sich an Gebildete aller Stände wendet, behandelt die allgemeine und spezielle Relativitätstheorie. Sie setzt nur ein Mindestmaß an mathematischen Kenntnissen voraus und bedient sich vorwiegend graphischer Methoden.

Physikalisches über Raum und Zeit. Von Prof. Dr. E. Cohn. 4. Auflage. (Abhandlungen und Vorträge aus dem Gebiete der Mathematik, Naturwissenschaften und Technik. Heft 2.) Geh. . . . . M. 4.80

„In anschaulicher Darstellung legt der Verfasser die physikalischen Erfahrungen dar, die zum Verständnis des Verlaufs der Naturvorgänge im Raum-Zeitsystem führen und in denen die Relativitätstheorie wurzelt. Das Hauptgewicht ist auf eine das volle Verständnis vom Standpunkte des physikalischen Denkens erschließende Darstellung gelegt, und die mathematische Formulierung ist nur im Anhang berührt." (Astronom. Nachrichten.)

Nichteuklidische Geometrie in der Kugelebene. Von Studienrat Dr. W. Dieck. (Math.-phys. Bibl. 31.) Kart. . . . . M. 5.—

Das Büchlein ist 1915 im Felde geschrieben. Es bietet die erste und bis jetzt einzige Sonderdarstellung der Geometrie des endlichen kugelförmigen Raumes. Diese Raumform ist in der Folge von Einstein als die wahrscheinliche Gestalt unseres Raumes angesprochen worden. – Die Schrift erfordert nur ganz bescheidene mathematische Vorkenntnisse und ist leicht verständlich.

Einführung in die Relativitätstheorie. Von Dr. Werner Bloch. 3. Aufl. Mit 18 Figuren. (ANuG Bd. 618.) Kart. M. 6.80, geb. . . . . M. 8.80

Der Verfasser hat sich die Aufgabe gestellt, dem Laien die der Relativitätstheorie zugrunde liegenden Gedanken, die heute auf das wissenschaftliche Weltbild umgestaltend einwirken, in ihrer geschichtlichen Entwicklung verständlich zu machen. Er zeigt, welche umstürzende Bedeutung diese neue Theorie auf die bisher unbegründet für selbstverständlich gehaltenen Sätze über Zeit- u. Längenmessung gehabt hat, und welche Ausblicke uns auf der neuen Grundlage bereits erschlossen sind.

Das Relativitätsprinzip. Leichtfaßlich entwickelt von Professor A. Angersbach. (Mathematisch-physikalische Bibliothek Bd. 39.) Kart. . . . . M. 5.—

Ohne das Rüstzeug der höheren Mathematik vorauszusetzen, führt das Bändchen, ausgehend von den Anschauungen der klassischen Mechanik, den Leser schrittweise in die neue Raum- und Zeitauffassung ein.

Das Relativitätsprinzip. Eine Einführung in die Theorie. Von Prof. Dr. A. von Brill. (Abhandlungen und Vorträge aus dem Gebiete der Mathematik, Naturwissenschaften und Technik. Heft 3.) 4. Auflage. Geh. . . . . M. 8.40

Das Büchlein beschränkt sich hauptsächlich auf den Teil der Theorie, der den Widerspruch zwischen der Maxwell-Hertzschen Lichttheorie und der Erfahrung zu überbrücken berufen ist. Die Grundgleichungen der Theorie erfahren eine eingehende Behandlung, und es wird an ihnen abgeleitet, wie an Stelle der dreidimensionalen Bewegungsgleichungen der klassischen Mechanik die vierdimensionale Impuls-Energiegleichung tritt, und welche Behandlung damit der Begriff „Masse" erfährt. Auch die neuerdings von A. Einstein aufgestellte Theorie der Gravitation wird in längerer Besprechung gewürdigt.

Das Relativitätsprinzip. Drei Vorlesungen gehalt. in Teylers Stiftung zu Haarlem. Von Prof. Dr. H. A. Lorentz, Kurator des physik. Laboratoriums in Haarlem. Bearbeitet von Dr. W. H. Keesom, Prof. an der Reichstierarzneischule in Utrecht. Geh. M. 6.—

Die Schrift behandelt nach einer kurzen historischen Einleitung das Einsteinsche Relativitätsprinzip, die darauf fußende Relativitätsmechanik sowie das Einsteinsche Äquivalenzprinzip. In einem Nachtrage werden einige spezielle Fragen mathematisch weiter ausgearbeitet.

Relativitätstheorie. Von Dr. W. Pauli jun. Sonderabdruck a. d. Encyklopädie d. Math. Wissenschaften. Mit einem Vorwort von Geh. Hofrat Prof. Dr. A. Sommerfeld. Geh. M. 40.—, geb. . . . . M. 50.—

Verlag von B. G. Teubner in Leipzig und Berlin

Preisänderung vorbehalten

MIX
Papier aus verantwortungsvollen Quellen
Paper from responsible sources
FSC® C105338

If you have any concerns about our products,
you can contact us on
ProductSafety@springernature.com

In case Publisher is established outside the EU,
the EU authorized representative is:
**Springer Nature Customer Service Center GmbH
Europaplatz 3, 69115 Heidelberg, Germany**

Printed by Libri Plureos GmbH
in Hamburg, Germany